모래 군(郡)의 열두 달

그리고 이곳 저곳의 스케치

A Sand County Almanac

and Sketches Here and There

-by Aldo Leopold

모래 군(郡)의 열두 달

그리고 이곳 저곳의 스케치

초판 1쇄 인쇄 · 2024년 11월 4일
초판 1쇄 발행 · 2024년 11월 15일

지은이 · 알도 레오폴드
옮긴이 · 송명규
펴낸이 · 천정한
펴낸곳 · 도서출판 정한책방

출판등록 · 2019년 4월 10일 제446-251002019000036호
주소 · 충북 괴산군 청천면 청천10길 4
전화 · 070 - 7724 - 4005
팩스 · 02 - 6971 - 8784
블로그 · http://blog.naver.com/junghanbooks
이메일 · junghanbooks@naver.com

ISBN 979-11-87685-96-8 (03470)

• 책값은 뒤표지에 적혀 있습니다.
• 잘못 만든 책은 구입하신 서점에서 바꾸어 드립니다.

1935년(48세)에 사서 1948년(61세) 사망할 때까지 레오폴드가 주말마다 가족과 함께 지냈던 농장 귀퉁이의 허름한 통나무집. 그는 이 집을 '누옥 the shack'이라고 불렀다.

『모래 군의 열두 달』의 주된 무대인 위스콘신을 품고 있던 프레리 prairie. 초기 유럽인 개척자들의 눈에는 광활한 풀 바다로 보였다. 바람이 일면 반짝이는 풀 물결이 끝없이 어어졌다. 그래서 그들은 자신들의 마차를 '프레리 스쿠너(범선)'라고 불렀다.

뉴멕시코 카슨 국유림의 부감독으로 일할 때의 레오폴드(왼쪽 끝)와 동료들(1911년). 그는 위스콘신대학의 〈미국 임산품 연구소〉로 자리를 옮길 때까지 15년 동안 삼림 공무원으로 일했다. (사진—Leopold Papers, UWArchives)

리오 그란데에서 나침함(羅針函)을 옮기고 있는 레오폴드(1918년).
(사진—Leopold Papers, UWArchives)

리오 가빌란을 따라 활 사냥을 하던 중 휴식을 취하는 레오폴드(1938년).
(사진—Leopold Papers, UWArchives)

아들 삼형제를 데리고 퀘티코 강을 카누로 여행할 때의 모습(1925년).
(사진—Leopold Papers, UWArchives)

누옥을 사들인 이듬해 두 딸과 함께 고치고 있는 레오폴드(1936년).
(사진 — Leopold Papers, UWArchives)

누옥에 모인 레오폴드 가족. 왼쪽에서 오른쪽으로 돌아가며 레오폴드와 부인 에스텔라, 차남 루나, 장남 스타커, 애견 구스, 차녀 에스텔라, 장녀 니나(삼남 칼은 사진을 찍느라 빠졌다. 1940년). (사진 — Leopold Papers, UWArchives)

1936년 봄 농장 문 옆에 나무를 심고 있는 레오폴드. 뒤에 보이는 누옥 바로 너머에 위스콘신 강이 흐른다. (사진 — Leopold Papers, UWArchives)

위스콘신 강가에서 놀고 있는 막내딸 에스텔라(1936년).
(사진 — Leopold Papers, UWArchives)

농장에서 부인과 함께 땔나무를 나르고 있는 레오폴드(1936년경).
(사진—Leopold Papers, UWArchives)

누옥 뜰에서 글을 쓰고 있는 레오폴드(1946년).(사진—Leopold Papers, UWArchives)

모래 군(郡)의 열두 달

그리고 이곳 저곳의 스케치

알도 레오폴드 지음 | 송명규 옮김

차례

2부 이곳 저곳의 스케치

3부 귀결

옮긴이의 글 | 재개정판을 내며

『모래 군의 열두 달』은 지금까지 전 세계에 걸쳐 200만 부가 훨씬 넘게 팔렸다. 이 한국어판은 24년 전에 세상에 나왔다. 그런데도 원본인 영문판과 마찬가지로 이제 10쇄(통합)를 찍어야 할 정도로 꾸준히 읽혔고, 국내의 각종 전문적인 학술 문헌이나 환경 관련 언론 기사 등에서 널리 인용되어왔다.

알도 레오폴드는 내 인생에 가장 큰 영향을 준 사람 중 하나이며 『모래 군의 열두 달』도 그런 책이다. 나도 10여 년 전에 충북 괴산군에 땅을 장만하고 8년 전에 완전히 귀촌했다. 농장 가꾸기는 가장 많은 시간을 쏟는 일과이다. 내 농장에서도 봄의 풍요를 두 가지 척도로 잰다. 심은 묘목과 날아든 오리 수가 그것이다. 지난 10여 년 동안 수천 그루의 나무를 심었다. 대부분은 추위와 가뭄, 토양 조건, 지식과 경험 부족 탓으로 몇 년을 못 넘겼지만 살아남은 것만으로도 내 농장은 거의 수목원 수준이 되었다. 농장에는 다랑논도 세 곳 있었는데, 둑을 보강하고 물을 조금 깊게 대, 아담한 연못으로 바꿨다. 주변이 점차 숲으로 우거지면서 첫해에는 원앙 한 쌍만 찾아오더니 지금은 백로, 왜가리, 물총새, 물까치들로 붐비는 새들의 놀이터가 되었다. 땅거미가 깔리면 온갖 오리가 날아들어 잠을 청한다. 어두워서 어떤 종류인지는 식별하지 못하지만 좋은 자리를 두고 다투는 소란, 수시로 드나드는 수달에 놀라서 지르는 비명, 랜턴을 들고 지나치는 나나 아내에게 지레 겁을 먹고 칠흑 같은 밤하늘로 우왕좌왕 날아오르는 물장구와 날갯짓 소리 등으로 미뤄 보면 올해는 사오십 마리쯤 될 거다.

농장을 가꾸다 보면 일 년의 순환과 계절마다 벌어지는 각종 이벤트를 꼼꼼히 챙기고 잘 기억할 수밖에 없게 된다. 그런데, 안타깝게도 올해는 인류가 기온을 재기 시작한 이래 가장 뜨거운 해가 될 것 같다. 8월 말인데도 수도권은 연일 열대야가 계속되고, 내가 사는 중부 산간지방은 때아닌 여름 가뭄을 겪고 있다. 그 탓에 지난봄에 심은 나무 가운데 3할가량이 말라 죽었고 살아남은 것도 열흘에 한 번쯤은 물을 주어야 한다. 혹서 탓에 꿀벌의 증식도 예년보다 신통치 않으며 급격한 기온 변화로 지난겨울에는 전체 무리 중 7할 정도가 폐사했다. 8월은 야생화가 별로 없는 계절인데다가 더위마저 기승을 부려 벌들도 하루하루를 근근이 버티고 있어 양봉을 겸하는 나로서는 올해 꿀 수확을 거의 포기한 상태다.

과잉 개발로 인한 서식지 파괴, 농약 같은 독극물의 대량 살포로 인한 물과 공기의 오염, 남획, 기후 변화, 외래종 침입 등으로 우리나라를 비롯한 세계 각국이 심각한 생태 파괴를 겪고 있다. 꿀벌도 그중 하나인데, 통계에 따르면 전세계에 걸쳐 꿀벌의 절반 이상이 사라졌다. 이와 같은 지구적 생태 위기와 온난화의 시대를 알도 레오폴드가 본다면 어떤 생각을 할까? 눈앞의 이익보다는 먼 미래의 지구를 내다보는"산 같은 사고"가 필요하다고 말하지는 않을까?

재개정판의 출간을 맞아, 이 책이 내게 그랬듯이 독자들에게 삶의 여유와 자연과의 교감, 지난날의 추억과 일상의 행복, 그리고 자연 및 생태 보존의 필요성과 시급성을 되새기는 데 많은 도움이 되기를 바란다. 이 책을 비롯한 환경 관련 책은 시장이 좁은 편이어서 저자나 제작사의 수입에는 별 보탬이 되지 않는다. 그런데도 기꺼이 재개정판의 발행을 맡아주신 출판사 '정한책방'의 천정한 대표님과 관계자분들께 깊이 감사드린다.

2024년 8월 31일 괴산군 연풍면의 누옥에서
송명규

한국의 독자들에게

알도 레오폴드는 1887년에 태어나서 1948년에 사망했다. 레오폴드는 예일대학교 삼림학부를 거쳐 곧 미국 삼림청 현장 공무원으로 근무했는데, 15년의 재직 기간을 거의 미국 남서부의 건조한 지역에서 보냈다. 말년에 레오폴드는 약 15년 동안 위스콘신 대학교에서 미국 최초의 엽조수(獵鳥獸) 관리학 교수로 재직했다. 생애의 마지막 10년 동안 쓴 이 얇은 수필집은 그의 사망 이듬해에 『모래 군의 열두 달 A Sand County Almanac』이라는 이름으로 출판되었다.

처음 이 책은 세인들로부터 그리 큰 관심을 끌지 못했다. 독자는 대체로 레오폴드의 동료였던 삼림청 공무원과 야생 동식물 관리인 및 직업적인 보전 활동가들에게 국한되었다. 그러나 환경 위기의 먹구름이 몰려들기 시작하면서 이 책은 세상에 널리 알려지게 되었다. 사람들은 자기 주변의 토양, 물, 공기 등이 살충제나 석유화합물 같은 유독성 합성물질로 오염되고 있다는 사실을 깨닫게 되면서 환경 문제에 점차 높은 관심을 갖게 되었다. 사람들은 전문가들, 즉 직업적인 보전 활동가들에게 환경 위기에 대응하기 위해 어떻게 해야 하는지 물었다. 전문가들 가운데 많은 사람들이 우리 인간과 자연의 관계를 재고하고 재정립하기 위한 긴 여정의 출발점으로서 『모래 군의 열두 달』의 일독을 권했다. 이런 과정을 겪으면서 이 책은 세간에 조금씩 알려지게 되었고, 처음 출판된 지 25년이 지나서는 판매량이 100만 권을 넘어섰다. 이 책은 자연보전 분야의 대표적인 고전이 되었으며, 마침내 '현대 환경운동의 바이블'로까지 불리게 되었다.

이 책이 이렇듯 많은 사람들에 의해 읽히고 감동을 불러일으키며,'바이블'로까지 인식되는 이유는 무엇인가? 이 책의 중심 주제는 오직 하나다. 즉, 우리가 진화론 및 생태학으로부터 인간과 자연과 '인간-자연 관계'에 대해 얻을 수 있는 시사점은 무엇인가 하는 것이다. 진화론을 통해서 우리는 '인간은 진화의 오디세이에서 다른 생물들의 동료 항해자일 뿐'이라는 것을 배우고 있다. 또한 우리와 다른 생물들과의 관계에서, 진화론이라는 '이 새로운 지식을 통해 우리는 동료 생물들과의 친족 감정, 함께 사는 삶에 대한 희구, 생명 세계의 장엄함과 영속성에 대한 경이감 등을 체득해야만 한다'는 것을 배우고있다. 한편 우리는 생태학을 통해 자연은 '토양, 식물, 동물이라는 회로를 통해 흐르는 에너지가 솟아나는 샘'으로서 가장 잘 설명할 수 있으며, '에너지의 상방 이동의 속도와 특성은, 마치 수액(樹液)의 상방 이동이 나무의 복합적 세포 조직에 의존하는 것처럼 동물 및 식물 공동체의 복합적 구조에 의존한다'는 것을 배우고 있다. 이 새로운 진화론적/생태학적 세계관으로부터 자연스레 '인류의 동료 구성원에 대한 존중, 그리고 그같은 공동체 자체에 대한 존중'을 의미하는 '토지 윤리'가 발아한다.

그러나 이런 이야기는 단지 레오폴드에 대한 아주 간단한 요약일 뿐이다. 레오폴드는 이 책의 제1편에서 자신의 사랑하는 '누옥'과 그 주변이라는 단일 장소에서 1년 동안 겪는 개인적 경험을 독자들에게 펼쳐 보이며 자신의 주장들을 천천히 점차적으로 또한 아주 간접적인 방식으로 전개한다. 제1편은 주로 1인칭 단수 중심의 구체적이고 기술(記

述)적인 독백으로 전개된다. 제2편으로 넘어가면 제1편에서 펼쳐 보인 여러가지 경험들과 미국 대륙 이곳 저곳에서 자신이 겪은 그밖의 경험들로부터 좀더 일반적 교훈과 결론을 유도한다. '나'라는 표현도 '우리'라는 표현으로 중심이 이동한다. 마지막으로 제3편에서는 1, 2편을 통해 인내성 있게 독자들에게 전달해온 진화론적/생태학적 세계관으로부터 실제적인 시사점을 도출한다. 제3편은 '토지 윤리'로 결론을 맺는다. 그러나 이 부분, 즉 이 책의 절정에 해당하는 장을 읽을 즈음이면, 독자들은 저자가 부드럽게 이끌어준 독자 자신들의 자기 발견 과정을 통해서 자신들이 이미 그런 윤리의 필요성을 수용할 준비가 되어 있음을 알게 된다. 우리는 강의를 들은 것이 아니다. 우리는 그렇게 하라고 설교를 들은 것도 아니다. 그렇지만 우리는 이미 새로운 세계관 속으로 들어와 있으며, 스스로 그 수용과 전파가 매우 시급하다는 것을 깨닫게 된다. 나는 바로 이 점에 『모래군의 열두 달』의 위대함과 경이로움이 함축되어 있다고 생각한다. 내가 그랬듯이 한국 독자 여러분들도 이 책으로부터 많은 것을 즐기고 얻게 되기를 진심으로 바란다.

1999년 1월 23일

J. 베어드 켈리콧 *

---

* J. 베어드 켈리콧(J. Baird Callicott)은 미국 UNT(University of North Texas) 철학과 교수로서 알도 레오폴드 사상의 세계적인 석학이자 대변자로 알려져 있다. 주요 저서로는 『모래 군의 열두 달 안내서 Companion to A Sand County Almanac』(편저), 『토지 윤리의 변론 In Defence of the Land Ethic』 등이 있다.

서문

야생 세계 없이 살아갈 수 있는 사람들도 있고 그렇지 못한 사람들도 있다. 이 수필집은 그렇지 못한 어떤 사람의 환희와 딜레마를 담은 것이다.

야생 세계는 진보로 인한 파괴가 시작되기 전까지는, 바람과 일몰이 그런 것처럼 늘 우리 곁에 있는 것으로 생각되었다. 지금 우리는 더 높은 생활수준을 위해 자연의, 야생의 그리고 자유로운 것들을 희생시켜도 되는가 하는 의문에 부닥쳐 있다. 우리 소수파 사람들에게는 텔레비전보다 기러기를 볼 수 있는 기회가 더 고귀하며, 할미꽃을 감상할 수 있는 기회가 언론의 자유만큼이나 소중한 권리이다.

나는 야생 동식물들은 기계화로 우리의 생활이 풍족해지고, 과학을 통해 그들이 어디에서 와서 어떻게 살아가는지 하는 드라마가 밝혀지지 전까지는 인간들에게 거의 아무런 가치도 지니지 못했다는 것을 인정한다. 그러므로 전체 문제는 결국 정도의 문제인 것이다. 우리 소수파 사람들은 진보에 수확체감 법칙이 작용한다고 생각한다. 반대파 사람들은 그렇지 않지만 말이다.

❖❖❖

이 책의 수필들은 나의 인생 역정을 담고 있다. 이 수필들은 세 편으로 분류되어 있다.

제1편은 우리 가족이 매주 주말에 지나친 현대 문명을 피해 거처하는 '누옥'(陋屋)에서 보고 또 하는 것들이다. 더 크고 더 편리한 것을 추구하는 우리 사회가 닳도록 쓰고 내팽개친 위스콘신의 이 모래땅 농장에서 우리 가족은 삽과 도끼로, 우리가 다른 곳에서 잃어버리고 있는 것들을 되살리려고 애쓰고 있다. 바로 이곳에서 우리 가족은 신이 선사한 낙을 추구하고, 또 언제나 얻고 있다.

이 누옥의 스케치는 계절에 맞추어 '모래 군의 열두 달'로 배열되어 있다.

제2편 '이곳 저곳의 스케치'에는 점차적으로, 또한 종종 고통스럽게 내게 교훈을 안겨준 내 인생의 에피소드 중 일부가 특별한 순서 없이 전개되어 있다. 40년 세월에 걸쳐 대륙 도처에 산재되어 있는 이 에피소드들은 통틀어 보전이라고 일컬을 수 있는 주제를 다루고 있다.

제3편 '귀결'은 우리, 즉 반대파 사람들이 지니고 있는 일단의 이념들을 보다 논리적으로 전개하고 있다. 오직 우리 입장에 매우 동조적인 독자들만이 제3편의 철학적 주제들과 씨름하려 할 것이다. 이 수필들은 다시 나름의 순서에 따라 배열되어 있다.

보전은 토지에 대한 우리의 아브라함적 관념*과 양립할 수 없기 때문에 진전이 없다. 우리는 토지를 우리가 소유한 상품으로 보고 있으

* 토지의 존재 이유는 인간의 삶을 윤택하게 하기 위한 것이라는 토지관.

며, 그렇기 때문에 남용하고 있다. 토지를 우리가 속한 공동체로 바라보게 될 때, 우리는 토지를 사랑과 존중으로써 이용하게 될 것이다. 토지가 기계화된 인간의 영향으로부터 살아남고, 우리가 과학의 지도 아래 토지가 문화에 제공할 수 있는 심미적 수확을 거두어들일 수 있으려면 달리 길이 없다.

토지가 공동체라는 것은 생태학의 기초 개념이지만, 토지가 사랑과 존중을 받아야 한다는 것은 윤리적 문제이다. 토지가 문화적 수확을 가져다준다는 것은 오랫동안 알려진 사실이지만, 최근에는 종종 망각되고 있다.

여기의 수필들은 이 세 가지 개념을 융합하려는 것이다.

토지와 인간에 대한 이런 견해에는 물론 개인적 경험과 편견에 따른 결함과 왜곡이 있을 수 있다. 그러나 진실이 어디에 있든 간에 이것만큼은 분명하다. 더 크고 더 편리한 것을 추구하는 우리 사회는 지나치게 자신의 경제적 건강에만 사로잡힌 나머지 건강 유지 능력조차 상실해버린 우울증 환자와 같다. 전세계는 더 많은 욕조를 탐하다가 그것들을 설치하는 데 필요한, 심지어 수도꼭지를 잠그는 데 필요한 안정성조차 상실해버렸다. 이런 상황에서, 지나친 물질적 축복에 대한 약간의 이성적 경멸만큼 유익한 것은 없을 것이다.

필경 이같은 가치 기준의 전환은 비자연의, 길들여진 그리고 구속된 것들을 자연의, 야생의 그리고 자유로운 것들에 비추어 재평가함으로써 이루어질 수 있을 것이다.

1948년 3월 4일 위스콘신 매디슨에서

알도 레오폴드

1부

모래 군(郡)의 열두 달

A SAND COUNTY ALMANAC

일러두기

1. 본문 안의 하단에 실은 주와 본문 뒤에 한데 모아놓은 주는 모두 옮긴이가 붙인 것이다(하나의 예외가 있는데, 이는 따로 표기했다).
2. 본문의 [ ] 부분은 옮긴이가 독자의 이해를 돕기 위해 삽입한 것이다(이 또한 하나의 예외가 있는데, 역시 따로 표기했다).

일월

일월의 해빙

해마다 한겨울 눈보라가 지나가고 나면, 땅에서 똑똑 물방울 듣는 소리 들리는 해빙의 밤이 찾아온다. 이 소리는 밤잠 자는 짐승뿐만 아니라 겨우내 깊은 잠에 빠졌던 짐승들에게도 야릇한 동요를 불러일으킨다. 깊은 굴속에서 웅크리고 동면하던 스컹크도 몸을 펴고 눈 위로 배를 질질 끌면서 이 축축이 젖은 세계로 어슬렁어슬렁 모험에 나선다. 녀석의 발자국은 우리가 '한 해'라고 부르는 시작과 끝의 순환에서 가장 먼저 일어나고, 언제 일어날지를 짐작할 수 있는 사건들 가운데 하나이다.

그 발자국은 이 계절 특유의 세속적 일들에는 무관심한 것 같다. 그것은 녀석이 무슨 큰 뜻이라도 품고 일체의 굴레를 벗은 것처럼 흐트러짐 없이 들판을 가로지른다. 나는 녀석의 기분이나 식욕이 어떤지, 그리고 목적지가 있다면 어디인지 궁금한 마음으로 뒤를 좇는다.

일년 중 일월부터 유월까지는 흥미있는 일들이 폭발적으로 늘어나

는 때다. 일월에 이따금 일상에서 조금만 벗어나면 스컹크 발자국을 따라가볼 수도 있고, 다리에 표시 고리를 달아준 박새를 찾아나설 수도 있으며, 사슴이 어떤 어린 소나무 잎을 뜯어먹었는지, 밍크가 어떤 사향뒤쥐[1] 집을 파헤쳤는지 알아볼 수도 있다. 일월의 관찰은 쌓인 눈만큼이나 단순하고 평화로우며, 추위만큼이나 지속적일 수 있다. 누가 무엇을 했는지 살펴보고, 또한 그 까닭을 생각해볼 여유가 있다.

나의 접근에 놀란 들쥐[2] 한 마리가 어쩔줄 모르고 스컹크 발자국을 가로질러 내달음친다. 왜 이 놈은 낮에 외출했을까? 아마 해빙이 슬퍼서일 것이다. 오늘, 눈 밑 뒤엉킨 풀 사이로 힘들게 갉아 뚫어놓은 미로 같은 녀석의 비밀 터널은 이제 더 이상 터널이 아니다. 백일하에 드러나 조롱거리밖에 되지 않을 통로일 뿐이다. 진정, 해빙의 태양은 이 미세 경제체제의 기본 시설들을 엉망으로 만들어버렸다.

들쥐는, 풀이 자라는 까닭은 자신이 그것을 건초가리로서 지하에 저장할 수 있게 하기 위함이며, 눈이 내리는 까닭은 이 가리에서 저 가리로 터널을 뚫을 수 있게 하기 위함이라는 것을 아는 착실한 시민이다. 공급과 수요, 운송 모두가 잘 짜여져 있다. 들쥐에게 눈은 궁핍과 두려움으로부터의 해방을 의미한다.

저 앞 풀밭 위로 털발말똥가리[3] 한 마리가 미끄러지듯 날아온다. 한순간 멈추어 마치 물총새처럼 떠 있다가, 깃털뭉치 폭탄처럼 늪으로

급강하한다. 놈은 다시 솟아오르지 않는다. 놈은 지금 질서 정연한 자신의 세계가 입은 피해를 빨리 조사하고 싶어서 밤까지 기다릴 수 없었던 한 딱한 들쥐 기술자를 잡아서 먹고 있음에 틀림없다.

이 털발말똥가리는 왜 풀이 자라는지에 대해서는 아는 것이 없다. 그러나 눈이 녹는 까닭은 매가 다시 쥐를 잡을 수 있게 하기 위한 것임은 잘 알고 있다. 놈은 해빙을 기대하며 북극에서 내려왔다. 놈에게 해빙이란 궁핍과 두려움으로부터의 해방을 의미하기 때문이다.

스컹크 발자국은 숲으로 들어간다. 그러고는 토끼들이 눈 위에 어지러운 발자국과 분홍색 오줌 얼룩을 남긴 숲속 빈터를 건넌다. 해빙과 함께 이제 막 몸뚱이를 드러낸 어린 참나무들은 그 대가로 줄기 껍질이 벗겨져 나갔다. 한 움큼씩 흩어져 있는 토끼털은 사랑에 빠진 수토끼들 사이에 올해 들어 최초의 결투가 있었음을 말해준다. 저 앞에 올빼미 날개로 넓게 쓸린 둥근 자리 가운데에 핏자국이 보인다. 해빙은 이 운 없는 토끼에게 궁핍으로부터의 해방을 안겨주었지만, 두려움을 잊는 무모함도 함께 가져다주었다. 올빼미는 녀석에게 봄의 기대가 조심을 대신해주지는 않는다는 것을 일깨워주었다.

스컹크 발자국은 먹이감에도 이웃의 유희나 업보에도 아무런 관심을 보이지 않고 곧장 이어진다. 녀석이 무슨 생각을 하나 궁금하다. 왜 잠자리에서 나왔을까? 넓적한 허리통을 진창길에 질질 끌고 다니는 이 뚱뚱한 녀석에게 무슨 로맨틱한 동기라도 있는 것일까? 마침내 발자국은 유목(流木)더미 안으로 들어간다. 그리고 다시 나온 흔적은 보이지 않는다. 통나무들 사이에서 물방울 떨어지는 소리가 들린다. 녀석 역시 듣고 있겠지? 나는 고개를 갸우뚱거리며 집으로 발걸음을 돌린다.

이월

좋은 참나무

농장을 가져보지 않은 사람에겐 두 가지 잘못된 생각의 위험이 있다. 하나는 아침거리의 근원이 식료품 가게라고 생각하게 될 위험이고, 다른 하나는 열의 근원이 난방기라고 생각하게 될 위험이다.

첫번째 위험을 피하려면 직접 채소밭을 가꿔보아야 한다. 식료품 가게가 없는 경우라면 더 좋다.

두번째 위험을 피하려면 이월의 눈보라가 집 밖의 나무를 뒤흔들 때, 벽난로 장작받침쇠 위에 좋은 참나무 장작을 올려놓고 불을 지펴 정강이를 쬐어보아야 한다. 다른 난방기가 없는 경우라면 더 좋다. 자신의 좋은 참나무를 손수 베고 패고 옮기고 쌓아올린 사람이라면, 그러면서 아무 생각도 없지만 않았다면, 열의 근원에 대해 많은 것을 기억해낼 것이다. 라디에이터에 걸터앉아 주말을 보내는 도시 사람들은 결코 알 수 없는 많은 자질구레한 일들과 함께.

지금 내 장작받침쇠 위에서 타고 있는 참나무는 모래 언덕으로 이어

지는 옛 이주로 둑에서 자랐다. 내가 이 나무를 베고 나서 재어본 그루터기의 지름은 30인치 정도였다. 나이테는 80개였으므로 그 어린 나무는 남북전쟁이 끝나던 1865년에 첫번째 나이테를 만들었음에 틀림없다. 그러나 내가 어린 참나무의 생장 과정에 대해 아는 바로는, 어떤 참나무도 10년 또는 그 이상 겨울에 껍질을 갉아먹히고 다음 여름에 다시 싹트고 하는 것을 반복하지 않고서는 토끼의 공격을 견뎌낼 수 있을 만큼 성장하지 못한다. 모든 참나무는 토끼가 무관심했거나 아니면 토끼가 희소했기 때문에 살아남을 수 있었다는 것은 너무나 분명하다. 언젠가 인내심 많은 식물학자가 참나무의 연간 탄생 곡선을 그려본다면, 그 곡선은 10년마다 정점에 이르고, 이것은 토끼 개체수가 10년을 주기로 크게 줄어드는 데서 비롯한다는 것을 확인하게 될 것이다. (바로 이 끝없는 같은 종 및 다른 종들 사이의 투쟁을 통해서 하나의 생태계는 전체적으로 영속할 수 있다.)

그렇다면 내 참나무가 나이테를 쌓기 시작한 1860년대 중반에는 아마 토끼가 희소했을 것이다. 하지만 그 싹이 된 도토리는 아직도 포장마차가 미개척지 북서부를 향해 이 길을 달리던 1850년대에 땅에 떨어졌을 것이다. 그리고 이 도토리는 이주민들의 빈번한 통행으로 둑이 깎이고 헐벗긴 덕택에 최초의 잎을 태양을 향해 벌릴 수 있었을 것이다. 천 개의 도토리 중 단 하나만이 토끼와 맞설 만큼 충분히 성장했다. 나머지는 태어나자마자 초원의 바다에서 익사했다.

이 참나무는 살아남았고, 그래서 80년 동안이나 유월의 햇빛을 축적해왔다는 것을 생각하면 마음이 흐뭇하다. 80번의 눈보라를 거쳐 내 오두막과 내 영혼을 데우기 위해, 내 도끼와 톱의 도움으로 지금 열이 되어 나오고 있는 것은 바로 그 햇빛이다. 눈보라가 몰아칠 때마다 내 오두막 굴뚝에서 피어오르는 한 줄기 연기는 태양이 결코 헛되이 내리

꾀지 않았음을 그 참나무를 아는 누구에게나 보여주는 증거다.

내 개는 열의 근원에 대해서는 관심이 없다. 그렇지만 열이 나오고, 그것도 곧 나온다는 사실에는 광적이다. 녀석은 내가 무슨 마술 같은 것으로 열을 만들어낸다고 믿는다. 그것은 내가 춥고 캄캄한 새벽에 일어나 오들오들 떨며 불을 지피러 난로 옆에 무릎을 굽힐 때마다, 잿더미 위에 올려 놓은 불쏘시개와 나 사이로 슬며시 끼여들어서 꼼짝달싹 안하고 버티는 녀석의 태도로 미루어 알 수 있다. 나는 결국 녀석의 다리 사이로 성냥을 통과시켜서 불을 지펴야 한다. 녀석의 믿음은 산을 감동시킬 정도다.

이 참나무의 삶에 종지부를 찍은 것은 벼락이었다. 우리는 칠월 어느 날 밤, 천둥 같은 요란한 소리에 모두 잠이 깼다. 우리는 벼락이 근처에 떨어졌다는 것은 알았지만, 우리 자신을 덮친 것은 아니었기 때문에 다시 잠자리로 돌아갔다. 인간도 온갖 것으로 자신을 시험하지만, 번개의 경우 더욱 그렇다.

이튿날 아침, 새 비를 흠뻑 맞은 삼잎나물과 프레리 클로버[4]를 반갑게 맞으며 모래 언덕을 어슬렁거리다가 우리는 길가의 한 참나무 줄기에서 갓 찢겨져나온 널따란 나무껍질과 맞닥뜨렸다. 나무 줄기에는 껍질이 벗겨져 연한 속살이 드러난 긴 나선형의 상처가 있었는데, 폭은 1피트 가량이었고 아직은 햇빛에 노래지지 않은 채였다. 다음 날까지 잎은 시들어 버렸고, 우리는 그 번개가 우리에게 11입방미터 정도의 좋은 땔나무를 남겨주었다는 것을 알았다.

우리는 이 늙은 나무의 죽음이 슬펐지만, 모래 언덕에 곧고 힘차게 솟은 열 그루가 넘는 그의 후손이 훌륭한 나무로 자라고 있는 것을 알고 있었다.

우리는 이 숨진 베테랑을 그가 이제 더 이상 쬘 수 없는 햇빛 아래 일년 동안 마르도록 두었다가 어느 쾌청한 겨울날 새로 줄질한 톱을 그 요새 같은 밑동에 들이대었다. 톱 자리에서 역사의 향기로운 작은 조각들이 뿜어져나와 무릎을 꿇고 마주앉은 두 톱장이 앞의 눈 위에 쌓였다. 우리는 이 두 더미의 톱밥이 나뭇조각 이상의 그 무엇이라는 것을 알았다. 그것들은 한 세기의 통합적 단면이었다. 밀고 당길 때마다 우리의 톱은 10년 또 10년, 이 좋은 참나무의 동그란 나이테에 아로새겨진 한 생애의 연대기를 파고들어갔다.

우리가 이 농장을 사랑하고 또 소중히 간수하게 된 지난 몇 년간의 우리 소유 기간을 절단하는 데는 불과 열 차례 남짓한 톱질로 충분했다. 순식간에 우리는 농장의 전 주인이었던 밀주업자의 시대를 자르

기 시작했는데, 그는 이 농장을 싫어하여 황폐화시키고 건물을 불태웠다. 그리고 세금 체납으로 농장을 군(郡)에 반납하고 대공황 시대의 땅 없고 이름 없는 수많은 사람들 속으로 사라졌다. 그러나 이 참나무는 아랑곳하지 않고 질 좋은 나무로 자랐다. 전 주인의 톱밥도 우리 것만큼이나 핑크빛에 향기롭고 단단했다. 참나무는 사람을 가리지 않는다.

이 밀주업자의 시대는 황진(黃塵)지대[5]에 가뭄이 들었던 1936년, 1934년, 1933년, 1930년 중 어느 해인가에 끝장났다. 그의 증류기에서 피어오르던 참나무 연기와 타들어가는 늪지의 토탄(土炭)[6]연기가 그 가물던 해들에 태양을 가렸을 것이며, 알파벳 머리글자로 약칭되는 각종 보전단체*들의 활동이 곳곳에 퍼져나갔을 것이다. 그러나 톱밥에는 아무런 흔적도 없다.

쉽시다! 하고 팀장이 외친다. 그리고 우리는 숨을 돌린다.

이제 톱은 1929년 주식시장이 붕괴될 때까지 무분별과 오만 속에서 모든 것이 더 커지고 더 편리해져만 가던 속물 기업가들의 시대인 1920년대를 파고들어간다. 이 참나무가 주식시장이 몰락하는 소리를 들었는지 모르지만, 톱밥에는 아무런 흔적도 없다. 이 나무는 몇 차례

---

* 프랭클린 루스벨트 대통령이 뉴딜정책의 집행을 위해 설립한 특수 기관 혹은 단체들을 가리킨다. 예를 들어 AAC, CCC(민간식림치수단), CWA, WPA, FERA, FSA, SES 등이 있는데, '보전'을 내세웠지만 실제로는 '국토개발'과 '건설'을 위한 단체들이었다. 레오폴드는 그들을 두루 일컬어 '알파벳 머리글자로 약칭되는' (alphabetical) 단체라고 표현했다.

에 걸친 주의회의 나무 사랑 선언에도 무관심했다. 1927년에 제정된 국유림법과 임산물법, 1924년 미시시피강 상류 저지대에 지정된 거대한 야생동물 보호구역, 1921년의 새로운 삼림정책 등에 대해서도 마찬가지였다. 또한 1925년 위스콘신주의 마지막 담비가 죽었고, 1923년 최초의 찌르레기[7]가 날아들었다는 것도 알아채지 못했다.

1922년 삼월, 그 심했던 진눈깨비로 이웃 느릅나무 줄기가 갈기갈기 찢겨져 나갔을 때도 우리 참나무는 별다른 피해를 본 흔적이 없다. 잘 자란 참나무에게 1톤의 얼음이라도 무슨 문제이겠는가?

쉽시다! 하고 팀장이 외친다. 그리고 우리는 숨을 돌린다.

톱은 이제 개간의 꿈에 부풀었던 1910~20년을 파고든다. 이 시대는 농장을 만들기 위해 굴착기로 위스콘신 중부 늪지대에서 물을 빼냈고, 결국 잿더미만을 남겼다. 우리 늪은 이 위기를 모면했다. 그 까닭은 당시의 기술자들이 신중해서도 너그러워서도 아니라 매년 사월이면 강이 이곳으로 범람했기 때문이다. 1913년에서 1916년 사이의 범람은 극히 심했는데, 아마도 소극적인 앙갚음이었을 것이다. 이 참나무는 아랑곳하지 않고 잘 자랐다. 심지어 대법원에서 주유림(州有林)을 폐지하고 당시 주지사 필립이 주정부의 육림은 좋은 사업 계획이 아니라고 거들먹거렸던 1915년에도 그랬다. (주지사는 '좋은 것', 심지어 '사업이라는 것'에도 둘 이상의 정의가 있을 수 있다는 사실을 몰랐다. 그는 법정이 '선(善)'의 한 정의를 법률서에 쓰는 동안 불은 땅 위에 전혀 다른 또 하나의 정의를 쓰고 있었다는 사실을 몰랐다. 아마 주지사가 되려면 그런 문제 따위에 의문을 품어서는 안 되는 모양이다.)

이 10년 동안 육림 사업은 쇠퇴했지만, 사냥감 보전에는 진전이 있었다. 1916년, 워키쇼 군(郡)에서는 풀어준 꿩이 성공적으로 정착했고, 1915년에는 봄철 사냥을 금지하는 연방법이 제정되었으며, 1913년에는 주정부가 관리하는 사냥감 사육 농장이 설립되었고, 1912년에는 암사슴 보호를 위한 '수사슴 법'이 제정되었으며, 1911년에는 야생동물 보호구역 지정이 주 전역에 걸쳐 유행했다. '야생동물 보호구역'은 성스러운 단어가 되었다. 그러나 이 참나무는 아무런 관심도 보이지 않았다.

쉽시다! 하고 팀장이 외친다. 그리고 우리는 숨을 돌린다.

이제 한 저명한 대학 총장이 보전에 관한 책을 펴내고, 엄청난 잎벌[8] 피해로 수백만 그루의 낙엽송이 죽었으며, 극심한 가뭄으로 솔밭이 타들어가고, 거대한 준설기가 호리콘 습지대에서 물을 빼내던 1910년을 자른다.

이어 오대호에 빙어가 처음 방류되었고, 여름철의 잦은 비로 주 의회가 삼림화재 방제 예산을 삭감했던 1909년을 자른다.

1908년을 자른다. 가뭄과 함께 삼림 화재가 몹시 심했고, 위스콘신은 마지막 퓨마를 잃었다.

1907년을 자른다. 어느 떠돌이 스라소니가 약속의 땅을 잘못 찾아 데인 군의 한 농장에서 최후를 맞았다.

1906년을 자른다. 위스콘신 주 최초의 육림관(育林官)이 임명되었으며, 모래땅 몇몇 군에서는 화재로 약 1만 7천 에이커의 임야가 타버렸다. 1905년을 자른다. 이 해에는 엄청난 새매 떼가 북쪽에서 날아와 이

지방 뇌조를 몽땅 잡아먹었다(틀림없이 놈들은 우리 농장 뇌조를 잡아먹기 위해 이 나무에도 앉았을 것이다). 혹독한 겨울을 겪어야 했던 1902년과 1903년을 자른다. 1901년은 가장 극심한 가뭄을 기록했던 해다(연간 강수량이 고작 17인치 정도였다). 그리고 한 세기를 열었던 희망과 기원의 해 1900년, 이 참나무의 나이테는 평범하기만 하다.

쉽시다! 하고 팀장이 외친다. 그리고 우리는 숨을 돌린다.

이제 도시로만 눈길을 돌리던 사람들이 '활기의 10년'이라고 불렀던 1890년대로 파고든다. 1899년을 자른다. 마지막 철비둘기[9]가 이곳 북쪽의 배브콕 근처에서 총에 맞아 떨어졌다. 1898년을 자른다. 이해 가을은 건조했고 겨울에는 눈이 내리지 않아 땅이 7피트 깊이까지 얼어붙어 사과나무들이 죽었다. 1897년 역시 가뭄이 들었고, 또 하나의 육림위원회가 설립되었다. 1896년, 스푸너에서만 2만 5천 마리의 초원뇌조[10]가 시장으로 출하되었다. 1895년에는 화재가 심했고, 1894년에는 가뭄이 심했다. 그리고 1893년, 삼월의 거센 눈보라 때문에 이동 중이던 블루버드[11]떼가 거의 전멸해버린 '블루버드 소동'이 있었다. (해마다 가장 먼저 도착하는 블루버드 떼는 언제나 이 참나무에 내려앉았다. 그러나 1890년대 중반 이 나무는 틀림없이 한 마리의 블루버드도 구경하지 못했을 것이다.) 1892년을 자른다. 화재가 심했다. 1891년에는 뇌조가 크게 줄어들었다. 1890년은 배브콕[12]우유 검사기(Babcock Milk Tester)가 고안된 해다. 이 검사기 덕택에 반세기 뒤 주지사 헤일은 위스콘신이 '미국의 낙농장'이라고 자랑할 수 있게 되었다. 그의 이같은 큰소리를 뒷받침하는 오늘날의 자동차 대열은 당시로서는 상상할 수 없었다. 물론 배브콕 교수도 그랬다. 역사상 가장 큰 소나무 뗏목이 프레리*주(州)들에 '붉은 우사(牛舍)의 제국'을 건설하기 위해 이 참나무에서 훤히 내려다 보이는 위스콘신 강을 따라 하류로 미끄러져간 것도 바로 1890년이었다. 그래서 지금 눈보라와 나 사이에 좋은 참나무가 서 있듯이, 젖소와 눈보라 사이에 좋은 소나무가 서 있는 것이다.

쉽시다! 하고 팀장이 외친다. 그리고 우리는 숨을 돌린다.

이제 톱은 1880년대로 파고든다. 1889년, 식목일이 선포되고 가뭄이 들었다. 1887년은 위스콘신에서 처음으로 사냥감 관리인이 임명된 해다. 1886년, 위스콘신 농과대학에서 농부들을 위한 단기 과정을 개설했다. 1885년은 '전례 없이 길고 혹독한' 겨울로 시작되었다. 1883년, 농과대학 헨리 학장은 매디슨의 봄꽃이 여느 해보다 열사흘 늦게 피었다고 보고했다. 1882년은 매디슨 시내 맨도타 호수가 기록적인 폭설과 1881년 말부터 이어진 혹한 탓으로 한 달이나 늦게 해빙되었던 해다.

---

* prairie: 미국 텍사스주에서 캐나다 중남부에 걸쳐 로키산맥 동쪽과 미시시피강 유역의 중부와 북부에 펼쳐진 광활한 초원지대로 옥수수, 밀, 목화의 주산지다. 프레리는 아르헨티나 팜파스나 중앙아시아의 스텝과 같은 형태의 초지로서 유럽인들의 정착 전에는 초본식물, 특히 키큰 풀들로 덮여 있었고 나무는 없거나 드문드문 흩어져 있을 뿐이었다. 프레리의 형성과 유지에는 불이 절대적인 영향을 미쳤는데, 불은 번개나 원주민 인디언의 활동에서 비롯되었다. 일정 지역의 프레리는 1~5년에 한 번은 불탔고, 불은 빠르게 번져나갔다. 그러나 토양의 깊은 곳까지는 피해를 입히지 않았고, 대부분의 어린 나무를 죽였다. 이 책의 주된 배경인 위스콘신주는 프레리 중심에 놓여 있다.

위스콘신 농학회가 '지난 30년간 농촌 전역에서 참나무가 폭발적으로 늘어난 까닭이 무엇인가?'라는 주제로 논쟁을 벌인 것도 1881년이다. 내 참나무도 그 중 하나였다. 자연 발생이라고 주장한 학자가 있었는가 하면 남쪽으로 내려가던 비둘기들이 도토리를 토해냈기 때문이라고 주장한 학자도 있었다.

쉽시다! 하고 팀장이 외친다. 그리고 우리는 숨을 돌린다.

이제 톱은 위스콘신이 밀로 흥청거렸던 1870년대로 파고든다. 1879년, 긴노린재와 굼벵이, 녹병,[13] 그리고 토양의 쇠진으로 인해 위스콘신 농부들은 죽도록 밀만 생산하는 게임에서는 서쪽의 먼 처녀 프레리와 더 이상 경쟁할 수 없다는 결론을 내렸다. 아마 내 농장도 그 게임에서 한몫을 했을 것이다. 이 참나무 바로 북쪽에서 이는 모래 바람 역시 그 기원이 지나친 밀 재배에 있을 것이다.

같은 해인 1879년, 위스콘신 최초의 잉어가 방류되었고, 개밀이 유럽에서 밀항해 들어왔다. 10월 27일에는 이동 중이던 여섯 마리의 초원뇌조가 매디슨 독일 감리교회 지붕에 앉아 팽창하는 도시를 내려다보았다. 그리고 11월 8일에는 한 마리에 10센트에 불과한 오리들로 매디슨 시장이 넘쳐났다는 보도도 있었다.

1878년, 소크-레피즈 출신의 어떤 사슴 사냥꾼이 '사냥꾼 수가 사슴 수를 넘어설 것'이라고 예언했다.

1877년 9월 10일에는 한 형제가 머스케고 호수에서 하루에 210마리의 푸른죽지상오리[14]를 쏘아 잡았다.

1876년은 기록상 가장 습했던 해로 강수량이 무려 50인치에 이르렸다. 초원뇌조 수가 줄어들었는데, 아마 폭우 때문이었을 것이다.

1875년, 동쪽의 요크 프레리 군에서 네 명의 사냥꾼이 153마리의 초원뇌조를 잡았다. 연방 어자원위원회는 내 참나무에서 10마일 남쪽에 있는 데블즈 호수에 대서양 연어를 방류했다.

1874년에는 최초로 공장에서 생산된 가시 철선이 참나무들에 둘러쳐졌다. 이 참나무에는 그런 인공물이 박혀 있지 않아야 할 텐데!

1873년, 시카고의 한 가게는 2만 5천 마리의 초원뇌조를 모아서 시장에 내다 팔았다. 시카고 전체에서 거래된 초원뇌조는 무려 60만 마리로, 12마리에 3달러 25센트에 팔렸다.

1872년, 이곳 남서쪽의 한 군에서 위스콘신의 마지막 야생 칠면조가 죽음을 당했다.

개척자들이 밀로 흥청거리던 시대가 막을 내리면서 비둘기 피로 흥청거리던 시대 역시 종말을 고했다고 할 수 있다. 1871년, 내 참나무에서 북서쪽으로 50마일에 걸쳐 펼쳐진 삼각형 지대 안에만 1억 3,600만 마리의 비둘기가 둥지를 틀었을 것으로 추정된다. 그리고 일부는 이 참나무에 둥지를 틀었을 것이다. 그때만 해도 이 나무는 20피트 높이의 한창때의 젊은 나무였기 때문이다. 비둘기 사냥꾼들은 수십 명씩 그물과 총, 곤봉과 미끼로 무장하고 열심히 사업을 벌였다. 곧 파이가 될 비둘기를 실은 화물열차가 도시를 향해 남쪽으로 동쪽으로 바삐 움직였다. 이것이 위스콘신 마지막의 대규모 비둘기 서식이었고, 미국 전체에서도 거의 마지막이었다.

같은 해인 1871년, 제국의 행진을 보여주는 또 다른 증거가 나타났다. 패시티고 대화재, 이로 인해 두 개 군에 걸쳐 숲과 들판이 잿더미가 되었다. 그리고 시카고 대화재가 일어났는데, 반항하는 소의 뒷발길질에서 비롯되었다고 한다.

1870년, 들쥐들이 이미 자신들의 제국의 행진을 벌였다. 놈들은 이 젊은 주(州)의 어린 과일 나무들을 몽땅 먹어치우고는 죽었다. 다행히 내 참나무는 놈들에게 먹히기에는 껍질이 너무 단단하고 두꺼웠다.

어떤 직업 사냥꾼이 시카고 근교에서 한 시즌에 6천 마리의 오리를 잡았다고 《아메리칸 스포츠맨》에서 떠벌렸던 것도 1870년이었다.

쉽시다! 하고 팀장이 외친다. 그리고 우리는 숨을 돌린다.

이제 1860년대를 자른다. 이 시대에는 인간-인간의 공동체가 쉽게 해체될 것인가 라는 물음에 답하기 위해 수많은 사람이 목숨을 바쳤다.*사람들은 이 물음에 답했다. 그러나 그들은 똑같은 물음이 인간-토지 공동체에도 던져진다는 것을 알지 못했고, 우리 또한 아직 인식하지 못하고 있다.

1860년대에 인간-토지 공동체라는 더 큰 주제에 대한 모색이 전혀 없었던 것은 아니다. 1867년, 인크리스 라팜은 위스콘신 주 원예협회를 설득하여 식목상을 만들게 했다. 1866년에는 위스콘신의 마지막 토착 엘크[15]가 죽음을 당했다. 톱은 이제 우리 참나무의 심에 해당하는 1865년을 자른다. 그 해에 존 뮤어**는 내 참나무에서 동쪽으로 30마일 떨어져 있던, 그의 청년기를 즐겁게 해준 야생화 성역인 형의 농장을 사겠다고 제안했다. 형은 그 땅과 작별하기가 싫었지만 뮤어의 생각을

---

* 1861년에서 1865년까지 남북전쟁이 있었다.

** John Muir(1838-1914): 미국의 저명한 탐험가이자 박물학자이자 삼림학자. 자연 보전과 국립공원 지정 운동의 선구자로서 많은 업적을 남겼다.

억누를 수는 없었다. 1865년은 지금까지도 위스콘신 역사에서 자연의, 야생의 그리고 자유로운 것들에 대한 자비의 생년(生年)으로 남아 있다.

우리는 심을 잘랐다. 톱은 이제 역사 탐구의 방향을 반대로 돌린다. 우리는 세월을 그 흐름의 방향으로 자르면서 줄기 반대편 바깥쪽을 향해 나아간다. 마침내 그 커다란 몸통이 진동하더니 톱 댄 자리가 갑자기 벌어진다. 톱장이들이 재빨리 톱을 빼고 안전하게 뒤로 물러선다. 모두들 '나무요!' 하고 고함친다. 내 참나무는 기울어지면서 신음소리를 내더니, 땅을 뒤흔드는 굉음과 함께 쓰러져 자신을 낳은 이주로를 가로질러 엎어진다.

이제 나무를 팰 차례다. 줄기 토막이 하나씩 곧추 세워지고, 쇠쐐기를 내려치는 큰 나무망치 소리가 울린다. 토막들은 향기로운 널로 쪼개져 길가에 쌓인다.

톱과 쐐기와 도끼의 서로 다른 용도에는 사학자들에게 잘 어울리는 비유가 있다.

톱은 단지 세월을 가로로 자르고, 한 해씩 차례로 다룰 수 있을 뿐이다.

톱니는 매 해로부터 조그만 사실 조각들을 끄집어낸다. 작은 무더기를 이루며 쌓이는 이 조각들을 가리켜 나무꾼들은 톱밥이라고 하고, 사학자들은 고문서라고 한다. 그들 모두 이렇게 외부에 드러난 표본의 특성으로부터 내부의 숨은 특성을 판단한다. 나무가 넘어져서 그 그루터기가 한 세기의 총체적인 모습을 드러내는 것은 이 절단 작업이 끝난 다음이다. 나무는 쓰러짐으로써 역사라고 불리는 뒤죽박죽한 사건

들을 일관성 있게 증언한다.

한편, 쐐기는 세로로 쪼갤 뿐이다. 쪼개기는 쪼갤 면을 선정하는 기술에 따라 즉각적으로 모든 해의 총체적인 모습을 드러내줄 수도 있고 전혀 그렇지 않을 수도 있다. (만약 의심이 간다면, 줄기 토막을 균열이 나타날 때까지 일 년 정도 말려보라. 덤벙대며 박은 많은 쐐기가 쪼갤 수 없는 불규칙한 나무결 속에 박혀 녹슬어가는 것을 볼 수 있을 것이다.)

도끼는 세월에 빗각으로만 작용하며, 그것도 가까운 과거의 바깥쪽 나이테에만 소용이 있다. 도끼의 특별한 용도는 가지를 치는 데 있다. 가지치기에는 톱도 쐐기도 쓸모가 없다.

이 세 가지 연장은 좋은 참나무 장작을 얻는 데, 또 올바른 역사를 얻는 데 없어서는 안 될 것들이다.

❖ ❖ ❖

주전자가 노래를 부르고 이 좋은 참나무 장작이 흰 재 위에서 벌겋게 타오르는 지금, 나는 이런 것들을 곰곰이 생각한다. 봄이 오면 이 재는 모래 언덕 기슭의 과수원에 되돌려주어야겠다. 그것은 아마 빨간 사과로 아니면 자신도 그 까닭을 모른 채 그저 열심히 도토리를 심는 어떤 살찐 시월 다람쥐의 부지런함 덕택에 다시 참나무로 내게 되돌아올 것이다.

삼월

기러기의 귀환

제비 한 마리가 왔다고 해서 여름이 온 것은 아니지만, 삼월 해빙의 음산함을 가르고 한 떼의 기러기가 날아들면, 봄이다!

해빙에 맞추어 봄을 노래하던 홍관조[16]는 그것이 실수임을 알고 나면 자신의 겨울 침묵 속으로 되돌아감으로써 간단히 실수를 바로잡을 수 있다. 일광욕하러 외출했다가 눈보라를 만난 얼룩다람쥐[17]는 잠자리로 되돌아가면 그만이다. 그러나 호수의 숨구멍을 찾아서 200마일의 칠흑 같은 밤길을 날아온 모험심 많은 철새 기러기에게는 물러설 곳이 마땅치 않다. 기러기의 도착은 배수의 진을 친 어떤 예언자의 확신 같은 것을 내포한다.

삼월의 아침은 하늘을 바라보고 기러기 소리에 귀를 쫑긋 세우는 낙이라도 없다면 너무나 단조로울 뿐이다. 나는 한때 파이 베타 카파*회원인 한 교양있는 여자를 만난 적이 있는데, 그 여자는 기러기가 일 년

* Phi Beta Kappa: 1776년에 창립된 미국 최초의 대학생 및 졸업생 클럽. 최초의 여성 회원은 1875년에 탄생했으며 우수한 성적이 가입 요건이다.

에 두 번씩 계절의 순환을 자기 집 지붕 위에 입증한다*는 것을 듣지도 보지도 못했다고 말했다. 어쩌면 교육이라는 것은 주의력을 가치가 덜한 다른 것들과 맞바꾸는 과정이 아닐까? 주의력을 잃어버린 기러기는 이내 한 무더기의 깃털이 될 뿐이다.

우리 농장에 계절을 선포하는 기러기들은 위스콘신 법령을 포함하여 많은 것을 알고 있다. 남으로 향하는 십일월의 기러기 떼는 저 아래 자신들이 즐겨 찾던 모래톱이나 수렁길이 내려다보인다는 한마디 외침도 없이 도도하게 날아간다. '자로 잰 듯이 똑바로'라는 것은 남쪽 20마일 떨어진 가장 가까운 큰 호수를 찾아가는 이들의 동요 없는 비행에 비교하면 차라리 구부러진 것이다. 놈들은 거기서 낮에는 광활한 수면에서 빈둥거리다가 밤에는 갓 벤 옥수수 그루터기에서 옥수수를 좀도둑질한다. 십일월의 기러기들은 동틀녘부터 땅거미가 질 때까지 모든 습지와 못이 기대에 찬 사냥총으로 북적거린다는 것을 잘 알고 있다.

삼월 기러기들은 이야기가 다르다. 산탄(散彈)에 맞은 상처투성이 깃털이 말해주듯이 겨우내 사냥에 시달려왔지만, 지금은 봄철 휴전이 발효중이라는 것을 알고 있다. 놈들은 강의 만곡부(灣曲部)를 휘돌아서, 지금은 엽총이 사라진 늪과 섬 위를 낮게 가로지르며 마치 오랫동안 보지 못했던 친구에게 하듯이 마주치는 모든 모래톱에게 지껄여댄다. 놈들은 갓 녹은 웅덩이와 못 하나 하나에 인사를 건네면서 늪과 초원 상공을 지그재그로 저공 비행한다. 마침내 우리 늪지 상공에서 몇 차례의 '의전적' 선회 비행을 마치더니, 날개를 쫙 편 채 검은 랜딩기어

* 철새인 기러기가 일 년에 두 번 무리지어 이동하면서 지붕 위에 배설물을 떨어뜨린다는 의미다.

를 내리고 먼 구릉을 배경으로 하얀 엉덩이를 보이며 연못으로 소리 없이 미끄러진다. 이제 막 도착한 우리의 철새 손님들은 수면에 내려앉자 소리를 지르고 물을 튀기면서, 바스락거리는 부들 숲으로부터 겨울의 마지막 상념을 떨어낸다. 우리 기러기가 다시 돌아왔다!

내가 차라리 늪 바닥에 숨어 눈만 내밀고 있는 사향뒤쥐라면 좋겠다고 생각하는 것도 바로 매년 이 순간이다.

첫번째 기러기 떼가 내려앉고 나면 이동중인 다른 떼를 초청하는 놈들의 목소리로 시끄러워지고, 며칠 안에 우리 늪은 기러기들로 가득 찬다. 우리 농장에서는 봄의 풍요를 두 가지 척도로 잰다. 심은 소나무와 날아온 기러기 수가 그것이다. 우리의 최고 기록은 1946년 4월 11일의 642마리다.

가을에도 그렇지만, 우리의 봄 기러기들은 매일 옥수수밭으로 날아간다. 그러나 이것은 가을 밤에 이루어지는 은밀한 좀도둑질과는 다르다. 놈들은 대낮에 떼지어 옥수수 그루터기로 시끄럽게 오간다. 가기 전에 매번 왁자지껄한 맛 논쟁을 벌이는데, 돌아올 때는 더 시끄럽다. 우리 늪지에 완전히 자리를 잡은 뒤에는 돌아올 때에도 '의전적' 선회 비행을 생략한다. 놈들은 고도를 낮추기 위해 마치 단풍잎처럼 좌우로 미끄러지며, 아래쪽의 환영소리를 향해 두 다리를 벌린 채 하늘로부터 곡예하듯 강하한다. 뒤이어 들리는 재잘거리는 소리는 아마도 그 날 저녁 식사에 대한 평가일 것이다. 이즈음 기러기들은 겨우내 눈에 덮여 있어서 까마귀나 솜꼬리토끼,[18] 들쥐 혹은 꿩들이 놓친 찌꺼기 옥수수를 먹고 지낸다.

특이한 점이 있다면, 이 기러기들이 주로 옛날에 초원이었던 곳의 옥수수 그루터기를 찾아간다는 것이다. 초원 옥수수를 편애하는 경향이 영양분이 더 많기 때문인지, 초원 시대부터 세대에 세대를 걸쳐 이어져온 놈들의 어떤 오랜 전통 때문인지는 아무도 모른다. 아니면 그것은 초원 지대의 옥수수밭이 더 넓다는 단순한 이유 때문인지도 모른다. 이 옥수수밭으로의 일상적인 나들이 전후에 벌어지는 그 왁자지껄한 논쟁을 내가 이해할 수만 있다면 초원 편애의 이유를 쉽게 알 수 있을 텐데. 그러나 나는 그럴 수가 없다. 또 나는 이것이 수수께끼로 남아 있는 데 아주 만족한다. 우리가 기러기에 대해 모든 것을 알고 있다면 세상은 얼마나 따분하겠는가!

봄철 기러기의 일상을 관찰하다보면, 다른 놈보다 훨씬 여기저기 더 많이 날아다니고 더 많이 울어대는 외톨이들이 적지 않다는 것을 알게 된다. 누구나 이 놈들의 울음소리는 쓸쓸하다고 생각하기 쉽다. 또 이 놈들은 상심한 홀아비이거나 잃어버린 새끼를 찾아 헤매는 어미일 것이라고 지레짐작하기 쉽다. 그러나 경험이 많은 조류학자라면 새들의 행동을 그렇게 주관적으로 해석하는 것이 위험하다는 것을 안다. 나는 오랫동안 섣부른 결론을 내리지 않으려고 애썼다.

나와 학생들이 6년 동안 한 무리를 이루는 기러기 수를 세어본 결과, 외톨이 기러기가 무엇을 의미하는지에 대해 뜻하지 않던 해답을 얻었다. 산술적 분석을 통해, 우리는 6마리 혹은 6의 배수로 이루어진 기러기 무리가 단지 우연이라고 하기엔 너무 자주 눈에 띈다는 것을 알게 되었다. 바꾸어 말해, 기러기 무리는 한 가족이거나 가족들의 집단인 것이다. 그리고 봄철의 외톨이 기러기들은 우리가 처음 떠올렸던 상상 바로 그대로일 것이다. 그들은 헛되이 혈육을 찾아 헤매는, 겨울 사냥에서 살아남은 유가족인 것이다. 이제 나는 마음놓고 외톨이 기러기들과 함께, 또 그들을 위해서 비감에 잠길 수 있다.

이런 쉬운 산술을 통해서 조류 애호가의 감상적인 추측이 사실로 확인되는 것은 흔한 일이 아니다.

집 바깥에 앉아 있어도 될 만큼 따뜻해지는 사월 밤에, 우리는 늪에서 벌어지는 기러기들의 집회 소리를 즐겨 듣는다. 중간에 긴 침묵이 몇 차례 있다. 그때에는 도요새의 날개짓 소리, 먼 부엉이 울음소리, 아니면 번식기를 맞은 검둥오리[19]의 콧노래 소리 외에는 아무 것도 들리지 않는다. 그러다가 갑자기 쨍쨍 하는 외마디 소리가 울려퍼지면 순식간에 아수라장 같은 소음이 뒤따른다. 물 위에서 날개를 퍼덕이는 소리, 힘을 다해 노를 저어 어둠을 향해 돌진하는 소리, 격렬한 토론을 구경만 하던 놈들이 통상 외치는 고함소리도 있다. 마지막으로 어떤 낮고 굵직한 목소리의 기러기가 말을 끝내면 왁자지껄한 시끄러움은 기러기들 사이에서는 늘 있는, 거의 알아듣기 어려운 소곤거림으로 가라앉는다.

아, 내가 사향뒤쥐라면!

할미꽃[20]이 만발할 때가 되면 우리 기러기들의 집회는 시들해진다. 그리고 오월이 되기 전에 우리 늪은 붉은죽지찌르레기[21]와 뜸부기만이 활력을 불어넣는 단순한 습초지로 되돌아온다.

1943년 카이로에서 강대국들이 비로소 세계가 하나임을 깨닫게 되었다는 것은 역사의 아이러니다. 이 세상 기러기들은 훨씬 오래 전부터 세계가 하나라는 생각을 지녀왔으며, 매년 삼월이면 이것이 진실임을 보이기 위해 목숨을 건다.

최초에는 단지 대빙원의 통일만이 있었다. 이어서 삼월 해빙의 통일이 찾아왔고, 국경을 모르는 기러기들은 북쪽 지방으로 집단 이동했다. 홍적세 이후 매년 삼월이면, 기러기들은 중국해에서 시베리아

CHARLES W
SCHWARTZ

초원까지, 유프라테스 강에서 볼가 강까지, 나일 강에서 러시아 머맨스크까지, 영국 링컨셔에서 노르웨이 스피츠버겐까지가 하나임을 부르짖어왔다. 홍적세 이후 매년 삼월이면, 기러기들은 노스캐롤라이나 커리턱에서 캐나다 래브라도까지, 노스캐롤라이나 마타머스킷에서 캐나다 엉게이버까지, 뉴저지 호스슈 호수에서 캐나다 허드슨 만까지, 미시시피 아베리아일랜드에서 그린랜드 남서쪽 베핀랜드까지, 텍사스 팬핸들에서 캐나다 동토 매켄지까지, 캘리포니아 새크라멘토 강에서 알래스카 유콘 강까지가 하나임을 외쳐왔다.

기러기들의 이갈은 국제 교역을 통해 일리노이의 자투리 옥수수는 구름을 뚫고 북극 동토대까지 운반되어, 그곳에서 유월 백야의 자투리 햇빛과 결합하여 양 지역 사이의 모든 땅으로 퍼져나갈 기러기 새끼를 키우는 것이다. 그리고 이 연례적인 식량과 빛의 교환, 겨울의 따스함과 여름의 적막함의 맞바꿈을 통해 전체 대륙은 음산한 하늘로부터 삼월의 진흙탕 위로 떨어지는 야생 시(詩)를 순이익으로 얻게 되는 것이다.*

* 삼월 해빙기에 질퍽질퍽한 대지 위로 이동중인 기러기의 배설물이 떨어진다는 의미이다.

사월

홍수의 계절

큰 강이 으레 큰 도시를 끼고 흐르는 것과 헐값의 농장이 종종 봄철 홍수로 고립되는 것은 똑같은 이치다. 우리 농장도 싸구려다. 그래서 사월에 이곳에 들르면 우리는 종종 바깥 세상과 단절된다.

물론 계획적인 것은 아니다. 그러나 일기예보를 통해 언제 북쪽 지방의 눈이 녹을지는 어느 정도 예측할 수 있고, 또 홍수가 상류 도시들을 빠져나오는 데 며칠이 걸릴지 어림잡을 수 있다. 이런 식으로, 일요일 저녁이 되면 읍내의 일자리로 돌아가야 하지만, 그럴 수가 없다. 월요일 아침 넘친 강물이 자신이 저지른 파괴를 애도하며 퍼져나가는 소리는 얼마나 감미로운가! 하나 둘 물에 잠겨 거대한 호수로 바뀌어가는 옥수수밭 위를 순항하는 기러기들의 울음소리는 얼마나 깊고 우렁찬가! 새로 생긴 물 천지의 아침 탐사에서 편대를 선도하려는 듯, 한 풋내기 기러기가 100야드마다 한 번씩 공기를 도리깨질한다.

기러기들은 홍수에 열광하지만 좀처럼 내색하는 법이 없기 때문에 기러기 잡담에 익숙하지 않은 사람들은 그들의 기쁨을 알아채지 못할지도 모른다. 그러나 잉어는 드러내놓고 즐기기 때문에 누구라도 알 수 있다. 놈들은 물이 차올라 풀뿌리가 젖자마자 몰려온다. 그리고 풀밭으로 나온 돼지처럼 열정적으로 바닥을 헤집으며 몸부림치고, 붉은 꼬리와 누런 배를 번득이고, 마차 길과 소들의 통로를 따라 헤엄치면서 팽창중인 자신들의 우주를 서둘러 탐사하기 위해 갈대와 덤불을 흔들어댄다.

기러기나 잉어와는 달리, 뭍에 사는 새나 짐승들은 홍수를 철학적 초연함으로 받아들인다. 강가 자작나무 꼭대기에서 홍관조 한 마리가 나무들만 없다면 흔적도 찾을 수 없는 자기 영역을 휘파람으로 시끄럽게 외쳐댄다. 목도리뇌조[22]한 마리가 홍수에 잠긴 숲에서 북 치는 소리를 낸다. 녀석은 틀림없이 가장 높은 통나무 꼭대기로 피해 있을 것이다. 들쥐들이 꼬마 사향뒤쥐라도 된 것처럼 조용하고 침착하게 언덕 쪽으로 물을 건넌다. 버드나무숲 속 낮잠자리에서 쫓겨난 사슴 한 마리가 과수원에서 튀어나온다. 우리 언덕엔 토끼 천지다. 녀석들이 조용하게 피난처로 접수한 우리 언덕은 노아가 없는 이 시대에 방주를 대신한다.

봄철 홍수는 우리에게 더없이 진귀한 체험을 가져다준다. 그것은 상류지대 농장에서 좀도둑질한 예측 불가능한 온갖 부유물을 실어온다. 우리 풀밭 위에 좌초한 낡은 널판자는 우리에게는 제재소 창고의 새 널판자보다 두 배나 큰 가치를 지닌다. 모든 오래 묵은 널판자는 영원히 알 수 없지만 그래도 늘 재질이나 크기, 못, 나사못, 칠, 끝손질 상태, 닳거나 썩은 정도 등을 통해 어느 정도는 추측 가능한 나름의 고유한 역사를 지니고 있다. 심지어 모래톱에 걸린 널판자의 귀퉁이나 끝 부분이 얼마나 마모되었는가를 보고 과거에 몇 차례나 홍수가 이 널판자를 실어날랐는가를 추정할 수도 있다.

우리 집 목재 더미는 모두 강에서 주워 모은 것인데, 그렇기 때문에 그것은 개성의 집합일 뿐만 아니라 상류지대 농장과 숲에서 벌어지는 인간사를 담고 있는 한 권의 책이기도 하다. 이 묵은 판자 자서전은 아직까지 대학에서 가르치지는 않지만 하나의 문학이다. 모든 강가 농장은 망치질이나 톱질에 익숙한 사람에게는 마음대로 이용할 수 있는 도서관이다. 홍수가 밀려오면 언제나 새 책이 도착한다.

적막함에도 종류와 등급이 있다. 호수의 섬에도 적막함이 있다. 그렇지만 호수에는 배가 있으며, 언제나 누군가가 섬의 당신을 찾아올 수 있다. 구름 덮인 산봉우리에도 적막함이 있다. 그렇지만 그 대부분에는 산길이 있고, 산길에는 여행자가 있다. 나는 봄철 홍수로 보호된 적막함만큼 안전한 적막함은 없다고 생각한다. 나보다 훨씬 다양한 종류와 등급의 적막함을 경험했을 기러기들도 그렇게 생각할 것이다.

그래서 우리는 언덕에서 갓 피어난 할미꽃 옆에 앉아 지나가는 기러기들을 바라본다. 우리 길이 부드럽게 물속으로 잠기는 모습이 눈에 들어온다. 나는 적어도 오늘만은 나가든 들어오든 교통 문제는 잉어들 사이에서나 의미있는 논쟁거리라고 결론짓는다(속으로는 즐겁지만 겉으로는 초연한 체하며).

드라바

이제 몇 주만 지나면 가장 작은 꽃 드라바(Draba)가 온 모래땅에 촘촘히 눈곱만한 꽃망울을 터뜨릴 것이다. 눈을 치뜬 채 봄을 기대하는 사람은 드라바같이 그렇게 작은 것은 결코 볼 수 없다. 눈을 내리깐 채 봄을 단념한 사람은 자신도 모르게 이것을 밟아버린다. 진창에 무릎까지 빠져가며 봄을 찾아나선 사람만이 이것을 발견한다. 그것도 엄청나게 많이.

드라바에게도 따뜻함과 편안함이 필요하지만 아주 조금이면 된다. 드라바는 자투리 시간과 공간으로 살아간다. 식물 책에는 드라바에 대해 두서너 줄만 적혀 있고 그림 한 장 없다. 더 크고 더 화려한 꽃을 피우기에는 너무 척박한 모래땅과 미약한 햇빛도 드라바에게는 충분하다. 결국 드라바는 봄꽃이 아니다. 다만 희망의 추신(追伸)일 뿐이다.

드라바는 감흥을 주지 못한다. 그 향기는 있다고 해도 한 줄기 바람에 날려가버린다. 그 빛깔은 평범한 흰색이다. 그 잎은 감촉 있는 털 코트에 싸여 있다. 어떤 동물도 드라바를 먹지 않는다. 그러기엔 너무 작다. 어떤 시인도 드라바를 노래하지 않는다. 한 식물학자가 일찍이 드라바에게 라틴 이름을 지어주고는 망각해버렸다. 드라바에게는 아무런 중요성도 없다. 단지 재빠르고 능숙하게 조그마한 할 일을 다하는 작은 생명일 뿐이다.

굴참나무

어린 학생들이 주(州)를 대표하는 새나 꽃이나 나무를 투표로 결정한다고 하더라도, 그것이 스스로의 의사결정이라고 할 수는 없다. 단지 역사를 확인하는 것이다. 이렇듯 역사는 프레리 풀들이 처음으로 남부 위스콘신 지역을 점령한 이후 굴참나무를 이 지역의 대표적인 나무로 만들었다. 굴참나무는 프레리의 화재를 견디고 살아남을 수 있는 유일한 나무다.

어째서 두꺼운 코르크 껍질이 가장 작은 잔가지에 이르기까지 굴참나무 전체를 감싸고 있는지 궁금해 한 적이 있는가? 이 코르크는 갑옷이다. 굴참나무는 프레리를 침략하기 위해 침입림이 보낸 돌격부대였다. 이들이 맞서 싸워야 할 적은 화재였다. 매년 사월, 새 풀이 돋아 타지 않는 녹색잎으로 프레리가 뒤덮이기에 앞서 불이 평원을 광포하게 휩쓸었고, 타 죽지 않을 정도로 껍질이 두껍게 자란 나이 많은 참나무만이 살아남았다. 개척자들에게 '참나무 광장'으로 불렸던, 베테랑 나무들만이 드문드문 서 있는 숲 대부분은 굴참나무로 이루어져 있었다.

기술자들이 단열재를 발명한 것은 아니다. 그들은 프레리 전쟁의 노병들을 모방했을 뿐이다. 식물학자들은 2만 년 동안 지속된 이 전쟁 이야기를 읽어낼 수 있다. 그 기록은 토탄에 파묻힌 꽃가루에 일부 남아 있고, 일부는 후방에 억류되어 잊혀져버린 식물 잔해에 남아 있다. 기록에 따르면 침입림의 최전선(最前線)은 때로는 거의 슈피리어호까지 퇴각했는가 하면, 남쪽 멀리까지 전진했다. 한때는 남쪽으로 아주 멀리 나아가서 가문비나무를 비롯한 '후방 경비대' 종들이 위스콘신 남쪽 주 경계까지, 심지어는 그 너머까지 번창했다. 그 지역 모든 토탄 늪의 특정 층에서 가문비나무 꽃가루가 발견된다. 그러나 프레리와 침입림의 평균적인 전선(戰線)은 그들의 현재 경계 부근이었다. 결국 이 전투의 최종 결과는 무승부였다.

그렇게 된 이유 중 하나는 처음에는 이 편을 들다가 나중에는 저 편을 드는 동맹군들이 있었기 때문이다. 토끼와 쥐는 여름엔 프레리 풀들을 갉아 쓰러뜨렸고, 겨울에는 화재에서 살아남은 모든 어린 참나무 껍질을 벗겨 먹었다. 다람쥐는 가을에 도토리를 심었다. 그리고는 나머지 계절 내내 이것을 먹어치웠다. 유월에 유충 시절의 딱정벌레는 프레리 풀밭을 파헤쳤지만 성충이 되면 참나무 잎을 고사시켰다. 이같은 동맹자들의 이합집산이 없었다면, 그래서 승리의 순환적인 반전이 없었다면 우리는 오늘날 지도를 이렇듯 아름답게 장식하는 프레리와 삼림의 풍요로운 모자이크를 결코 갖지 못했을 것이다.

탐험가 조나단 카버는 정착시대 이전의 프레리 경계에 대한 생생하

고 그림 같은 구절을 남겼다. 1763년 10월 10일, 그는 데인 군 남서쪽 귀퉁이 근처에 있는 한 무리의 높은 구릉(지금은 나무가 우거져 있다) 블루 마운즈[23]를 찾았다. 그는 이렇게 전한다.

> 나는 가장 높은 구릉 가운데 하나를 올라갔다. 그리고 그 광활한 땅을 내려다보았다. 사방 수 마일에 걸쳐 더 작은 구릉들을 제외하고는 아무것도 보이는 게 없었는데, 멀리서 마치 원뿔형 건초가리처럼 보이는 그것들은 나무 한 그루 품고 있지 않았다. 단지 몇몇 히코리나무[24]숲과 발육부전의 참나무들이 일부 계곡을 덮고 있었다.

1840년대에 들어서면서 새로운 동물, 즉 정착민이 프레리 전투에 끼여들었다. 그는 그럴 의도는 없었다. 그는 프레리에게서 아주 오랜 동맹군인 화재를 빼앗기에 충분한 크기의 땅을 경작했을 뿐이다. 어린 참나무들이 곧 군단 단위로 초원을 뒤덮었고, 과거 프레리였던 곳이 삼림지대 농장들로 바뀌었다. 이것이 의심스럽다면, 위스콘신 남서부의 어느 산등성이 삼림의 아무 그루터기라도 좋으니 나이테를 세어보라. 가장 늙은 베테랑 나무들만 제외하고 나머지는 모두 1850년대와 1860년대로 거슬러 올라갈 뿐이다. 이 시기가 바로 프레리에 화재가 멈춘 때다.

존 뮤어는 새 숲이 옛 프레리를 잠식하고 참나무 광장을 어린 나무들로 채워버리던 바로 이 시기에 마퀴트 군에서 자랐다. 『청소년기 Boyhood and Youth』에서 그는 이렇게 회상한다.

> 일리노이와 위스콘신의 한결같이 기름진 프레리 토양에서는 풀들이 아주 빽빽하게 높이 자라 불이 나면 어떤 나무도 살아남을 수 없다. 불이

없었다면, 이 지방의 특징이 된 이 멋진 프레리는 울창한 숲으로 뒤덮였을 것이다. 참나무 광장들에 사람들이 정착하고 농부들이 풀 불을 방해하자마자, 그루터기들이 [뿌리들이] 나무로 자라나서 키큰 수풀이 되었는데, 얼마나 울창한지 뚫고 지나갈 수 없었으며 양지바른 [참나무] 광장들은 흔적도 없이 사라졌다.*

그러므로 베테랑 굴참나무를 소유하고 있는 사람은 단순한 나무 한 그루 이상의 것을 갖고 있는 셈이다. 그는 역사 도서관을, 그리고 진화의 극장에 지정석을 소유하고 있는 것이다. 통찰력이 있는 사람들의 눈에는, 그의 농장은 프레리 전쟁의 휘장과 상징을 품고 있는 것으로 보인다.

천무

사월과 오월 매일 저녁에 내 숲 위에서 천무(天舞)가 공연된다는 것을 알게 된 것은 내가 농장을 소유하고 두 해가 지나서였다. 이것을 안 다음 나와 내 가족은 단 한 번의 공연도 놓치고 싶지 않았다.

공연은 사월의 온화한 첫 저녁, 정확히 6시 50분에 시작된다. 이때부터 공연 시작 시간은 매일 1분씩 늦어져 유월 초하루가 되면 7시 50분에 막이 오른다. 이처럼 개막 시간이 점점 늦춰지는 까닭은 그저 이 무용수가 정확히 0.05촉광의 로맨틱한 밝기를 원하기 때문이다. 무용수가 불끈 화가 나서 날아가버리지 않게 하려면, 개막 시간에 늦어서는 안 되며 조용히 자리에 앉아야만 한다.

개막 시간과 마찬가지로 무대 장치들에도 이 공연자의 까다로운 개

* 이 문단의 [ ] 들은 원문에 따른 것임.

성이 나타나 있다. 무대는 숲이나 덤불 속의 훤히 트인 원형극장이어야만 하고, 그 중앙에는 이끼에 덮인 곳이나 메마른 모래가 약간 깔린 곳, 맨 바위가 드러난 곳, 아니면 장애물 없는 길이 있어야만 한다. 처음에 나는 왜 수컷 멧도요[25]가 이렇듯 헐벗은 무도장을 고집하는지에 대해 의아해했지만, 지금은 녀석의 다리 때문이라고 생각한다. 멧도요 다리는 짧기 때문에 무성한 풀숲이나 잡초밭에서는 점잔뺀 걸음걸이를 훌륭하게 해보일 수가 없을 뿐더러 애인이 그것을 감상할 수도 없을 것이다. 내 농장에는 풀이 자라기에는 너무 척박한 이끼 낀 모래땅이 많기 때문에 다른 농장들보다 멧도요가 많다.

시간과 장소를 알았으면, 무대 동쪽의 관목 아래에 자리를 잡고 일몰을 배경으로 멧도요가 도착하는지 지켜보면서 기다려라. 녀석은 이웃 숲에서 낮게 날아와 드러난 이끼 위에 내려앉은 다음 곧바로 전주곡을 시작한다. '핀―츠' 하고 목 안쪽에서 나오는 낮고 묘한 소리를 2초 간격으로 내는데, 흡사 여름밤 쏙독새 우는 소리처럼 들린다.

갑자기 소리내기를 멈추더니 녀석은 아름다운 '짹짹' 소리와 함께 일련의 커다란 나선을 그리며 하늘로 솟아오른다. 높이 높이 날아오른다. 마침내 하늘에서 하나의 점으로 보일 때까지 나선은 점점 가파르고 작아지며, 짹짹 소리는 더욱 더 커진다. 그러고는 삼월의 블루버드가 시샘할 만한 부드럽게 떨리는 목소리로 노래를 부르며, 아무런 경고도 없이 마치 고장난 비행기처럼 곤두박질친다. 녀석은 땅에서 불과 몇 피트 남짓한 곳까지 급강하하다가 수평 비행으로 바꾸고 공연장으로 되돌아온다. 대체로 처음 공연을 시작한 바로 그 지점이다. 그리고는 그 이상야릇한 '핀―츠, 핀―츠' 하는 소리를 다시 내기 시작한다.

땅에 내려앉은 녀석을 보기에는 이내 너무 어두워진다. 그러나 보통 공연이 계속되는 한 시간 동안은 하늘을 배경으로 녀석의 비행을 마음껏 볼 수 있다. 달밤에는 달빛이 계속 비추는 동안은 일정한 간격을 두고 공연이 이어지기도 한다.

동틀 무렵에도 공연이 있다. 사월 초에는 오전 5시 15분에 막이 내려진다. 이 시간은 유월에 그 해의 마지막 공연이 막을 내리는 3시 15분에 이르기까지 하루에 2분씩 앞당겨진다. 동틀녘과 해질녘의 공연시간 조정이 이처럼 다른 까닭이 무엇일까? 이런! 안타깝게도 로맨스도 지치는 일인가 보다. 일몰 천무를 시작할 때 밝기의 5분의 1만 되어도 새벽 천무는 중단되기 때문이다.

숲과 풀밭에서 일어나는 백 가지 작은 드라마를 아무리 열심히 탐구한다고 해도 우리가 결코 어느 하나에 대해서도 모든 특징적인 사실들을 알 수는 없다는 것은 아마 행운일 것이다. 천무에 대해 내가 아직까지 알지 못하는 것은, 연인은 어디에 있으며 맡은 역할이 있다면 무엇인지 하는 것이다. 나는 이따금 두 마리의 멧도요가 함께 무대에 있는 것을 본다. 그리고 둘은 종종 함께 비행한다. 그러나 함께 그 '핀—츠' 소리를 내는 경우는 결코 없다. 다른 한 마리는 암컷일까, 아니면 라이벌 수컷일까?

알지 못하는 것이 더 있다. 그 '짹짹' 소리는 목소리인가 아니면 기계적인 것인가? 한 번은 내 친구 빌 피니가 '핀—츠' 소리를 내는 멧도요를 그물로 잡아서 날개 바깥쪽의 큰 깃털들을 뽑았다. 그 뒤 이 새는 여전히 '핀—츠' 소리나 떨리는 목소리는 냈지만 더 이상 '짹짹' 소리는 내지 않았다. 그러나 단 한 번의 이런 실험으로 결론을 내려서는 안 된다.

CHARLES W
SCHWARTZ

알지 못하는 것이 또 있다. 둥지 틀기의 어느 단계까지 수컷은 천무를 계속하는 것일까? 한 번은 내 딸이 부화된 알 껍질이 아직 남아 있는 둥지에서 20야드도 채 안되는 곳에서 멧도요 한 마리가 그 '핀—츠' 소리를 내고 있는 것을 본 적이 있다. 과연 그 둥지가 녀석의 아내 것이었을까? 아니면 우리가 눈치채진 못했지만, 녀석은 이중 결혼한 정부(情夫)였을까? 이런 것들과 다른 많은 의문들이 깊어가는 황혼의 수수께끼로 남아 있다.

천무의 드라마는 밤마다 수백 개의 농장에서 공연된다. 농장 주인들은 즐길 거리를 그리워하지만 그것들을 단지 극장에서만 찾을 수 있는 것으로 착각하고 있다. 그들은 땅 위에서 살고 있지만 땅과 함께 살고 있지는 않다.

멧도요는 엽조의 쓸모는 단지 사냥 표적이 되거나 토스트 조각 위에 보기 좋게 올려지는 것일 뿐이라는 생각을 반박하는 산 증거다. 시월에 멧도요 사냥을 나보다 더 좋아했던 사람은 없을 것이다. 그러나 천무를 알고난 다음부터 나는 한두 마리로 만족하게 되었다. 사월이 오면 나는 황혼이 지는 하늘에 무용수가 부족하지는 않나 확인해야만 한다.

오월

아르헨티나에서 돌아오다

민들레꽃이 위스콘신 방목지에 오월을 아로새기면, 이제 봄의 마지막 증거에 귀기울일 때다. 풀숲에 앉아 하늘을 향해 귀를 쫑긋 세우고 들종다리[26]와 붉은죽지찌르레기의 뒤엉킨 소음을 걸러내면서 주의깊게 들으려고 해보면, 이내 이 소리를 잡을 수 있다. 이제 막 아르헨티나에서 돌아온 긴꼬리물떼새[27]의 비행 노래를.

눈이 좋은 사람이라면 하늘에서 날개를 떨면서 뭉게구름 사이로 원을 그리며 날고 있는 이 녀석을 찾을 수 있다. 눈이 나쁘다면 그렇게 하지 않아도 된다. 그저 울타리 기둥을 살펴보라. 곧 한줄기 은빛 섬광이 녀석이 어떤 기둥 위에 내려앉아 그 긴 날개를 접고 있는지 알려줄 것이다. '우아하다'는 단어를 누가 만들었는지 모르지만 그 사람은 긴꼬리물떼새의 날개 접기를 본 적이 있음에 틀림없다.

저기 녀석이 앉아 있다. 녀석이 있다는 것은 이제 당신이 녀석의 영역에서 물러나야만 한다는 것을 의미한다. 군청 장부에는 이 방목지가 당신 것으로 적혀 있는지 모르겠지만, 녀석은 그런 사소한 법적 사항 따위는 가볍게 웃어넘긴다. 녀석은 인디언 시대부터 소유해온 자신의 권리를 거듭 주장하기 위해 4천 마일을 날아 이제 막 돌아왔다. 그리고

새끼들이 날 수 있을 때까지 이 방목지는 녀석의 것이며, 어느 누구도 녀석의 저항 없이 이곳을 통과할 수는 없다.

근처 어디에선가 암컷 긴꼬리물떼새가 머지않아 네 마리의 조숙한 새끼들을 탄생시킬 네 개의 크고 뾰족한 알을 품고 있다. 새끼들은 솜털이 마르자마자 대들보 위의 생쥐처럼 날쌔게 풀밭을 뛰어다니는데, 선부른 솜씨로는 결코 잡을 수 없다. 놈들은 30일만에 완전히 다 자란다. 어떤 다른 새도 이처럼 빨리 자라지는 못한다. 팔월까지 녀석들은 비행 학교를 졸업한다. 선선한 팔월 밤, 다시 한 번 미주 대륙이 예로부터 하나였음을 증명 하기 위해 긴꼬리물떼새가 남미 팜파 초원을 향해 날개를 펼 때, 우리는 놈들의 휘파람 신호소리를 들을 수 있다. 남과 북의 연대가 정치인들에게는 새롭겠지만, 이 날개 달린 하늘의 해군들에게는 전혀 그렇지 않다.

긴꼬리물떼새는 농업 환경에도 잘 적응한다. 녀석들은 갈색 들소를 몰아내고 차지한 목장에서 풀을 뜯고 있는 얼룩배기 들소를 따라다니며, 이들도 괜찮은 친구라고 받아들인다.* 녀석들은 방목지뿐만 아니라 건초용 풀밭에도 둥지를 틀지만 어설픈 꿩과는 달리 건초 베는 기계에 희생되는 일은 없다. 건초를 벨 때가 되기 훨씬 전에 새끼들도 날 수 있게 되어 떠나버린다. 농장 지대에서 긴꼬리물떼새의 진짜 적은 두 가지뿐이다. 물 마른 골짜기와 배수 도랑이 그것이다. 언젠가 우리는 이것들이 우리의 적이기도 하다는 사실을 깨닫게 될 것이다.

1900년대 초, 위스콘신 농장들은 자신들의 아주 오랜 시계를 잃어버릴 뻔한 적이 있다. 오월의 방목지는 침묵 속에 푸르러져갔으며, 팔월

---

* 갈색 들소는 위스콘신에서는 멸종된 야생 아메리카 들소를 가리키고, 얼룩배기 들소는 젖소를 뜻한다.

의 밤에는 가을의 임박을 알리는 어떤 휘파람 소리도 없었다. 후기-빅토리아식 연회의 '물떼새 없은 토스트'의 유혹에 덧붙여 흔해빠진 화약으로 인해 너무나 많은 긴꼬리물떼새가 희생되었다. 연방 철새보호법에 따른 뒤늦은 보호 조처가 겨우 시행되긴 했지만.

유월

오리나무 분기점—낚시의 전원시(田園詩)

우리는 지난해 송어가 물결을 일으키며 놀던 곳을 도요새가 종종걸음으로 오갈 수 있을 만큼 수위가 낮아졌고, 비명 한 번 지르지 않고 가장 깊은 곳에 뛰어들 수 있을 만큼 물이 따뜻해졌다는 것을 알게 되었다. 시원하게 멱을 감고 나서도 가슴받이 달린 낚시 장화는 마치 햇볕에 놓아둔 뜨거운 타르지같이 느껴졌다.

저녁 낚시도 낮만큼이나 형편없었다. 우리는 그 냇물에서 송어를 노렸지만 피라미만 올라왔다. 그날 저녁, 우리는 모깃불 아래 앉아 이튿날 계획을 의논했다. 200마일의 뜨겁고 먼지 푸석거리는 길을 달려왔지만, 다른 곳의 시내나 무지개송어가 우리를 강하게 끌어당기는 것을 다시 한 번 느꼈을 뿐이다. 여기에는 송어가 없었다.

그러나 이 냇물은, 그제야 생각이 났지만 지류였다. 위쪽 원류 근처로 올라가, 빽빽이 에워싼 오리나무 벽 아래에서 차가운 샘물이 콸콸 솟아나오는 좁고 깊은 분기점을 본 적이 있었다. 이런 날씨에 자존심 강한 송어는 무얼 하려 할까? 바로 우리가 하려는 것. 상류로 올라가는 것.

많은 흰목참새[28)]가 이 날도 역시 감미로움이나 시원함과는 거리가 멀 것이라는 사실을 까맣게 잊고 있는 신선한 아침에, 나는 이슬 내린 둑을 기어 내려가서 그 오리나무 분기점으로 들어섰다. 송어 한 마리가 바로 앞 상류 쪽에서 수면으로 떠오르고 있었다. 나는 낚싯줄을 조금 풀어―이 줄이 언제나 이렇게 부드럽고 잘 말라 있으면 좋겠다고 생각하면서―한두 번의 거짓 던짐으로 거리를 잰 다음, 그 녀석이 마지막으로 소용돌이치던 곳에서 정확히 1피트 앞에 맥빠진 각다귀[29]를 던졌다. 어제의 무더운 여행길이나 모기, 그리고 그 창피스러운 피라미 낚기는 까맣게 잊은 채였다. 녀석은 미끼를 한입에 삼켰다. 이내 내 고깃바구니에 깔린 젖은 오리나무잎 침상에서 녀석이 툭탁거리는 소리가 들린다.

이러는 동안 조금 더 큰 녀석이 옆의 깊은 웅덩이에서 솟아올랐다. 이 웅덩이는 '흐름의 머리'에 자리잡고 있었는데, 그 위쪽 끝이 오리나무로 빽빽이 가로막혀 있었기 때문이다. 갈색 가지가 냇물 한가운데까지 뻗어나와 물에 잠긴 키작은 오리나무 한 그루가, 신이건 인간이건 자신의 가장 바깥쪽 잎에서 한 치라도 벗어나 플라이[30]를 던지면 놀려주겠다는 듯이 영원한 침묵의 미소를 지으며 흔들거린다.

낚싯대와 줄을 양지바른 둑의 오리나무에 걸어 말리면서, 나는 담배 한 대를 피워 물고 냇물 가운데 바위에 걸터앉아 내 송어가 수호자 같은 그 오리나무 아래에서 솟아오르는 것을 지켜보았다. 그러고는―신중을 기하기 위해―조금 더 기다렸다. 그 웅덩이는 너무도 잔잔하다. 산들바람이 일고 있다. 이 바람은 곧 웅덩이 위에 순간적인 물결을 일으킬 테고, 그렇게 되면 이내 웅덩이 한복판에 완벽하게 던져질 내 플라이는 더욱 위험한 유혹이 될 것이다.

이제 불 것이다—미소짓는 오리나무에 붙어 있는 갈색 나방을 흔들어서 웅덩이에 떨굴 만큼 강한 한 점의 바람 말이다.

자, 준비! 마른 낚싯줄을 되감고 냇물 한가운데 서서 즉각 낚싯줄을 던질 태세를 갖추었다. 바람이 오고 있다—언덕 위 사시나무에 전조 같은 가벼운 요동이 이는 것을 보고, 나는 낚싯줄을 절반 풀어서 부드럽게 앞뒤로 흔들며 그 웅덩이를 향해 던지기 위해 바람을 기다린다. 절반 이상을 던져서는 안돼, 알겠나! 지금 태양이 높이 떠올랐기 때문에 머리 위를 지나는 어떤 잽싼 그림자도 내 살찐 송어에게는 위험이 눈앞에 닥쳤음을 미리 알려주는 꼴이 될 것이다. 바로 지금! 내 플라이는 마지막 3야드를 날아가서, 미소짓는 오리나무 바로 아래로 우아하게 떨어진다—놈이 물었다! 나는 놈이 뒤편 정글로 도망치지 못하게 단단히 버텼다. 놈이 하류 쪽으로 내달음친다. 몇 분만에 그 놈 역시 내 고깃바구니 속에서 툭탁거린다.

낚싯줄을 다시 말리는 동안 송어와 인간의 길에 대해 생각하면서 나는 바위에 걸터앉아 행복한 명상에 잠긴다. 인간과 물고기는 얼마나 비슷한가! 인간 역시 지나가는 환경의 바람이 시간의 강 위에 떨궈놓는 새로운 것이라면 무엇이든 잡아챌 준비가 되어 있지 않은가? 아니, 그러길 열망하지 않는가? 그리고 금도금한 미끼가 바늘을 숨기고 있다는 것을 알고 나서는 얼마나 우리의 조급함을 후회하는가? 그렇더라도 나는 그 대상이 진짜로 밝혀지든 가짜로 드러나든 열망 그 자체에는 좋은 면도 있다고 생각한다. 사람이나 송어나 세상이나 신중하기만 하다면 얼마나 따분하겠는가! 내가 좀 전에 '신중을 기하기 위해' 기다렸다고 말했던가? 그건 그렇지 않다. 낚시꾼에게 신중함은 성공 가능성이 더 작을지도 모르는 또 다른 모험을 준비할 때에만 필요할 뿐이다.

지금은 낚시에 몰두할 시간—녀석들은 곧 떠오르기를 멈출 것이다. 나는 허리까지 차는 물을 건너 그 '흐름의 머리'로 다가가 흔들거리는 오리나무 속으로 머리를 불쑥 들이밀고 안을 살펴본다. 그야말로 정글이다! 바로 앞에 칠흑같이 어두운 깊은 구멍이 하나 보인다. 그 위의 깊숙한 공간은 무성한 나뭇가지들로 덮여 있어서 낚싯대는커녕 고사리 잎 하나 움직일 수 있는 여유도 없다. 거기에 거대한 송어 한 마리가 검은 냇둑에 갈비뼈를 비비듯 붙어서, 지나가는 벌레를 주워삼키며 어슬렁거리고 있다.

벌레처럼 자세를 낮춘다고 해도 이 녀석에게 몰래 다가갈 수 있는 길은 보이지 않는다. 그러나 20야드 정도 앞 수면에 반사되는 밝은 햇빛이 보인다—또 다른 구멍이다. 저 구멍으로 마른 플라이를 떨어뜨려 아래쪽 구멍으로 흘러 내려가게 해볼까? 불가능하다. 그러나 해야만 한다.

나는 뒤로 물러나 둑으로 기어올라간다. 목까지 차오르는 야생 봉숭아와 쐐기풀을 헤치면서 오리나무 숲을 돌아 위쪽 구멍으로 다가간다. 주인의 목욕을 방해하지 않으려는 조심스러운 고양이처럼 접근한 다음, 모든 것이 잠잠해지도록 5분 정도 가만히 서 있는다. 그동안 줄을 풀어 기름을 칠하고 말려 30피트 정도를 왼손에 둥글게 말아 쥔다. 나는 정글 입구에서 그만큼 떨어져 있다.

이제 모험의 순간이다! 나는 플라이에 입김을 불어 마지막으로 솜털을 부풀리고 발 아래 흐름에 놓은 다음, 즉시 둥글게 만 줄을 풀어나간다. 줄이 팽팽하게 펴지고 플라이가 정글 속으로 쑥 빨려 들어가자마자, 플라이가 어떻게 되나 관찰하기 위해 하류 쪽으로 재빠르게 걸어가 어두컴컴한 나무 그늘 속을 뚫어지게 바라본다. 플라이가 햇빛 반점을 지나면서 한두 차례 흘끗 보이는 것으로 미루어 아직 아무 일도 없다. 플라이가 곡류를 타고 돈다. 순식간에—내 발걸음 소음 때문에 이 계략이 수포로 돌아가기 훨씬 이전에—플라이는 그 어두운 구멍에 도착한다. 그 거대한 물고기가 돌진하는 것이, 보인다기보다는 차라리 들린다. 나는 완강하게 버틴다. 전투가 진행중이다.

신중한 사람이라면 어느 누구라도 물굽이에 들어선 오리나무 줄기의 거대한 칫솔 같은 덤불을 뚫고 상류 쪽으로 송어를 끌어올리기 위해 1달러나 나가는 플라이와 목줄을 희생하려고 들지는 않을 것이다. 그러나 앞서 말했듯이 낚시꾼치고 신중한 사람은 없다. 이윽고 나는 낚싯줄을 조심스럽게 풀면서 녀석을 장애물이 없는 곳으로 끌어내어 마침내 바구니에 집어 넣었다.

나는 이제 이 세 마리 송어 중 어느 놈도 관에 넣기 위해 머리를 자르거나 몸통을 꺾어야 할 만큼 큰 놈은 아니었다는 것을 고백해야겠다. 컸던 것은 송어가 아니라 모험이었다. 내 고깃바구니에 가득 찬 것은 고기가 아니라 추억이었다. 흰목참새들처럼 나도 그날 아침 역시 오리나무 분기점의 평범한 아침일 뿐이라는 사실을 까맣게 잊고 있었다.

칠월

엄청난 재산

군 서기에 따르면 나의 세속적인 영토의 크기는 120에이커이다. 그러나 이 서기는 잠이 많은 친구다. 그는 9시 이전에는 결코 장부를 들여다보지 않는다. 동틀 무렵의 장부는 무엇을 보여줄까? 이것이 여기서 하려는 이야기다.

장부가 있건 없건, 새벽녘에 내가 걸어다닐 수 있는 땅은 모두 나만의 소유라는 것은 나와 내 개한테만은 분명하다. 새벽녘에는 모든 경계가 사라질 뿐만 아니라, 경계를 생각할 필요도 없다. 매일의 여명은 권리증이나 지도에는 표시가 없는 드넓은 공간을 알고 있다. 우리 군에는 더 이상 존재하지 않을 것 같은 적막함도 이슬이 닿는 데까지 사방으로 뻗어 있다.

다른 대지주들과 마찬가지로 내게도 소작인들이 있다. 그들은 소작료 납부에는 태만하지만 권리 주장에는 매우 까다롭다. 실로 사월부터 칠월까지 매일 새벽 이들은 서로에게 자신의 영역을 주장한다. 그럼으로써 간접적으로나마 내가 지주임을 인정한다.

이 일상적인 의식은 당신의 상상과는 전혀 다르게 최고의 예절로 시작된다. 누가 최초에 이런 규약을 만들었는지 나는 모른다. 새벽 3시

30분, 나는 칠월의 새벽 모임을 소집할 수 있을 정도의 위엄을 갖추고 양손에 내 주권의 상징인 커피포트와 공책을 들고 오두막을 나선다. 나는 샛별의 하얀 궤적을 마주하고 벤치에 앉는다. 커피포트를 옆에 내려놓는다. 그리고 어느 누구도 이런 짓을 눈치채지 못하기를 바라며, 셔츠 앞섶에서 컵 하나를 꺼낸다. 시계를 꺼내고 커피를 따른 다음 공책을 무릎 위에 놓는다. 이것이 신호가 되어 소작인들은 권리를 주장하기 시작한다.

3시 35분, 가장 가까이 사는 방울새가 낭랑한 테너 소리로 북쪽으로는 강둑까지 남쪽으로는 옛 마차길까지 뻗친 뱅크스소나무[31]숲은 자기 차지임을 선언한다. 근처에 사는 다른 모든 방울새가 한 마리씩 각자의 보유물을 얘기한다. 적어도 이 시간에는 아무런 말다툼도 없다. 그래서 나는 이들의 아낙들도 '이전 상태의 유지'에 대한 이 행복한 의견일치를 잠자코 수용하기를 내심 바라면서, 그저 들을 뿐이다.

방울새들이 순서를 다 마치기도 전에, 큰 느릅나무에 사는 로빈[32]이 진눈깨비로 줄기가 찢겨져나간 아귀와 거기에 딸린 모든 것은 자기 차지라고 시끄럽게 지저귄다(녀석이 말하는 모든 것은 그 느릅나무 밑 별로 넓지 않은 잔디밭에 사는 모든 지렁이를 의미한다).

로빈의 집요한 주장 때문에 잠에서 깨어난 오리오울[33]이 그 느릅나무의 늘어진 가지는 자기 것이며, 아울러 근처의 모든 점액성 풀줄기와 정원에 늘어진 모든 덩굴들도 자기 것이고, 자신에게는 이것들 사이를 타오르는 불꽃처럼 번쩍이며 날아다닐 배타적인 권리가 있음을 세상의 모든 오리오울들에게 주장한다.

내 시계는 3시 50분을 가리킨다. 언덕에 사는 인디고멧새[34]가 1936년 가뭄으로 말라 죽은 참나무 가지와 근처의 갖가지 벌레 및 덤불은 자기 것이라고 주장한다. 직접 말하고 있지는 않지만, 나는 녀석이 은

연중 자신에게는 모든 블루버드와 동녘으로 얼굴을 돌린 모든 자주달개비보다 더 파랄 권리가 있음을 주장하고 있다고 생각한다.

다음으로 굴뚝새가 — 이 녀석은 내 오두막 처마에서 옹이 구멍 하나를 찾아냈는데 — 노래를 터뜨린다. 대여섯 마리의 다른 굴뚝새가 따라 하더니 이젠 온통 아수라장이 되었다. 밀화부리,[35] 쓰레셔,[36] 솔새,[37] 블루버드, 비레오,[38] 토히,[39] 홍관조 등이 모두 거든다. 이 녀석들의 공연 순서와 시작 시간에 관한 나의 엄숙한 회의록 작성은 머뭇거리다가 혼란 속에서 끝이 났다.

내 귀는 더 이상 무엇이 먼저고 무엇이 나중인지를 분간해낼 수 없었기 때문이다. 게다가 커피포트도 바닥났고, 태양도 막 떠오를 참이다. 나는 이 새벽의 내 권리가 다하기 전에 나의 영토를 살펴보아야만 한다.

우리—나와 내 개—는 정한 곳 없이 기운차게 출발한다. 내 개는 '목소리'로 진행되는 이 모든 일들에 대해서는 별로 경의를 표시하지 않는다. 녀석에게 소작인의 증거는 노래가 아니라 냄새이기 때문이다. 녀석이 말하기를, 어떤 글 모르는 깃털뭉치라도 나무에서 떠들어댈 수는 있다. 지금 녀석은 내게 누구도 알지 못하는, 말없는 짐승들이 여름밤에 써놓은 냄새나는 시를 번역해주려 한다. 시마다 그 끝에는—우리가 찾을 수만 있다면—그 시의 저자가 앉아 있다. 우리가 실제로 발견하게 되는 것은 전혀 예측할 수 없다. 토끼 한 마리가 갑자기 다른 곳으로 줄행랑치고, 멧도요 한 마리가 새침데기 애인을 가슴 두근거리게 만들고 있는가 하면, 장끼 한 마리가 풀밭에서 이슬에 깃털이 젖는다고 투덜거리고 있다.

종종 우리는 야간 약탈을 마치고 늦게 귀가하는 라쿤[40]이나 밍크와 맞닥뜨린다. 이따금 물고기 사냥중인 왜가리를 방해하거나 새끼들을

거느리고 힘을 다해 물옥잠 둥지로 헤엄치는 어미 원앙을 놀라게 할 때도 있다. 앨팰퍼[41]꽃이나 개불알풀, 왕고들빼기 따위로 포식한 사슴이 빈둥거리며 숲으로 되돌아가는 모습도 간혹 눈에 띈다. 보통은 녀석들의 굼뜬 발굽이 이슬 맺힌 비단 위에 남긴 뒤엉킨 희미한 선들만 볼 수 있을 뿐이지만.

이제 햇살이 느껴진다. 새들의 합창도 지금은 숨이 찬다. 멀리서 소 방울 딸랑이는 소리가 들리는 것을 보니 소 떼가 방목장을 향해 느릿느릿 움직이는 모양이다. 트랙터 굉음이 내 이웃들이 잠자리에서 일어났음을 알려준다. 세상은 다시 군 서기가 알고 있는 그런 세속적인 차원으로 축소되었다. 우리는 집으로 발걸음을 돌리고, 아침을 먹는다.

프레리의 생일

사월부터 구월까지는 대체로 매주 열 가지의 야생 식물이 첫 꽃망울을 터뜨린다. 유월에는 하루에도 많게는 십여 종이 꽃을 피운다. 어느 누구도 이 모든 연례 행사에 마음을 쏟을 수는 없겠지만, 그렇다고 그 모두에 무관심할 수도 없을 것이다. 오월 민들레를 무심코 밟고 지나치는 사람도 팔월 돼지풀[42]꽃가루에는 갑자기 멈춰서야 할지 모른다. 사월 붉은 안개처럼 핀 느릅나무 꽃에 무심한 사람도 칠월 개오동나무[43]에서 떨어진 꽃부리들 때문에 자동차를 미끄러뜨릴 수 있다. 어떤 사람이 어떤 식물의 생일을 알아채고 있는지 내게 말해준다면, 나는 그 사람의 직업, 취미, 꽃가루 알레르기 그리고 전반적인 생태학 지식 수준 등에 대해 아주 많은 것을 알아맞힐 수 있다.

칠월이 되면 나는 자동차로 내 농장을 오갈 때 지나치는 한 교외 묘지를 유심히 관찰한다. 이맘때가 프레리의 생일이다. 그리고 그 묘지 한구석에는 일찍이 아주 중요했던 그 생일 행사의 한 참석자가 생존해 있다.

이 묘지는 흔한 가문비나무에 둘러싸이고, 여느 분홍색 화강암이나 흰 대리석 묘석이 흩어져 있고, 묘석마다 보통의 빨강 또는 분홍 제라늄 주일 화환이 놓여 있는 그런 평범한 묘지다. 단지 보통 묘지가 사각형인 데 비해 삼각형 모양을 하고 있다는 것, 그리고 각진 울타리 안쪽에는 1840년대 이 묘지가 만들어지기 이전의 옛 프레리가 아주 조금 남아 있다는 것에서 매우 특이하다. 지금까지 큰 낫이나 제초기를 피할 수 있었던, 반 평에도 못미치는 이 작은 옛 위스콘신의 유적에는 칠월이면 줄기가 사람 키만한 콤파스 플랜트[44]또는 컷리프 실피움(cutleaf Silphium)이라 불리는 풀이 해바라기같은 모양에 크기는 작은 접시만한 반짝이는 노란 꽃을 주렁주렁 달고 태어난다. 이것은 같은 종 가운데 이 도로변에 남아 있는 유일한 생존자이며, 아마 우리 군 서부에서도 하나뿐인 생존자일 것이다. 드넓은 프레리를 덮은 실피움이 들소의 배를 간지럽히던 옛날의 풍경은 어땠을까 하는 물음은 다시는 대답을 얻을 수도, 아마 묻는 이조차 없을 것이다.

올해 이 실피움은 여느 해보다 일 주일 이상 늦은 7월 24일에 첫 꽃을 피웠다. 지난 6년간 평균은 7월 15일이었다.

내가 8월 3일, 그 묘지를 다시 지날 때는 이미 도로 보수반이 울타리를 제거하고 실피움을 베어버린 다음이었다. 이제 앞날이 어떨 것인지는 뻔하다. 몇 년 동안 내 실피움은 부질없이 제초기를 이겨내려고 애쓸 것이다. 그리고는 죽을 것이다. 더불어 프레리 시대도 막을 내릴 것이다.

군청 도로과에 따르면 실피움의 개화기인 여름 석 달 동안 10만 대의 차량이 이 도로를 지나간다고 한다. 그 속에는 적어도 10만 명이 넘는, 역사라는 것을 '배운' 사람들이 타고 있을 것이며, 이른바 식물학을 '배운' 사람도 아마 2만 5천 명은 될 것이다. 그렇지만 이 실피움을 알아본 사람이 열 명이나 될지, 또 그들 가운데 한 사람이라도 그 실종을 알아차리게 될지 의심스럽다. 만약 내가 인접한 교회의 목사에게 도로 보수반이 그의 공동묘지에서 잡초 제거라는 미명하에 역사책을 불태워왔다고 말한다면, 그 사람은 놀라서 어리둥절할 것이다. 어떻게 잡초가 책이 될 수 있단 말인가?

이것은 토착 식물군 장례식의 하나의 작은 에피소드지만, 또한 세계 식물군 장례식의 에피소드이기도 하다. 식물군에는 관심이 없는 기계화된 인간은 좋든 싫든 자신의 나머지 삶을 영위해야 할 땅을 갈아 뭉개는 데 이룩한 진보만을 그저 뽐낸다. 미래의 어떤 시민이 물질적으로 풍족한 자신의 생활을 위해 식물들이 치른 희생에 대해 양심의 가책을 느끼지 않게 하려면, 당장 모든 참된 식물학과 참된 역사의 교육을 금지하는 것이 현명할지도 모르겠다.

이렇게 식물군이 빈곤할수록 농장 환경은 좋은 것으로 평가받게 되었다. 나는 내 농장이 그런 '좋은 점'도 간선도로도 없었기 때문에 선택했다. 참말이지, 내 농장 주변 전체는 '진보의 강'에서 후미진 곳에 자리잡고 있다. 내 농장에 이르는 길은 땅고르기나 포장용 자갈, 길을 내기 위한 잡초치기나 불도저를 알지 못하는 개척시대 마차길이다. 군

관리들은 내 농장 주변을 돌아보면 한숨을 내쉰다. 내 농장이나 이웃 농장들의 울타리는 수년간 손질 한 번 없이 방치되어 있다. 내 이웃 사람들의 늪지는 도랑도 없고 배수도 안된다. 그들은 낚시와 농장일 가운데 낚시를 더 좋아하는 경향이 있다. 이렇게 주말에는 나의 식물학적 생활 역시 이곳 오지(奧地) 수준이다. 평일에는 가능한 한 대학 농장과 캠퍼스와 근교의 식물들에 매달려 살지만 말이다. 10년간 나는 심심풀이로 이 두 상이한 지역에서 월별로 첫 꽃을 피우는 야생 식물의 수를 기록해왔다.

첫 꽃이 피는 때	교외와 캠퍼스	오지의 농장
사월	14	26
오월	29	59
유월	43	70
칠월	25	56
팔월	9	14
구월	0	1
합계	120	226

분명히 오지의 농부가 대학의 학생이나 근교의 보통 사람들보다 거의 두 배나 많은 꽃을 볼 수 있다. 물론 어느 쪽도 자신의 주변 식물군 전체를 아직 보지 못하고 있다. 그러므로 우리는 앞서 언급한 두 가지 선택에 직면한다. 사람들을 앞으로도 장님으로 내버려둘 것인가, 아니면 우리가 진보와 식물을 함께 가질 수 없는 것인지 진지하게 검토해 볼 것인가.

식물군의 위축은 영농을 위한 제초, 삼림의 방목장 개발, 도로 건설

같은 것들에 기인한다. 물론 이같은 어쩔 수 없는 변화를 겪을 때마다 야생식물의 터전은 크게 줄어든다. 그러나 이런 변화 중 어느 것도 한 농장이나 읍, 또는 군 전체에서 종들을 완전히 제거해야만 성취될 수 있는 것도 아니며, 또 그렇게 해서 이익을 얻는 것도 아니다. 모든 농장에는 내버려두는 땅이 있고, 모든 도로에는 양쪽 곁을 따라 뻗어 있는 빈 땅이 있다.

이런 곳들을 소나 쟁기나 제초기로부터 보호한다면, 토착 식물군과 흥미로운 많은 외래 식물들이 번성하여 시민이 늘 대하는 환경으로서 한몫을 할 것이다.

아이러니컬하게도, 정작 프레리 식물군을 훌륭하게 보전하고 있는 당사자는 이런 자질구레한 생각에 대해 아는 것도 거의 없고 관심도 별로 없다. 그것은 울타리에 둘러싸인 부지를 갖고 있는 철도다. 철도 울타리의 상당 부분은 프레리가 경작되기 이전에 세워졌다. 이 긴 띠 같은 보전지대 안에서는 재와 검댕 그리고 해마다 프레리를 휩쓸던 불을 잊고 아직도 오월의 분홍 앵초에서 시월의 파랑 과꽃에 이르기까지 프레리 식물들이 자신의 달력에 색깔을 뿌린다. 나는 오랫동안 어떤 냉정한 철도회사 사장을 만나게 되면 사실은 그가 속은 너그러운 사람이라는 이 물질적 증거를 보여주고 싶었다. 나는 그렇게 하지 못했는데, 아무도 만난 사람이 없기 때문이다.

물론 철도회사는 철로의 잡초를 제거하기 위해 화염 제초기나 농약 분무기를 사용한다. 그렇지만 그런 불가피한 제초 작업에 소요되는 비용이 아직까지는 워낙 비싸기 때문에 실제의 철로를 크게 벗어난 곳까지 확대할 수는 없다. 아마도 머지않아 진보와 함께 상황은 달라지게 되겠지만 말이다.

설령 인류의 한 종족이 사라진다고 해도 그 종족에 대해 아는 것이 없다면 우리는 거의 아픔을 느끼지 못한다. 어떤 중국인이 죽었다고 해도 이따금씩 중국 요리를 먹는 것 외에는 중국에 대해 아는 것이 없는 우리들에게는 별 의미를 갖지 못한다. 우리는 단지 우리가 아는 것에 대해서만 슬퍼한다. 데인 군 서부에서 실피움이 멸종되더라도 이것을 단지 식물학 서적에 있는 하나의 이름으로서만 알고 있는 사람에게는 아무런 슬픔도 주지 않는다.

내가 농장에 옮겨 심으려고 한 포기를 캐내려 했을 때, 실피움은 처음으로 내게 하나의 인격적 존재로 다가왔다. 그것은 마치 어린 참나무를 캐는 것 같았다. 반 시간 동안 땀과 흙으로 범벅이 되도록 파내도 뿌리는 마치 수직으로 뻗은 거대한 고구마처럼 더욱 굵어지는 것이 아닌가. 내가 아는 한, 그 뿌리는 기반암까지 쭉 뻗어 있었다. 나는 단 한 포기도 얻지 못했다. 그렇지만 실피움이 얼마나 정교한 지하 전략을 통해 프레리 가뭄을 용케 견뎌내는가를 알게 되었다.

다음에는, 씨앗을 심었다. 씨앗은 크고 두툼하며 해바라기씨 같은 맛이 난다. 싹은 빨리 텄다. 그러나 5년을 기다렸지만 여전히 미숙한 상태였으며 아직 꽃자루 하나 나오지 않았다. 실피움이 꽃 피울 나이가 되려면 십 년은 걸리나 보다. 그렇다면 그 공동묘지에 있던 내 사랑하던 실피움은 몇 살이었을까? 아마 1850년이라고 씌어 있는 가장 오래된 묘석보다도 더 오래되었을 것이다. 아마 그 실피움은 패주하던 블랙 호크*가 매디슨 호수에서 위스콘신 강으로 후퇴하는 것을 보았을 것이다. 그 실피움은 그 유명한 행군로 위에 서 있다. 그 실피움은 틀림없이 이 지방 개척자들이 하나씩 은퇴하여 쇠풀[45]밑에서 영면하기 위한 연이은 장례식도 지켜보았을 것이다.

나는 굴착기가 길가 도랑을 파면서 어떤 실피움의 '고구마' 뿌리를 절단하는 것을 본 적이 있다. 이내 그 뿌리에서 새 잎이 돋아나더니 결국 다시 꽃자루가 올라왔다. 결코 새 땅을 침범하지 않는 이 식물을 근래에 닦인 갓길에서 이따금 볼 수 있는 것은 바로 이 때문이다. 실피움은 일단 자리를 잡으면 오랫동안 되풀이하여 짐승에게 뜯어먹히거나, 제초기에 잘리거나, 쟁기로 파헤쳐지지만 않는다면 어떤 공격에도 견딜 수 있음이 분명하다.

왜 실피움이 방목 지대에서 사라지고 있을까? 나는 예전엔 이따금씩 꼴을 베는 장소로만 이용되던 처녀 프레리로 소를 몰고 가는 농부를 본 적이 있다. 소들은 다른 풀보다 먼저 실피움을 밑동까지 뜯어먹었다. 과거에 들소들도 이처럼 실피움을 더 좋아했을 것이다. 그렇지만 들소는 한 곳에서만 풀을 뜯도록 여름 내내 자신을 묶어두는 어떤 울타리도 참고 견디지 못했다. 요컨대 들소의 식사는 지속적이지 않았고, 그래서 실피움에게는 견딜만 했던 것이다.

지금의 세상을 만들기 위해 서로를 절멸시켜온 무수한 동식물에게

---

*Black Hawk(1767-1838): 북미 인디언 색(Sac)족의 추장으로 1832년 블랙호크 전쟁 때 색족과 폭스(Fox)족을 이끌었던 지도자.

역사 의식이 결여되어 있다는 것은 자애로운 신의 섭리다. 지금 똑같은 섭리로 우리 인간에게도 역사 의식이 없다. 마지막 들소가 위스콘신을 떠났을 때 이를 슬퍼한 사람은 거의 없었다. 그리고 마지막 실피움이 꿈의 나라의 무성한 프레리로 들소를 따라 떠날 때, 이를 슬퍼할 사람도 거의 없을 것이다.

팔월

푸른 풀밭

그림은 아주 오래간다. 그래서 한 세대에는 그 가치를 인정하는 사람이 얼마 안되더라도 오랜 세월 동안 보여질 수 있기 때문에 유명해지는 경우도 있다.

나는 너무나 빨리 지워지기 때문에 그 주위를 배회하는 사슴을 빼고는 누구도 좀처럼 볼 수 없는 그런 그림을 하나 알고 있다. 붓을 휘두르는 주인공은 강이다. 그리고 내가 그 그림을 보여주려고 친구를 데려올 여유도 주지 않고 인간이 감상할 수 없도록 그것을 영원히 지워버리고 마는 장본인도 바로 같은 강이다. 결국 그 그림은 단지 내 마음의 눈에만 남게 된다.

다른 예술가들처럼 내 강도 변덕스러운 친구다. 언제 그에게 그림 그릴 기분이 날지, 또 얼마나 그 기분이 오래갈지 전혀 알 수 없다. 그러나 한여름 티없이 맑은 날이 이어지고 새들의 거대한 흰 무리가 하늘을 순항하듯 가로지를 때, 단지 그가 그림을 그렸는지 보기 위해서라도 모래톱으로 어슬렁어슬렁 내려가보는 것도 괜찮은 일이다.

그림 그리기는 물이 빠지는 강변 백사장 위에 진흙 띠가 넓고 얇게 펼쳐지면서 시작된다. 이것이 태양 아래 서서히 마르는 동안 황금방울

새[46]가 그 웅덩이에서 멱을 감고 사슴, 왜가리, 킬디어,[47] 라쿤 그리고 거북들이 마치 발자국으로 뜨개질하듯이 누비고 다닌다. 이때까지는 앞으로 무슨 일이 일어날지 전혀 짐작할 수 없다.

그러나 그 진흙 띠가 엘레오체리스[48]새싹으로 파랗게 변해가면, 이 강이 그림을 그릴 기분이라는 신호이기 때문에 이때부터 나는 매우 주의깊게 살핀다. 거의 하룻밤만에 엘레오체리스는 두터운 잔디로 자란다. 너무 무성하고 촘촘해서 근처 언덕에 사는 들쥐들이 그 유혹을 뿌리칠 수 없을 정도다. 놈들은 떼를 지어 이 푸른 풀밭으로 몰려와, 그 부드럽고 깊은 풀더미에 옆구리를 문질러대면서 밤을 지새우는 것이 틀림없다. 잘 다듬어진 들쥐 통로들이 미로를 이루고 있는 것으로 미루어보아 놈들의 열광을 짐작할 것 같다. 사슴들도 별다른 목적 없이 그저 발밑의 감촉을 만끽하려고 그 위를 오간다. 심지어 두문불출하던 두더지도 엘레오체리스 띠 쪽으로 마른 모래톱을 가로질러 굴을 뚫어놓았다. 이 놈은 그 신록의 잔디를 마음껏 둥글게 부풀어올릴 수 있다.

이때쯤 되면 헤아리기에는 너무 많고, 분류하기에는 너무 어린 갖가지 싹이 그 녹색 띠 아래 축축하고 따뜻한 모래로부터 힘차게 솟아나온다.

그림을 보려면 강에게 세 주일의 말미를 더 주고 내버려두어야 한다. 그리고는 어느 찬란한 아침, 태양이 새벽 안개를 녹인 직후에 모래톱을 찾아가보라. 화가는 방금 물감을 풀어서 이슬과 함께 뿌려놓았다. 여느 때보다 훨씬 더 푸른 엘레오체리스 밭은 파랑 물꽈리아재비[49]와 분홍 용머리,[50] 우유빛 사지타리아[51]꽃들로 반짝인다. 여기저기 잇꽃[52]이 하늘을 향해 붉은 창을 쳐들고 있다. 모래톱 머리에는 보랏빛 섬꼬리풀[53]과 연분홍빛 등골나물[54]이 버드나무 벽에 기대어 높이 서 있다. 그리고 오직 한 번만 아름다울 수 있는 곳을 찾아갈 때라면 그래야

하듯이 정숙하고 겸손하게 다가간다면, 자신의 기쁨의 정원에 서 있는 키작은 붉은 사슴과 뜻하지 않게 마주칠 수도 있다.

그 푸른 풀밭을 다시 보러 가지는 말라. 이미 없어졌을 테니까. 물이 빠져서 풀들이 모두 말라 죽었거나, 물이 불어 모래톱을 씻어내어 원래의 깨끗한 모래만이 단조롭게 드러나 있을 것이다. 그러나 당신은 당신의 마음속에 그 그림을 걸 수 있으며, 또 다른 여름에 강에게 그림 그릴 기분이 생기리라 기대할 수 있다.

구월

잡목숲 속의 합창

구월의 아침은 거의 새 소리 없이 열린다. 멧종다리가 성의 없이 한 곡 부르다 말고, 멧도요가 낮을 보낼 덤불로 날아가는 도중에 짹짹거리기도 하며, 줄무늬올빼미[55]가 마지막으로 한 번 떨리는 소리로 외침으로써 밤의 논쟁을 끝내기도 하지만, 다른 새들은 거의 할 말도 부를 노래도 없다.

메추라기 합창을 들을 수 있는 때는 언제나 그런 것은 아니지만 이처럼 안개가 낀 가을 새벽이다. 새벽 정적은 하루의 시작에 대한 찬미를 더 이상 억제하지 못하는 십여 개의 콘트랄토 목소리로 갑자기 깨진다. 일이 분 안에, 이 노래는 시작이 그랬던 것처럼 갑자기 멈춘다.

눈에 잘 띄지 않는 새들의 음악에는 어떤 색다른 매력이 있다. 큰 가지 꼭대기에서 노래하는 가수들은 쉽게 눈에 띄며, 그만큼 쉽게 잊혀진다. 그들은 눈에 잘 띄는 것들이 지닌 평범함을 갖고 있다. 기억에 남는 것은, 칠흑 같은 그늘 속에서 맑은 화음을 쏟아내며 숨어 있는 허밋개똥지빠귀,[56] 구름 뒤에서 나팔을 불며 솟아오르는 학, 안개 속 어디에선가 우렁차게 노래하는 초원뇌조, 새벽 침묵 속에 퍼지는 메추라기의 아베마리아 등이다. 어떤 박물학자도 메추라기의 합창 모습을 직접 보지는 못했다. 메추라기 떼는 풀숲의 보이지 않는 보금자리에서 꼼짝도 하지 않으며, 가까이 다가가려 하면 합창은 언제나 저절로 침묵으로 바뀌기 때문이다.

유월에는 주위 밝기가 0.01촉광에 이르면 로빈이 노래를 시작하고, 뒤이어 다른 가수들의 요란한 노래가 이어진다는 것은 확실하다. 그러나 가을에 로빈은 조용하며, 메추라기 합창도 공연될지 어떨지 전혀 예측할 수 없다. 나는 이런 침묵의 아침마다 실망하곤 하는데, 그런 걸 보면 아마도 기대되는 것이 보장된 것보다 더 높은 가치를 지니는가 보다. 메추라기 합창을 한 번 듣기 위해 여섯 번쯤 어두운 새벽에 일어난다고 해도, 그것은 그만한 가치가 충분히 있다.

가을에 내 농장에는 언제나 메추라기가 한 무리 이상 산다. 그러나 보통 새벽녘 합창은 아련히 들려온다. 이것은 그 무리가 되도록 개한테서 멀리 떨어진 곳에 잠자리를 정하려 하기 때문인 것 같다. 메추라기에 대한 개의 관심은 나보다 훨씬 광적이다. 그러나 시월의 한 새벽, 내가 밖에서 모닥불을 지피고 앉아 커피를 홀짝이고 있을 때 돌을 던지면 닿을 만한 가까운 곳에서 합창이 터져나왔다. 가능한 한 차디찬 이슬을 피하려고 놈들은 스트로부스소나무[57]숲에 잠자리를 잡았던 것이다.

거의 우리 집 현관이나 다를 바 없는 곳에서 울려퍼지는 이 새벽 찬가로 우리는 예우를 받는 느낌이었다. 그 뒤에 어쩐지 그 소나무들의 파란색 가을 잎은 더욱 파래졌고, 그 아래 나무딸기의 빨간색 융단은 더욱 붉어졌다.

시월

금빛 이파리

사냥에는 두 가지가 있다. 보통 사냥과 목도리뇌조 사냥이다.

목도리뇌조 사냥터는 두 곳이 있다. 여느 곳과 애덤스 군이다.

애덤스 군에서의 사냥에는 두 시기가 있다. 보통 때와 낙엽송이 황금색으로 물들 때이다. 이 글은 그 깃털 달린 로켓이 상처 하나 입지 않고 금빛 이파리를 떨어뜨리며 뱅크스소나무 숲으로 항진하는 동안, 발사된 빈 총을 들고 입을 딱 벌린 채 우수수 떨어지는 이파리들만 우두커니 쳐다본 적이 없는 '불운한' 사람들을 위한 것이다.

첫서리가 내리고 북쪽에서 멧도요, 여우참새[58] 그리고 정코[59]가 내려오면 낙엽송은 녹색에서 노란색으로 바뀐다. 로빈 무리는 층층나무 덤불에서 마지막 남은 흰 딸기를 훑어내고, 앙상한 줄기들은 언덕을 배경으로 분홍빛 아지랑이로 남는다. 냇가 오리나무는 잎이 모두 졌고, 그래서 여기저기 호랑가시나무가 눈 가득히 들어온다. 붉게 타오르는 나무딸기는 뇌조를 찾는 사람들의 발길을 밝힌다.

개는 어디로 가면 뇌조를 찾을 수 있는지 당신보다 더 잘 안다. 당신은 쫑긋거리는 녀석의 귀를 보고 산들바람이 전해주는 이야기를 읽으면서, 녀석 가까이 붙어다니는 것이 현명할 것이다. 마침내 녀석이 꼼짝 않고 멈춰 서서 옆을 흘끗 보며 '자, 준비'라고 말한다. 대체 무엇에 대한 준비? 짹짹거리는 멧도요? 점점 목소리를 높이는 뇌조? 아니면 그저 토끼 한 마리? 이 불확실성의 순간에 뇌조 사냥의 많은 매력이 압축되어 있다. 무엇을 위해 준비해야 하는지를 꼭 알아야만 하겠다는 사람은 꿩 사냥을 가는 편이 낫다.

사냥마다 맛이 다른데, 그 이유는 미묘하다. 가장 달콤한 사냥은 남몰래 하는 사냥이다. 그러려면 어느 누구도 가보지 못한 황야까지 멀리 나가거나, 어느 누구도 알지 못하는 주변의 숨겨진 장소를 찾아내야만 한다.

애덤스 군에 뇌조가 산다는 것을 아는 사냥꾼은 거의 없다. 차로 이곳을 지날 때, 그들의 눈에는 황량한 뱅크스소나무와 참나무 잡목림만이 보일 뿐이다. 이것은 고속도로는 서쪽으로 흐르는 많은 시내와 교차하여 달리는데, 이 시내들은 저마다 늪지에서 발원하지만 메마른 모래 황무지를 지나서 강으로 흘러들기 때문이다. 결국 북쪽으로 통하는 고속도로는 이 건조한 황무지를 가로지른다. 그러나 도로 바로 너머 메마른 잡목림 장막 뒤에는 작은 시내들이 넓은 띠 같은 늪지 위로 펼쳐져 있다. 의문의 여지 없이 뇌조의 천국이다.

시월이 오면 나는 여기 인적 없는 내 낙엽송 숲에 앉아 사냥꾼들이 탄 자동차가 그들의 동료들로 북적거리는 북쪽의 군들을 향해 맹렬하게 질주하는 요란한 소리를 듣는다. 나는 그들의 춤추는 속도계, 굳은 표정, 북쪽 지평선에 고정된 간절한 시선 등을 떠올리며 혼자 낄낄 웃는다. 그들이 지나가는 시끄러운 소리에 수뇌조 한 마리가 반항의 북을 친다. 나와 내 개는 뇌조가 있는 방향을 알아챘고, 녀석은 이빨을 드러내고 씩 웃는다. 우리는 그 친구한테 약간의 운동이 필요하다는 데 동의한다. 곧 놈을 찾아보아야겠다.

낙엽송은 늪지뿐만 아니라 샘들이 솟는 인접한 구릉 기슭에서도 자란다. 모든 샘은 이끼로 빽빽이 덮여 습지의 테라스를 이루고 있다. 그 밑의 축축한 거름에서 술 달린 용담이 파란 보석들을 들어올리기 때문에 나는 이 테라스들을 '공중정원'[60]이라고 부른다. 황금색 낙엽송 솔잎이 흩뿌려진 시월의 용담은, 비록 개가 바로 앞에 뇌조가 있다는 신호를 보내고 있다고 할지라도 한동안 멈춰 서서 감상할 만한 가치가 있다.

각 '공중정원'과 시내 사이에는 사냥꾼이 따라 걷기 편하고 은신처에서 내몰린 뇌조가 몇 분의 1초 내에 횡단할 수 있는, 이끼로 덮인 사슴 통로가 있다. 여기서 문제는 엽총과 뇌조가 어떤 식으로 1초를 쪼갤 것인가에 동의하느냐 그렇지 않느냐이다. 만약 그들의 생각이 일치하지 않는다면, 뒤에 이곳을 지나가는 사슴은 킁킁거리며 냄새를 맡아볼

한 쌍의 탄피만을 발견할 뿐, 깃털은 보지 못할 것이다.

나는 작은 시내를 거슬러 올라가다 버려진 농가와 마주쳤다. 옛 밭을 가로질러 늘어선 어린 뱅크스소나무의 나이를 통해, 나는 얼마나 오래 전에 이 불운한 농부가 모래 평원에서는 곡식이 아니라 고독만이 자랄 뿐이라는 사실을 깨닫게 되었을까 추정하려고 해본다. 그러나 뱅크스소나무는 조심성 없는 사람에게는 허풍을 떤다. 왜냐하면 이 나무는 해마다 한 번이 아니라 여러 번의 돌려나기를 생성하기 때문이다. 이 나무보다는 지금 헛간문을 가로막고 있는 어린 느릅나무를 통해 헤아려보는 것이 더 정확하다. 느릅나무의 나이테는 가물었던 1930년으로 거슬러 올라간다. 그해 뒤로는 어느 누구도 이 헛간에서 우유를 실어 내지 않았다.

결국 은행 할부금이 수확보다 웃자라서 떠나라는 신호를 했을 때, 이 농장 가족이 무슨 생각을 했을지 궁금하다. 많은 생각들은 날아가는 뇌조처럼 지나간 흔적을 남기지 않지만, 일부는 몇십 년을 지속하는 실마리를 남긴다. 어느 잊을 수 없는 사월에 이 라일락을 심었을 남편은 틀림없이 돌아오는 사월마다 피어날 그 꽃을 즐겁게 상상했을 것이다. 월요일마다 주름 홈이 다 닳은 이 빨래판을 사용했을 부인은 월요일이 모두, 그리고 빨리 없어졌으면 하고 바랐을 것이다.

이런 상념에 잠겨 있다가, 나는 내 개가 참을성 있게 사냥감 있는 곳을 가리키면서 샘 옆에 앉아 있다는 것을 깨달았다. 나의 부주의를 사과하면서 일어선다. 연어살처럼 빨간 가슴이 시월의 태양에 흠뻑 젖은 멧도요 한 마리가 박쥐처럼 짹짹거리며 날아오른다. 우리의 사냥은 늘 이런 식이다.

이런 날에는 뇌조에만 정신을 쏟기가 정말 어렵다. 주의를 흩뜨리는 것이 많기 때문이다. 나는 모래 위에 나 있는 사슴 발자국을 발견하고 공연한 호기심에서 뒤를 좇는다. 발자국은 저지 차[61]덤불들을 따라 똑바로 이어진다. 어린 잎이 모두 뜯긴 잔가지들이 그 까닭을 말해준다.

이것을 보니 점심이 생각난다. 하지만 사냥 주머니에서 점심을 꺼내기도 전에 하늘 높이 선회하는 매 한 마리가 눈에 들어온다. 어떤 종류인지 궁금하다. 나는 놈이 기웃하게 비행하여 붉은 꼬리를 드러낼 때까지 기다린다.*

다시 점심에 손을 뻗는다. 이번에는 껍질이 벗겨진 미루나무 한 그루가 눈에 띈다. 수사슴 한 마리가 가려움을 못 참고 거기다가 각피(角皮)를 문질러 벗겼다. 얼마나 되었을까? 노출된 목질은 이미 갈색이다. 그러면 놈의 뿔은 지금쯤은 분명 깨끗해졌을 것이다.

다시 점심으로 손이 간다. 그러나 내 개가 흥분하여 짖는 소리와 늪 덤불에서 나는 요란한 소리에 또 다시 손이 멈칫한다. 윤기 나는 파란색 외투를 두른 수사슴 한 마리가 복슬복슬한 꼬리를 높이 쳐들고, 뿔을 반짝이며 튀어나온다. 그러면 그렇지! 미루나무가 말한 것이 틀렸을 리가 없지.

이번에는 여하튼 점심을 꺼내서 먹으려고 앉는다. 박새 한 마리가 나를 관찰하더니 자기 점심이 더 훌륭했음을 확인한다. 놈은 자신이 무엇을 먹었는지 밝히지 않는다. 아마 그것은 잘 부풀어오른 개미알[62]이었거나, 박새에게는 우리의 식은 뇌조 구이에 해당하는 다른 무엇이었을 것이다.

점심을 마치고 나는 황금색 창으로 하늘을 찌르는 어린 낙엽송들의 밀집 대형을 바라본다. 나무마다 그 밑에는 어제의 바늘잎들이 떨어져 황금색 담요를 만들었고, 꼭대기에는 미리 자리잡은 내일의 봉오리가

* 붉은꼬리말똥가리(red-tailedhawk)임을 확인했다는 것.

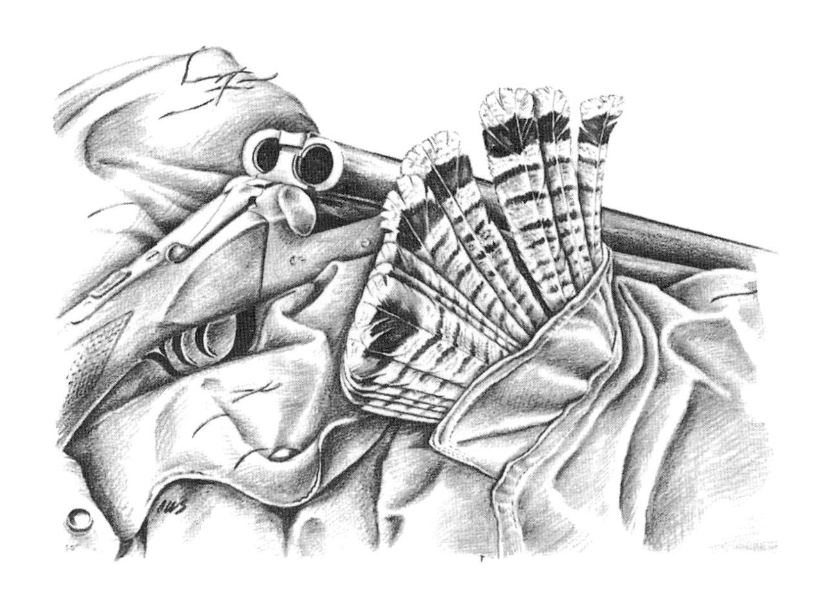

모든 준비를 마치고 또 하나의 봄을 기다리고 있다.

너무 이른 아침

지나치게 일찍 일어나는 것은 부엉이, 별, 기러기 그리고 화물열차에게서 찾아볼 수 있는 나쁜 버릇이다. 기러기들 때문에 어떤 사냥꾼들에게는 이런 버릇이 생기며, 또 사냥꾼들 때문에 커피포트에게도 이런 버릇이 생긴다. 어떤 시각이건 아침에 기상해야만 하는 모든 사물 가운데, 단지 이들 몇몇만이 그러기에 가장 즐겁고 가장 쓸모가 적은 시간을 찾아내었다니 이상한 노릇이다.

오리온 별자리는 너무 일찍 일어나는 집단의 최초의 길잡이임에 틀림없다. 너무 이른 기상의 신호를 보내는 자가 바로 오리온이기 때문이다. 달아나는 상오리[63]의 앞쪽을 겨냥하여 총을 쏠 때 놈과 겨냥점 사이의 간격 만큼, 오리온이 천정에서 서쪽으로 살짝 비껴난 때가 바로 너무 이른 시각이다.

모든 이른 기상자들은 서로에게 편안함을 느낀다. 이들에게는 잠꾸러기들과 달리 자신의 성취를 낮추어 말하는 버릇이 있기 때문일 것이다. 가장 먼 거리를 여행한 오리온은 정말로 아무 말이 없다. 커피포트는 처음 부드러운 소리를 낼 때부터, 그 속에서 픽픽 끓고 있는 것의 가치를 겸손하게 주장한다. 부엉이는 지난밤 사냥 무용담을 3음절로 줄여 짧게 말하고 만다. 모래톱의 기러기는 거의 알아들을 수 없는 토론에서 제 차례에 잠시 일어나 말하지만, 결코 자신이 모든 먼 산과 바다의 권위를 갖고 말하고 있음을 내비치지는 않는다.

나는 화물열차가 결코 자신의 중요성에 대해 과묵하지 않다는 점을 인정하지만, 그에게도 일종의 겸양이 있다. 그는 자신의 소란스런 사업에만 전념하며, 결코 다른 존재들의 일에 왈가왈부하지 않는다. 나는 화물열차의 이런 한결같음에 깊은 안도감을 느낀다.

아주 일찍 늪지를 찾는 일은 청각에만 의존해야 하는 하나의 모험이다. 귀는 손과 눈의 지시나 방해를 받지 않고 밤의 소음 속을 제멋대로 배회한다. 물오리 한 마리가 정신없이 수프를 들이키는 소리가 들리면, 20마리쯤의 떼거리가 좀개구리밥 사이에서 게걸스럽게 삼켜대는 모습으로 상상해도 좋다. 홍머리오리[64] 한 마리가 끽끽 울어대면, 한 무리의 편대를 머리에 떠올려도 어긋나지 않는다. 검은머리흰죽지 떼가 연못을 향해 한 번의 긴급강하 착수 비행으로 어두운 비단 하늘을 찢을 때, 그 소리는 숨을 멈추게 하지만 정작 그곳엔 별 말고는 아무 것도 보이지 않는다. 낮이라면 방아쇠를 당기고 빗맞히고 그래서 서둘러 변명을 늘어놓아야 할 그런 장면이다. 그러나 햇빛은 창공을 멋지게 반으로 가르는 날개짓을 당신의 마음속에 그릴 때 전혀 보탬이 되지 않는다.

잿빛으로 바뀌는 동녘 하늘에 하나의 어렴풋한 얼룩이 되어, 모든 새떼가 소리 없는 날개짓으로 더 넓고 안전한 수면으로 떠날 때 청각의 시간은 끝난다.

다른 많은 자제(自制) 협정과 마찬가지로 동트기 전의 자제 협정도 오직 어둠이 오만함을 억누르는 동안만 지속된다. 날마다 자신에 대한 조심스러움을 이 세상에서 몰아내는 일이 바로 태양의 몫인 듯하다. 하여튼 저지대 위로 뽀얗게 안개가 일면, 모든 수탉들은 저마다 허풍을 늘어놓고, 옥수수낟가리들은 마치 자신이 그 어떤 낟가리보다 두 배는 더 큰 척한다. 태양이 떠오르면 다람쥐들은 저마다 모욕이라도 당한 것처럼 부산을 떨고, 어치[65]들은 잘못 감격하여 떠드는데 이제 막 자신만이 알아챈 있지도 않은 위험을 서로에게 알리느라 바쁘다. 먼 곳의 까마귀는 단지 자신이 얼마나 주의깊은가를 세상에 알리기 위해 가상의 올빼미를 호되게 꾸짖는다. 장끼 한 마리가 아마도 지난날의 호색 행각을 회상하며 날개로 공기를 힘차게 찬다. 그러고는 쉰 목소리로 세상을 향해 이 늪지와 그 안의 모든 까투리는 자기 차지라고 경고한다.

자기가 최고라는 환상이 새나 짐승에게만 국한되는 것은 아니다. 아침식사 시간이 되면 잠이 깬 농가의 마당에서는 경적 소리, 뿔피리 소리, 고함 소리, 휘파람 소리들이 들려오며 저녁에는 혼자서 웅웅거리는 라디오 소리가 마지막으로 들린다. 그리고 사람들은 모두 밤의 교훈을 다시 배우러 잠자리에 든다.

붉은 등불

파트리지[66] 사냥법 중 하나는 논리와 확률에 기초하여 사냥할 장소를 미리 계획하는 것이다. 이것은 당신을 그 새가 있어야만 하는 곳으로 이끌 것이다.

다른 방법은 마음을 비우고 그저 이 붉은 등불에서 저 등불로 돌아다니는 것이다. 이것은 그 새가 실제로 있는 곳으로 당신을 데려다줄 것이다. 이 '등불'은 시월의 태양 아래 빨갛게 물든 검은딸기[67]이파리들이다.

붉은 등불은 지금껏 많은 지역에서 나의 즐거운 사냥길을 밝혀주었다. 그러나 내 생각에 검은딸기는 중부 위스콘신의 모래 군(郡)들에서 처음으로 타오르는 방법을 배웠음에 틀림없다. 겨우 깜박거릴 뿐인 전등에 의지하여 사는 사람들이 척박하다고 일컫는 이 정다운 황무지 늪에 있는 작은 시내들을 따라, 검은딸기는 첫서리부터 파트리지 사냥철 마지막 날까지 햇빛 화사한 날마다 짙은 빨강으로 타오른다. 모든 멧도요와 파트리지는 이 가시 덤불 아래에 자기만의 일광욕장을 가지고 있다. 대부분의 사냥꾼들은 이것을 모르고 가시 없는 덤불에서 시간만 허비하다가 빈손으로 돌아가고, 남은 우리들을 성가시게 하는 것은 하나도 없다.

내가 말하는 '우리'란 이 새들, 시내, 내 개 그리고 나 자신을 의미한다. 시내는 게으른 친구다. 녀석은 강으로 가지 않고 차라리 여기에 눌러 앉을 요량인 듯, 오리나무 숲을 누비면서 흐른다. 나 또한 그럴 작정이다. U자꼴 굽이가 많다는 것은 냇가 언덕 또한 그만큼 많다는 의미다. 이들 언덕마다 그 사면에는 검은딸기가 자라나 늪 바닥을 덮은 언고사리와 물봉선의 축축한 밭에 잇닿아 있다. 어떤 파트리지도 이런 곳에서 오랫동안 떠나 있을 수 없으며, 나 또한 그렇다. 그렇다면 파트리지 사냥은 바람을 안고 이 가시 덤불에서 저 가시 덤불로 냇가를 어슬렁거리기만 하면 된다.

내 개는 가시 덤불에 접근할 때, 내가 총을 쏠 수 있을 만큼 가까이 있는지 보려고 뒤를 돌아본다. 확인이 끝나면 녀석은 젖은 코를 킁킁거리며 백 가지 냄새 중에서 한 가지 냄새, 그것의 잠재적 존재가 놈을 둘러싼 모든 것에 생기와 의미를 부여하는 단 하나의 냄새를 걸러내면서 도둑처럼 살금살금 전진한다. 녀석은 공기의 탐사자로 끈질기게 황금맥의 냄새를 쫓는다. 지금은 파트리지 냄새가 녀석의 세계와 내 세계를 연결하는 절대적인 고리이다.

그런데 내 개는 내가 파트리지에 대해 배울 것이 많다고 생각하며, 직업적인 박물학자인 나도 동의한다. 녀석은 집요하게, 논리학 교수처럼 조용히 인내하며 길들여진 코로 연역적 결론을 이끌어내는 방법을 내게 가르치려고 애쓴다. 녀석이 자신에게는 너무나 명확하지만 코의 도움을 받지 못하는 나의 눈에는 그저 공론에 불과한 자료로부터 정확한 방향을 잡아내는 모습을 지켜보는 것은 즐거운 일이다. 아마 녀석은 자신의 이 아둔한 학생이 언젠가는 냄새를 맡을 수 있게 되기를 바라는 것 같다.

다른 멍청한 학생들처럼 나도 비록 그 이유는 모르더라도, 언제 교수가 옳은가는 안다. 나는 총을 다시 살펴보고 다가간다. 여느 훌륭한 교수처럼 녀석은 내가 빗맞혀도 — 종종 있는 일이지만 — 결코 웃지 않는다. 녀석은 그저 나를 한 번 힐끗 쳐다보고는 다른 뇌조*를 찾아서 시내를 거슬러 탐색을 계속한다.

이들 냇가 언덕을 따라가면 두 가지 풍경 속을 걷게 된다. 하나는 사

*파트리지의 일종. 여기서는 파트리지와 구분없이 쓰였다.

람이 사냥하는 언덕 사면이고, 다른 하나는 개가 사냥감을 찾는 언덕 밑이다. 수렁에서 새를 몰아내기 위해 부드럽고 보송보송한 석송[68]양탄자 위를 걷는 데는 특별한 매력이 있다. 그리고 파트리지 사냥개의 첫번째 시험은 녀석과 나란히 당신이 마른 곳을 걷고 있을 때 녀석이 얼마나 기꺼이 젖은 곳에서 자신의 임무를 다하느냐이다.

오리나무 지대가 넓어지고 개가 시야에서 사라지는 곳에서는 특별한 문제가 생긴다. 서둘러 둔덕이나 앞이 트인 곳을 찾아서, 꼼짝 않고 서서 눈과 귀를 긴장시킨 채 녀석의 행방을 좇아야 한다. 흰목참새 떼가 갑자기 흩어져 날아올라 녀석이 있는 곳을 알려줄지 모른다. 아니면 녀석이 나뭇가지를 부러뜨리는 소리, 젖은 땅에서 물을 튀기는 소리, 풍덩 하고 시냇물로 뛰어드는 소리를 들을 수도 있다. 그러나 모든 소리가 멈추거든 언제라도 행동할 수 있는 준비를 갖추어라. 녀석이 목표를 발견했을 것이기 때문이다. 이제 깜짝 놀란 파트리지가 푸드덕 날아오르기 직전에 내는 '꼬꼬' 소리를 확인하라. 새가 돌진할 것이다. 두 마리일 수도 있다. 나는 여섯 마리가 차례로 '꼬꼬' 소리를 내며 푸드덕 솟아올라, 저마다 고지대 목적지로 높이 날아가는 것을 본 적도 있다. 이때 새가 사정거리 안으로 날아갈 것인가는 물론 운의 문제이며, 당신이 시간이 있다면 그 가능성을 계산해볼 수도 있다. 360도를 30 혹은 당신 총의 사격 각도로 나누면 된다. 그리고 다시 3 혹은 4로 나누어라. 당신이 빗맞힐 가능성을 고려한 것이다. 그러면 당신의 사냥 외투에 실제로 파트리지 깃털을 꽂을 수 있는 확률이 나온다.

좋은 파트리지 사냥개의 두번째 시험은 사냥 뒤에 보고를 잘 하느냐이다. 녀석이 헐떡거리는 동안 앉아서 녀석과 함께 조금 전 사냥에 관해 담소를 나누어라. 그리고 나서 다음 붉은 등불을 찾아 사냥을 계속하라.

시월의 미풍은 내 개에게 뇌조 냄새 외에도 많은 냄새를 실어다주고, 그 하나 하나는 나름의 에피소드로 이어진다. 녀석이 특유의 버릇대로 우스꽝스럽게 귀를 쫑긋거리며 어떤 방향을 가리키면, 잠자리에 든 토끼를 발견한 것이다. 언젠가 녀석이 몹시 긴장하여 사냥감의 방향을 가리켰지만 아무런 새도 없었으며, 그럼에도 불구하고 녀석은 꼼짝 않고 얼어붙은 듯이 서 있었던 적이 있다. 녀석의 코앞 사초[69]덤불 속에서 살찐 라쿤이 자기 몫의 시월 햇빛을 즐기며 잠자고 있었던 것이다. 사냥 때마다 적어도 한 번은, 대개는 유난히 빽빽한 검은딸기 덤불 속에 있는 스컹크를 발견하고 짖어댄다. 언젠가는 녀석이 냇물 한가운데를 가리킨 적이 있었다. 상류 쪽으로 휙 날아가는 소리와 뒤이어 세 번의 아름다운 외침이 들리는 것으로 미루어 녀석이 멧도요의 식사를 방해한 것이다. 녀석이 심하게 뜯어먹힌 오리나무 사이에서 꼬마 도요를 발견하는 것은 흔한 일이며, 오리나무 늪에 잇닿은 냇가 언덕에서 낮잠 자는 사슴을 쫓아내는 일도 있다. 사슴이 그런 곳에서 낮잠을 즐기는 것은 노래하며 흐르는 시냇물을 못견디게 좋아하는 시적인 이유에서일까, 아니면 소리를 내지 않고는 아무도 접근할 수 없는 잠자리를 원하는 실제적인 이유에서일까? 놈이 화가 치밀어 그 잘난 흰 꼬리를 홱홱 흔드는 것을 보면, 어느 하나이거나 둘 다인 것 같다.

하나의 붉은 등불과 또 하나의 등불 사이에서 어떤 일이 일어날지는 거의 예측할 수 없다.

뇌조 사냥철의 마지막 날 일몰 무렵에 모든 검은딸기는 붉은 등불을 끈다. 나는 어떻게 덤불에 불과한 이것이 위스콘신 주법을 이렇듯 확

실하게 꿰뚫고 있는지 모르겠고, 다음 날 그 수수께끼를 풀려고 다시 찾아가본 적도 없다. 이어 계속되는 열한 달 동안 '붉은 등불'은 단지 추억 속에서만 타오를 뿐이다. 나는 종종 이 나머지 달들은 거의 시월과 시월 사이를 메워주는 적당한 막간극으로 구성되었다고 생각하며, 또한 개들도 그리고 아마 뇌조들 역시 나와 생각이 같지 않나 싶다.

십일월

내가 바람이라면

십일월 옥수수에 아름다운 소리를 내는 바람은 갈 길이 바쁘다. 옥수수 줄기는 콧노래를 흥얼거리고 헐렁한 껍질은 멋적은 소용돌이를 그리며 하늘로 휙 사라진다. 그리고 바람은 길을 재촉한다.

늪에서는 바람의 긴 물결이 풀이 무성한 진구렁을 건너 저편 버드나무숲에 부딪힌다. 나무는 벌거벗은 가지를 흔들며 얘기를 나누려고 하지만 바람을 붙들 수는 없다.

모래톱 위에는 바람밖에 없고, 강은 바다를 향해 미끄러진다. 풀 다발마다 바람에 흔들려 모래 위에 원을 그린다. 나는 모래톱을 거닐다가 유목으로 다가가 앉아서 사방에 가득찬 거센 바람소리와 작은 파도가 강가에서 찰랑이는 소리를 듣는다. 강에는 생기가 없다. 오리도 왜가리도 마쉬호크[70]도 갈매기도 모두 바람 피할 곳을 찾아 떠났다.

구름을 뚫고 멀리서 개가 짖는 듯한 소리가 희미하게 들려온다. 어떻게 세상이 저 소리를 알아채는지 이상하고 경탄스럽기까지 하다. 곧

소리는 커진다. 꽉꽉거리는 기러기 소리가, 보이지는 않지만 다가온다.

그 떼는 낮게 걸린 구름 속에서 나타난다. 갈가리 찢긴 깃발 같은 기러기 대열은 가라앉았다 솟구쳤다, 바람에 위 아래로 날리며 뭉쳐졌다 흩어졌다 하면서 앞으로 나아간다. 바람은 키질하는 날개에 부드럽게 뒤엉킨다. 그 떼가 먼 하늘에 하나의 얼룩이 되면서, 여름의 영결 나팔 소리 같은 마지막 울음소리가 들린다.

이제 유목 뒤는 따뜻하다. 바람이 기러기들과 함께 사라졌기 때문이다. 나도 그러고 싶다 — 내가 바람이라면.

손에 도끼를 쥐고

주는 베푸시고 또 거두신다. 그러나 주는 더 이상 그런 일을 하는 유일한 존재가 아니다. 우리의 아득히 먼 선조가 삽을 고안했을 때, 그는 베푸는 자가 되었다 — 나무를 심을 수 있었다. 그리고 도끼를 고안했을 때, 그는 거두는 자가 되었다 — 나무를 찍어 넘어뜨릴 수 있었다. 이렇게 해서, 땅을 가진 사람들은 자신이 알든 모르든 식물을 창조하고 파괴하는 신적인 기능을 떠맡게 된 것이다.

그 뒤에 그들보다는 멀지 않은 다른 선조들이 또 다른 도구들을 고안했다. 그러나 이런 도구들은 꼼꼼히 따져보면 이 최초의 한 쌍의 기본 도구를 정교화한 것이거나 그 보조물일 뿐이다. 우리는 우리 자신을 직업으로 분류하는데, 직업이란 어떤 특정 도구를 사용하는 것이거나, 파는 것이거나, 수리하는 것이거나, 날카롭게 하는 것이거나, 혹은 그렇게 하는 방법을 가르쳐주는 것 가운데 하나다. 이같은 분업을 통해서 우리는 자신의 것을 뺀 모든 도구의 오용에 대한 책임을 회피하고 있는 것이다. 그러나 모든 사람이 자신이 생각하고 원하는 바에 따라 사실상 모든 도구를 휘두른다는 사실을 알고 있는 직업이 하나 있으니, 바로 철학이다. 철학은 이렇게 인간이 어떤 도구를 사용하는 것이 가치가 있는지 아닌지를 자신이 생각하고 원하는 방식에 의해 결정한다는 것을 알고 있다.

십일월은 여러가지 이유에서 도끼를 위한 달이다. 도끼날을 갈 때 얼어붙지 않을 정도로 따뜻하며, 편한 마음으로 나무를 베어도 될 만큼 춥다. 낙엽이 졌기 때문에 어떻게 가지가 뒤엉켜 있는지, 지난 여름에 얼마나 자랐는지 알 수 있다. 나무 꼭대기까지 이렇게 똑똑히 보이지 않으면, 그 땅을 위해 나무를 벨 필요가 있더라도 어떤 나무를 베어야 하는지 확신하기가 어렵다.

나는 자연보전론자란 무엇인가에 대한 많은 글을 읽었으며, 나 자신이 적지 않은 글을 썼다. 그러나 보전론자에 대한 최고의 정의는 붓으로 쓴 것이 아니라 도끼로 쓴 것이 아닌가 한다. 그것은 한 사람이 도끼질을 하는 동안, 혹은 어떤 나무를 벨까 결정하는 동안 무엇에 대해 생각하는가의 문제이다. 보전론자는 그가 나무를 찍을 때마다 자신의 땅 위에 자신의 서명을 남기는 중이라는 것을 겸허하게 의식하는 사람이다. 물론 도끼로 쓰건 붓으로 쓰건 서명들은 서로 차이가 있으며, 또 그럴 수밖에 없다.

나중에, 내 자신이 손에 도끼를 쥐고 내린 결정 뒤에 숨어 있던 이유를 분석해보면 당혹스럽다. 우선, 모든 나무가 평등하고 자유롭게 창조되지는 않은 것 같다. 스트로부스소나무와 붉은 자작나무가 다투며 자라는 곳에서 나는 선천적으로 한쪽에 치우친다. 나는 항상 소나무를 편들어 자작나무를 벤다. 왜일까?

글쎄, 무엇보다도 소나무는 내가 직접 심었다. 그러나 자작나무는 울타리 아래로 기어들어와 스스로 자랐다. 그러므로 내 편애는 다소는 부정(父情)적이다. 그러나 그것만으로는 충분한 설명이 될 수 없다. 왜냐하면 만약 소나무가 자작나무처럼 자연적으로 자라났다면, 나는 소나무에 한층 더 높은 가치를 부여할 것이기 때문이다. 따라서 나의 이런 치우침 뒤에 숨은 논리를, 만약 그런 것이 있다면 더 깊게 캐보아야 한다.

우리 면(面)에는 자작나무가 많고 또 점점 늘어나고 있는 반면, 소나무는 적고 또 점점 줄어들고 있다. 아마 내 마음은 약자에게 기우는가

보다. 그러나 만약 내 농장이 소나무는 많고 자작나무는 적은 훨씬 북쪽에 있다면 어떨까? 솔직히 말해 잘 모르겠다. 내 농장은 여기 있을 뿐이다.

소나무가 한 세기를 살면 자작나무는 반세기를 산다. 나는 내 서명이 희미해지는 것이 두려운 걸까? 내 이웃들은 소나무를 전혀 심지 않았고 자작나무는 많이 가지고 있다. 내게 좀더 색다른 육림지를 갖고 싶어하는 속물 근성이 있는 걸까? 소나무는 겨우내 푸르지만 자작나무는 시월이면 겨울잠에 들어간다. 내가 나 자신처럼 겨울 바람에 용감히 맞서는 나무를 좋아하는 걸까? 소나무는 뇌조에게 잠자리를 제공하지만 자작나무는 먹을 것을 준다. 내가 식탁보다는 침대를 더 중요하게 생각하는 걸까? 숙성한 소나무가 천 그루에 10달러 나가면, 자작나무는 2달러에 불과하다. 내가 돈벌이에 관심이 있는 걸까? 이 모든 가능한 이유는 각기 나름의 일리는 있어 보이지만, 그 어느 것도 결코 충분하지는 않다.

그래서 다시 생각해본다. 그리고 여기에 무언가 해답이 있을 듯싶다. 이 소나무 아래서는 트레일링 아뷰터스,[71] 수정란풀,[72] 피롤라,[73] 린네풀[74] 따위가 자라날 것이다. 반면 자작나무 아래에서는 기껏해야 용담이나 기대할 수 있을 것이다. 이 소나무에는 언젠가 도가머리딱따구리가 둥지를 틀 것이다. 자작나무에서는 털오색딱따구리로 만족해야 할 것이다. 사월이면 이 소나무에서는 바람이 나를 위해 노래를 부르겠지만, 자작나무는 헐벗은 가지를 삐걱거리기만 할 것이다. 내 편애의 이런 가능한 이유들은 내겐 중요하다. 그러나 어째서 그런가? 소나무가 자작나무보다 나의 상상력과 희망을 훨씬 더 북돋우는가? 그렇다면 그 차이는 나무에 있는가, 나에게 있는가?

내가 지금껏 내린 유일한 결론은 나는 모든 나무를 좋아하지만, 특히 소나무를 사랑한다는 것이다.

앞서 말했듯이, 십일월은 도끼를 위한 달이다. 그리고 여느 연애와 마찬가지로 편애에도 기술이 필요하다. 만약 자작나무가 소나무 남쪽에 서 있고 소나무보다 더 크면, 자작나무는 봄에 소나무 꼭대기 가지에 그늘을 드리울 것이고, 그러면 솔바구미는 거기에 알을 낳으려고 하지 않을 것이다. 소나무에게 자작나무와의 경쟁은 솔바구미에 견주어볼 때 미미한 고통밖에 되지 않는다. 솔바구미 유충은 소나무의 꼭대기 가지를 죽이고 나무를 불구로 만든다. 이 벌레가 양지바른 곳을 좋아하는 것이 비단 자기 종의 존속뿐만 아니라 내 소나무의 미래 모습과 도끼와 삽을 휘두르는 자로서 나 자신의 성공에도 영향을 미친다는 것을 생각하면 자못 흥미롭다.

다시 생각을 가다듬어보자. 만약 내가 자작나무 그늘을 없앤 뒤에 여름 가뭄이 찾아온다면, 토양이 더욱 뜨거워져 완화된 물 경쟁을 상쇄해버릴 것이며, 결과적으로 내 소나무는 나의 편애로 전혀 이득을 얻지 못할 것이다.

마지막으로, 바람이 불 때 자작나무 가지가 소나무 꼭대기 싹을 뭉개버리면 소나무는 틀림없이 불구가 될 것이다. 따라서 자작나무를 무조건 베어내거나, 아니면 해마다 겨울에는 소나무가 다음 여름 동안에 자라날 높이를 고려하여 그보다 높은 자작나무 가지를 쳐내야만 한다.

이런 것들이, 도끼를 쓰는 사람이 자신의 편애가 대체로 단순한 호의 이상의 것으로 밝혀지리라는 것을 냉정히 확인하면서, 예측하고 비교하고 판단해야만 하는 이득과 손실이다.

도끼를 휘두르는 사람은 자신의 농장에 있는 나무 종만큼이나 많은 치우침을 지니고 있다. 세월이 흐르면서, 그는 나무들의 아름다움이나 쓸모에 대한 자신의 생각과 그가 쏟은 노력에 대해 나무들이 돌려주는 대가 등에 견주어, 종마다 일련의 특성을 자기 멋대로 부여한다. 나는 사람들이 같은 종의 나무에 얼마나 다양한 특성들을 부여하는지를 알고 놀랐다.

이를테면 사시나무는 시월에 아름다움을 더하고 겨울에 내 뇌조에게 먹을 것을 주기 때문에 나는 사시나무에게 좋은 점수를 준다. 그러나 사시나무는 내 몇몇 이웃에게는 잡초에 지나지 않는다. 아마도 그들의 할아버지들이 없애려 했던 그루터기에서 지금도 맹렬한 기세로 계속 돋아나오기 때문일 것이다. (나는 이것을 비웃을 수가 없다. 나 자신도 자르고 잘라도 다시 돋아나 나의 소나무를 위협하는 느릅나무가 싫기 때문이다.)

또한 낙엽송은 내가 스트로부스소나무 다음으로 좋아하는 나무다. 아마도 낙엽송이 우리 면에서는 거의 멸종된 종이기 때문이거나(약자에 치우침), 시월의 뇌조에게 황금을 뿌리기 때문이거나(사냥에 치우침),* 토양을 산성으로 만들어 우리 난초 중 가장 사랑스러운 화려한 레이디즈슬리퍼[75]가 자랄 수 있게 하기 때문이다. 반면, 육림가들은 성장이 너무 더뎌서 복리 이자를 감당할 수 없다는 이유로 낙엽송을 제거해왔다. 더 이상의 논란을 피하기 위해 그들은 낙엽송이 주기적으로 잎벌 피해를 겪는다는 또 다른 이유를 든다. 그러나 그것은 내 낙엽송에게는 50년 후에나 일어날 일이기 때문에 나는 그런 걱정은 내 손자나 하라고 해야겠다. 어떻든 내 낙엽송은 왕성하게 자라고 있으며, 나의 의기(意氣)도 그들과 함께 하늘로 치솟는다.

내게는 미루나무 노목(老木)이 가장 위대한 나무다. 왜냐하면 이 미루나무는 젊었을 때 들소들에게 그늘을 제공했고, 비둘기 떼가 만드는

---

* 사냥총 폭음으로 황금색 소나무 낙엽이 총에 맞은 뇌조 위로 떨어진다는 의미다.

후광(後光)을 썼었기 때문이다.* 나는 어린 미루나무도 좋아한다. 그 역시 미래에는 노목이 될 것이기 때문이다. 그러나 농부의 아내들은 (따라서 농부들도) 모든 미루나무를 싫어한다. 유월에 암미루나무는 솜털로 방충망을 막아버리기 때문이다. 현대의 신념은 어떤 희생을 치르더라도 안락을 추구하는 것이다.

나는 이웃들이 뭉뚱그려 하나의 미천한 범주, 즉 잡목으로 분류하는 많은 나무들에 대하여 개별적인 호감을 지니고 있기 때문에 나의 치우침은 이웃들의 그것보다 더 많은 편이다. 가령 나는 화살나무가 좋다. 사슴과 토끼와 쥐가 화살나무의 네모진 가지와 초록 줄기껍질을 게걸스럽게 갉아 먹기 때문이기도 하고, 선홍색 열매가 십일월의 눈을 배경으로 그토록 따뜻하게 타오르기 때문이기도 하다. 나는 붉은 층층나무가 좋다. 시월의 로빈에게 먹을 것을 주기 때문이다. 나는 가시투성이 물푸레나무가 좋다. 내 멧도요들이 그 가시 은신처 아래에서 매일같이 일광욕을 즐기기 때문이다. 나는 개암나무가 좋다. 시월의 그 자주빛은 내 눈을 즐겁게 하며, 십일월의 꽃은 내 사슴과 뇌조에게 먹을 것이 되어주기 때문이다. 나는 노박덩굴[76]이 좋다. 내 아버지가 그랬기 때문이기도 하고, 매년 칠월 초하루면 사슴이 갑자기 그 새잎을 먹기 시작하기 때문이기도 하다. 그 덕에 나는 내 손님들에게 이 사건을 예고할 수 있게 되었다. 나는 그저 평범한 교수에 지나지 않는 나를 해마다 신통한 예언자가 되게 해주는 식물을 싫어할 수 없다.

---

* 이 비둘기는 제2편의 수필 〈비둘기 기념탑에 대하여〉에 나오는 철비둘기다. 이 비둘기는 이미 오래 전(1914년)에 멸종되었다. 비둘기의 후광을 썼다는 것은 비둘기가 큰 떼를 지어 이 나무에 몰려들었다는 의미다.

식물들에 대한 우리의 치우침은 부분적으로는 전통적인 것임에 틀림없다. 만약 당신 조부가 히코리나무를 좋아했다면 당신 역시 히코리나무를 좋아할 것이다. 왜냐하면 당신 부친이 당신에게 그러라고 말했을 테니까. 그러나 당신 조부가 덩굴옻나무가 감긴 통나무를 태우면서 방심하고 그 연기를 쬐었다면, 매년 가을 아무리 그 덩굴이 주홍빛 장관으로 당신의 눈을 따뜻하게 해줄지라도 당신은 그 덩굴이 싫을 것이다.

우리의 치우침은 직업뿐만 아니라 취미생활 역시 반영한다는 것 또한 분명하다. 젖소 돌보기보다 뇌조 사냥을 더 좋아하는 농부는 산사나무가 아무리 자신의 목장을 침입한다고 해도 그것을 싫어하지는 않을 것이다. 라쿤 사냥꾼이 참피나무를 싫어하지는 않을 것이다. 또한 나는 연례 행사로 꽃가루 알레르기에 시달리면서도 돼지풀에 대해 아무런 불평도 하지 않는 메추라기 사냥꾼들을 알고 있다. 이런 식으로 우리의 치우침에는 우리의 애정, 기호, 충성심, 아량 그리고 주말을 보내는 방법 등이 민감하게 반영된다.

어쨌든 나는 십일월에 도끼를 손에 쥐고 내 방식대로 주말을 보내는 것이 즐겁다.

견고한 요새

모든 농장 숲은 주인에게 목재와 연료와 기둥뿐만 아니라 소양 교육도 제공하는 것이 틀림없다. 지혜라는 이 작물은 언제나 풍작을 이루지만 항상 수확되는 것은 아니다. 나는 내 숲에서 얻은 교훈의 일부를 여기에 적어볼까 한다.

❖ ❖ ❖

10년 전 이 숲을 매입하고 곧, 나는 나무와 함께 그만큼이나 많은 나무 질병을 샀다는 것을 깨달았다. 내 숲은 나무들이 물려받은 모든 질병으로 찌들어 있었다. 나는 노아가 방주에 짐을 실을 때 나무 질병만은 남겨두었더라면 하고 생각하기 시작했다. 그러나 얼마 안되어, 바로 이 질병들이 내 숲을 우리 군에서는 견줄 대상이 없을 만큼 견고한 요새로 만들었다는 사실이 분명해졌다.

내 숲은 한 라쿤 가족의 본부다. 내 이웃의 숲 가운데 라쿤이 한 마리라도 살고 있는 숲은 거의 없다. 십일월의 어느 일요일, 첫눈이 내린 뒤에 나는 그 이유를 깨달았다. 방금 지나간 라쿤 사냥꾼과 사냥개 발자국이 뿌리가 반쯤 드러난 단풍나무 쪽으로 나 있었으며, 그 아래에 우리 라쿤 중 한 마리가 피신해 있었다. 뒤엉켜 얼어붙은 뿌리와 흙이 바위처럼 단단해서 찍어낼 수도 파낼 수도 없었다. 뿌리 아래로 뚫린 구멍이 너무 많아 연기로 라쿤을 몰아내는 것도 불가능했다. 사냥꾼이 라쿤을 단념할 수밖에 없었던 것은 결국 균류 질병으로 단풍나무 뿌리가 쇠약해진 탓이었다. 폭풍으로 반쯤 넘어진 이 나무는 라쿤을 위한 난공불락의 요새가 되고 있다. 이 '방공호'가 없다면, 내 라쿤 가족은 해마다 사냥꾼들에 의해 씨가 마를 정도로 수난을 당할 것이다.

내 숲에는 십여 마리의 목도리뇌조가 살고 있다. 눈이 많이 올 때는 더 좋은 보호막이 있는 이웃의 숲으로 옮겨가기도 한다. 그렇다고 해도 내 숲에는 언제나 여름 폭풍으로 쓰러진 참나무 수만큼의 뇌조가 있다. 여름에 쓰러진 나무는 잎이 마른 채 붙어 있어서 눈이 내리는 동안 뇌조가 대피할 수 있는 장소가 되는 것이다. 뇌조의 배설물을 보면, 놈들이 눈보라가 몰아치는 동안 바람, 올빼미, 여우 그리고 사냥꾼들로

CHARLES W
SCHWARTZ

부터 안전한, 잎이 무성한 자신의 위장막 속 좁은 공간에서 자고 먹고 빈둥거린다는 것을 알 수 있다. 바싹 마른 참나무 잎은 보호막이 되어줄 뿐만 아니라 신기하게도 뇌조의 맛있는 먹이 구실을 한다.

쓰러진 참나무들은 물론 병에 걸린 것들이다. 병이 없다면 쓰러지는 참나무도 거의 없을 테고, 뇌조가 숨어들 넘어진 수관(樹冠)도 없을 것이다.

병든 참나무는 또한 뇌조에게 또 하나의 즐거운 먹거리인 벌레혹을 제공한다. 벌레혹은 갓 돋아난 가지가 아직 부드럽고 물기가 많을 때 혹벌에게 쏘여 비정상적으로 자란 것이다. 시월에 내 뇌조들은 종종 참나무 벌레혹으로 포식한다.

매년 야생 꿀벌들이 나의 속 빈 참나무들 가운데 하나에 집을 짓는데, 지나가던 벌꿀 채집꾼들이 나보다 먼저 꿀을 따간다. 이것은 그 사람들이 벌집 나무를 찾아내는 데 나보다 더 능숙하기 때문이기도 하고, 벌망을 쓰고 작업하므로 벌들이 가을에 활동을 멈추기 전에 꿀을 딸 수 있기 때문이기도 하다. 나무 속이 썩는 병이 없다면 야생 꿀벌들에게 벌통을 제공하는 속 빈 참나무도 없을 것이다.

토끼의 사이클이 정점에 이르는 몇년 동안 내 숲에는 토끼라는 역병이 돈다. 녀석들은 내가 애써 가꾸는 거의 모든 종류의 크고 작은 나무의 껍질과 잔가지는 갉아먹으면서도, 좀 줄어들었으면 하고 바라는 나무 종류는 거들떠보지도 않는다. (토끼 사냥꾼 자신이 소나무 숲이나 과수원을 가꾼다면, 토끼는 더 이상 사냥감이 아니라 골칫거리가 될 것이다.)

토끼는 닥치는 대로 먹어치우는 왕성한 식욕에도 불구하고 어떤 면에서는 미식가다. 언제나 사람이 심어 가꾸는 소나무, 단풍나무, 사과나무 혹은 화살나무를 야생 수목보다 더 좋아한다. 토끼는 또한 자신이 황송하게도 이것들을 잡수어주기 전에 특정 샐러드로 미리 맛을 내야만 한다고 고집한다. 그래서 사과깍지진디[77]가 붉은 층층나무에 침투해서 그 껍질이 맛있게 될 때까지 이 나무는 거들떠보지도 않는다. 그런 다음에야 주변의 모든 토끼가 이것을 게걸스럽게 잡수신다.

여남은 마리의 박새가 내 숲에서 한 해를 보낸다. 겨울에 우리가 땔감으로 쓰려고 병에 걸렸거나 죽은 나무를 거두어들일 때 내는 도끼 소리는 박새 부족에게 만찬 종소리가 된다. 녀석들은 우리의 작업이 너무 굼뜨다고 방자하게 참견하면서, 가까이에서 서성거리며 나무가 넘어가기를 기다린다. 이윽고 나무가 쓰러지고 쐐기가 나무 속을 드러내면, 녀석들은 하얀 냅킨을 치켜올리고 식사를 시작한다.* 넓적한 죽은 나무 껍질은 녀석들에게는 알과 유충 그리고 고치의 보고다. 녀석들로서는 개미가 터널을 뚫어 놓은 나무 중심은 젖과 꿀이 흐르는 땅이다. 우리는 종종 욕심많은 박새들이 개미 알을 게걸스럽게 먹는 것을 보기 위해 일부러 근처 나무에 새로 쪼갠 널조각을 세워두기도 한다. 우리뿐만 아니라 박새들도 새로 쪼갠 참나무의 향기로운 풍요로부터 도움과 즐거움을 얻는다는 것을 알고 나면 우리는 일의 피로를 잊는다.

질병이나 해충이 없다면 이 나무들에는 먹이가 없을 것이고, 따라서 겨울철 내 숲에 활기를 더해주는 박새도 없을 것이다.

다른 많은 야생 동물들도 나무 질병에 의존한다. 내 도가머리딱따구리는 살아 있는 소나무에 구멍을 파고 병든 줄기 중심에서 통통한 굼벵이를 쪼아낸다. 내 줄무늬부엉이[78]들은 늙은 참피나무 구멍 속에서 어치와 까마귀를 포식한다. 병든 나무가 없다면 아마도 이들의 일몰 세레나데는 들을 수 없을 것이다. 내 원앙새들도 속이 빈 나무에 둥

---

* 박새는 눈 아래에서 목 윗부분까지 밝은 흰색이다.

지를 튼다. 그리고 매년 유월이면 솜털이 보송보송한 새끼들을 이끌고 내 숲의 못으로 내려온다. 모든 항구적인 다람쥐굴은 썩어들어가는 나무 구멍과 그 상처를 봉하기 위해 만들어지는 세포조직 사이의 미묘한 균형에 의존하고 있다. 세포조직이 굴 현관문 너비를 지나치게 좁히기 시작하면 다람쥐들은 그 조직을 갉아서 다시 균형을 맞춘다.

질병에 찌든 내 숲의 진짜 보배는 버들솔새[79]다. 이 새는 부러져서 물위로 드리워진 죽은 나무 줄기의 오래된 딱따구리 구멍이나 다른 조그만 구멍에 둥지를 튼다. 축축하게 부식해가는 유월의 숲속에서 눈에 확 띄는 황금색과 파랑색 깃털의 이 새는 그 존재 자체로서, 죽은 나무들이 산 동물들로 바뀌고 죽은 동물들이 산 나무들로 바뀐다는 증거다. 만약 이런 이치에 의심이 간다면 버들솔새를 한번 보라.

십이월

행동권

내 농장에서 살고 있는 야생 동물들은 우리 면의 얼마만큼이 자신들의 주간 혹은 야간 순찰구역에 포함되는지 자세히 말해주려고 하지 않는다. 나는 이것이 궁금하다. 왜냐하면 이것을 알면 내 세계와 그들 세계의 크기를 비교할 수 있고, 이로써 누가 자신이 사는 세계를 더 철저히 숙지하고 있는가 하는 훨씬 더 중요한 문제를 쉽게 회피할 수 있기 때문이다.*

사람들과 마찬가지로 내 동물들도 입으로는 비밀을 지키지만 행동으로는 누설하는 경우가 흔히 있다. 그러나 언제, 어떻게 이런 누설 사건이 벌어질지 예측하기는 어렵다.

도끼질을 할 수 없는 내 개는 나머지 우리들이 땔나무를 장만하는

* 레오폴드는 비록 자신의 행동 범위가 야생 동물의 그것에 비해 훨씬 더 크지만, 그들만큼 자신의 행동 범위에 대해 샅샅이 꿰뚫고 있지는 못하다는 것을 고백하고 있다.

동안 제멋대로 사냥한다. 갑작스런 찍—찍—찍 소리에 쳐다보니 토끼 한 마리가 풀밭 잠자리에서 뛰쳐나와 황망히 달음질친다. 놈은 4분의 1마일 정도 떨어진 장작더미를 향해 똑바로 그리고 추적자보다 훨씬 앞서 달려가서, 두 가리 사이에 머리를 박고 숨는다. 내 개는 단단한 참나무에 상징적인 이빨자국 몇 개를 남기고는 포기한다. 그리고 다시 조금 덜 영리한 솜꼬리토끼를 찾아나선다. 우리도 장작 패기를 계속한다.

이 작은 사건은 토끼가 풀밭에 있는 자신의 잠자리와 장작더미 아래 방공호 사이의 구역을 훤히 꿰뚫고 있다는 것을 말해준다. 그렇지 않다면 어떻게 장작더미로 똑바로 달음질칠 수 있겠는가? 이 토끼의 행동권은 적어도 반의 반 마일에 걸쳐 있다.

우리는 매년 겨울, 우리가 만들어놓은 먹이통을 찾는 박새를 잡아 표시 고리를 달아준다. 몇몇 이웃들도 박새에게 먹이를 주지만 고리를 달지는 않는다. 고리를 찬 박새가 내 먹이통에서 얼마나 멀리 떨어진 곳에서까지 발견되는가를 살펴본 결과, 우리는 박새 떼의 겨울 행동권이 직경 반 마일에 이르지만 바람을 피할 수 있는 곳들에 한정된다는 것을 알았다.

여름에 박새 떼가 둥지를 틀기 위해 흩어지면 훨씬 먼 곳에서도 고리를 찬 박새가—종종 고리를 차지 않은 놈과 짝을 이루어—발견된다. 이 계절에 박새들은 바람에는 아랑곳하지 않으며, 종종 바람이 심한 탁 트인 곳에서도 발견된다.

어제 내린 눈 위에 선명하게 남은, 방금 지나간 세 마리의 사슴 발자국이 우리 숲을 가로지르고 있다. 나는 발자국을 거슬러 추적하여 모래톱 위의 커다란 버드나무 덤불 속, 눈이 전혀 없는 곳에 모여 있는 잠자리 세 개를 찾아낸다.

이제 발자국을 진행 방향으로 따라가본다. 그 자국은 내 이웃의 옥수수 밭으로 이어진다. 이곳에서 놈들은 눈 덮인 찌꺼기 옥수수를 앞발로 파냈고, 옥수수 낟가리 하나를 헝클어뜨렸다. 그리고 발자국은 다른 길을 통해 다시 모래톱으로 이어진다. 도중에 놈들은 풀 덤불을 앞발로 파헤쳐서 그 속의 부드러운 녹색 싹에 코를 비벼댔는가 하면, 샘에서 물을 마셨다. 사슴들의 밤의 일상사에 대한 나의 그림이 완성되었다. 잠자리에서 아침 식사 장소까지의 거리는 1마일이다.

내 숲에는 언제나 뇌조가 산다. 그러나 지난 겨울 함박눈이 깊이 내린 어느 날에는 한 마리의 뇌조도 그 발자국도 보지 못했다. 내 개가 지난 여름 바람에 쓰러진 참나무의 잎이 무성한 꼭대기 부분에서 뇌조를 찾아냈을 때 나는 내 새들이 이사해버리고 없다는 결론을 내릴 참이었다. 뇌조 세 마리가 차례로 날아올랐다.

넘어진 수관 아래나 근처에는 발자국 하나 없었다. 이 놈들은 날아들어온 것이 분명했다. 그렇지만 어디에서? 뇌조도 먹어야 산다. 영하의 날씨에는 더욱 그렇다. 나는 단서를 찾으려고 배설물을 검사했다. 나는 분간하기 어려운 많은 부스러기 중에서 새순 껍질 조각과 얼어붙은 까마종이 열매의 단단하고 노란 껍질을 찾아냈다.

여름에 어린 단풍나무 숲에서 까마종이가 많이 자라는 것을 본 적이 있다. 나는 그곳으로 가서 살펴본 끝에 통나무 위에서 뇌조 발자국을 찾아냈다. 뇌조들은 부드러운 눈 위로 걷지 않았다. 녀석들은 통나무 위를 걸으면서 여기저기 솟아 있는 까마종이 열매를 닿는 대로 따먹었던 것이다. 그곳은 쓰러진 참나무에서 동쪽으로 4분의 1마일 떨어져 있다.

그날 저녁 일몰 무렵, 나는 서쪽으로 4분의 1마일 떨어진 포플라 수풀에서 뇌조가 새순을 따먹고 있는 것을 보았다. 발자국은 없었다. 이것으로 이야기가 완결되었다. 이 새들은 함박눈이 내리는 동안은 걷지 않고 날아서 행동권을 커버했으며, 그 범위는 직경 반 마일이었다.

과학은 동물의 행동권에 대해서 아는 것이 거의 없다. 계절에 따라 그 크기가 어떻게 달라지는지, 어떤 먹이와 피난처를 그 안에 포함해야 하는지, 언제 그리고 어떻게 침입당하고 이를 막아내는지 그리고 그 소유권이 개체나 가족 아니면 집단의 것인지 따위에 대해 거의 모른다. 이런 것들은 동물 경제학, 달리 말해 동물 생태학의 기본 사항이다. 모든 농장은 동물생태학 교과서다. 숲을 가꾸는 사람이 할 일은 이 책을 번역하는 것이다.

눈 위의 소나무

대개 창조는 신과 시인의 몫이다. 그러나 미천한 백성들도 어떻게 하는지만 알면 그런 제약을 넘어설 수 있다. 가령 소나무를 심기 위해서는 누구도 신이나 시인이 될 필요는 없다. 그저 삽만 있으면 된다. 규칙의 이 이상한 허점 덕택에 누구라도 '나무가 있으라' 하고 말할 수 있다—그러면 나무가 있을 것이다.

자신의 등이 튼튼하고 삽이 날카롭다면 만 그루의 나무라도 있으라고 말할 수 있다. 그리고 일곱번째 되는 해에 삽에 기대어 자신의 나무를 올려다보면 '좋을 것이다'.

신은 일찌감치 일곱번째 되는 날에 자신의 작품을 스스로 평가했다. 하지만 그 뒤로는 별 말이 없었던 것으로 나는 알고 있다. 나는 신이 너무 빨리 말해버렸거나 [그래서 미처 나무를 평가하지 못했거나], 아니면 나무가 무화과 잎이나 천계(天界)보다 무관심을 더 잘 견디기 때문이라고 생각한다.

삽이 단조롭고 고된 일의 상징으로 간주되는 것은 왜인가? 아마 대부분의 삽은 날이 무디기 때문일 것이다. 확실히 모든 단순 노동자들은 날이 무딘 삽을 가지고 있지만, 나는 이 두 가지 사실 중 어느 것이 원인이고 어느 것이 결과인지는 모르겠다. 단지 내가 아는 것은 좋은 줄로 열심히 날을 세우면, 내 삽은 부드럽고 기름진 흙을 얇게 베어낼 때 경쾌한 소리를 낸다는 것이다. 날이 선 대패나 끌, 메스도 듣기 좋은 소리를 낸다고 한다. 그러나 내 삽이 내는 소리가 최고다. 내 삽은 소나무를 심을 때 내 손목에서 콧노래를 부른다. 하프로 맑은 음을 내기 위해 그렇게 애쓴 사람들은 너무나 어려운 도구를 고른 것이 아닌가 생각된다.

나무 심기에 좋은 때가 봄뿐이라는 것은 다행스런 일이다. 모든 사물에는, 심지어 삽질에도 중용이 가장 좋기 때문이다. 나머지 다른 계절에는 한 그루의 소나무로 되어가는 과정을 지켜보면 된다.

소나무의 새해는 꼭대기 새순이 '촛불' 되는 오월에 시작된다. 새싹에 이 이름을 지어준 사람이 누구든 그는 예민한 영혼의 소유자였다. 촛불이란 표현은 새싹이 밀랍 같은 윤기를 지녔으며 곧추 서 있고, 부서지기 쉽다는 표면적 사실들에 대한 평범한 은유처럼 들린다. 그러나 소나무와 더불어 사는 사람이라면 그것에 더 깊은 의미가 숨어 있음을 안다. 왜냐하면 그 끝에서는 미래로의 길을 밝히는 영원의 불꽃이 타오르고 있기 때문이다. 오월을 되풀이하여 보내면서 내 소나무들은 촛불을 따라 위로 솟는다. 촛불마다 똑바로 천정(天頂)을 향하고, 모두 최후의 심판의 나팔소리가 울리기 전에 충분한 세월만 주어진다면 언젠가는 그곳에 닿을 기세다. 자신의 많은 촛불 가운데 어떤 것이 가장 중요한지를 끝내 잊어버리고 하늘을 배경으로 가지를 평평하게 펴는 소나무는 아주 늙은 나무다. 당신이 소나무를 심어놓고 잊어버릴 수는 있지만, 당신이 심은 소나무 중 어느 것도 당신이 살아 있는 동안은 결코 자신의 가장 중요한 촛불을 잊어버리지 않는다.

당신이 힘껏 저축하는 사람이라면 소나무가 뜻이 맞는 친구라는 것을 알게 될 것이다. 왜냐하면 그날 벌어 그날 쓰는 활엽수와 달리 소나무는 결코 현재의 지출을 현재의 수입에 의존하지 않기 때문이다. 소나무는 오로지 그 앞선 해의 저축으로 살아간다. 사실 모든 소나무는 공개된 예금통장을 가지고 있는데, 매년 유월 말일이면 잔고가 기록된다. 만약 그날, 완성된 꼭대기 촛불이 열 개 내지 열두 개의 새순 다발을 형성했다면, 그것은 이 소나무가 이듬해 봄 하늘을 향해 2피트 혹은 3피트까지도 자랄 수 있는 충분한 비와 햇빛을 비축했다는 말이 된다. 만약 새순이 네 개 내지 여섯 개에 지나지 않는다면 이듬해 성장은 그다지 기대할 수 없을 것이다. 그렇더라도 지불 능력을 지닌 그 특유의 풍채는 사그라지지 않을 것이다.

사람과 마찬가지로 소나무에게도 물론 역경의 해가 있고 그런 해는 더딘 성장, 즉 잇따른 가지 마디 사이의 좁은 간격으로 기록된다. 그러므로 이 간격들은 나무와 더불어 살아가는 사람이 언제라도 읽을 수 있는 나무의 자서전인 셈이다. 역경의 해를 옳게 알아내려면 성장이 저조했던 해에서 일 년을 빼야 한다. 가령 1937년에는 모든 소나무 성장이 저조했는데, 이것은 1936년에 모든 지역을 휩쓸었던 가뭄 때문이었다. 한편, 1941년에는 모든 소나무가 많이 성장했다. 아마도 앞으로 닥칠 일을 내다보고, 인간들은 그렇지 못하지만 소나무는 자신이 어디로 가고 있는지 안다는 것을 세상에 보여주기 위해 특별히 노력했던 것 같다.

만약 어떤 소나무의 성장은 저조한데 주변 소나무는 그렇지 않다면 그것은 틀림없이 국지적이거나 개별적인 역경 때문이라고 보아도 된다. 예를 들면 불이나 바람에 의한 상처, 들쥐들의 공격 혹은 우리가 토양이라고 부르는 어두운 실험실에서 일어나는 국지적인 장애 같은 것들 말이다.

소나무들 사이에도 잡담과 이웃 험담이 잦다. 이 수다에 귀를 기울이면, 내가 읍내에서 생활하는 평일에 무슨 일이 있었는지 알 수가 있다.

가령 사슴이 스트로부스소나무의 어린 잎을 뜯어먹는 일이 빈번한 삼월에는 그 높이를 보고 녀석들이 얼마나 배가 고픈지 알 수 있다. 옥수수를 배불리 먹은 사슴은 너무나 게을러서 땅에서 4피트가 넘는 높이의 가지는 손대지 않는다. 진짜로 배고픈 사슴은 뒷다리로 버티고 서서 8피트 높이까지 뜯어먹는다. 따라서 나는 사슴을 보지 않고도 녀석들의 식욕 상태를 알며, 또 내 이웃의 옥수수밭에 가보지 않고도 그가 옥수수 낟가리를 거둬들였는지 아닌지 안다.

소나무의 새 촛불이 아스파라가스 순처럼 부드럽고 부서지기 쉬운 오월에, 그 위에 내려앉은 새가 촛불을 종종 부러뜨린다. 매년 봄이면 나는 그 촛불이 풀밭 위에서 시들어버린, 그렇게 머리가 잘린 나무를 간혹 본다. 무슨 일이 있었는가를 추측하기는 쉽다. 그러나 10년을 관찰했지만 나는 단 한 번도 새가 그 촛불을 부러뜨리는 것을 직접 보지는 못했다. 이것은 보지 못했다고 해서 반드시 의심해야 할 필요는 없다는 것의 좋은 본보기이다.

매년 유월이면 몇몇 스트로부스소나무 촛불이 갑자기 시들고 금새 갈색으로 변해 죽어버린다. 솔바구미가 촛불에 구멍을 뚫고 알을 낳은 것이다. 알에서 깬 유충은 새순의 심을 파고 내려가 그것을 죽인다. 이렇게 꼭대기 가지를 잃은 소나무는 좌절할 수밖에 없다. 왜냐하면 살아남은 가지들 사이에 누가 하늘로 향한 행군을 선도할지를 놓고 다투기 때문이다. 그들 모두가 행군을 지휘한다. 그래서 나무는 결국 관목이 되고 만다.

오직 양지바른 소나무에만 바구미가 낀다는 것은 묘한 일이다. 응달 소나무는 무시된다. 이런 것이 불리함에 감춰진 이득이다.

시월에 내 소나무는 문대어 벗겨진 껍질을 통해서 수사슴들이 '잘난체하기'를 시작하는 때를 알려준다. 특히 8피트 정도 높이의 외톨이 뱅크스소나무가 세상에는 자극이 필요하다는 생각을 수사슴에게 더욱 부추기는 것 같다. 그런 나무는 부득이 다른 뺨도 내놓아야 하는데, 더욱 시달려 볼품없게 되어버린다. 이 싸움에 공정함이 있다면, 나무에게 더 많은 고통을 줄수록 수사슴은 그다지 빛나지 않는 뿔에다가 송진을 더 많이 묻히고 다녀야 한다는 것뿐이다.

숲의 잡담은 종종 해석하기 어렵다. 어느 한겨울에 나는 뇌조 보금자리 아래의 배설물 속에서 내가 식별할 수 없는 무언가 반쯤 소화된 조직을 찾아냈다. 반 인치 정도 길이의 그것들은 옥수수 속대와 모양이 비슷했다. 나는 생각해낼 수 있는 근처의 모든 뇌조 먹이 표본을 검토해보았지만 그 '속대'의 출처에 대해서는 아무런 단서도 찾지 못했다. 마지막으로 뱅크스소나무의 꼭대기 새순을 절개해보았다. 그리고 그 고갱이에서 해답을 찾았다. 뇌조는 그 봉오리를 삼켜서 송진을 소화시키고 모래주머니 안에서 깍지를 문질러 벗겨, 장래 촛불이 될 그 속대만 남겼던 것이다. 그 뇌조가 뱅크스소나무 '선물(先物)'에 투기를 해왔다고 말하는 사람도 있을지 모른다.

위스콘신 재래종 소나무들인 스트로부스소나무와 붉은소나무 그리고 뱅크스소나무는 결혼 적령기에 대한 의견이 서로 근본적으로 다르다. 생장이 빠른 뱅크스소나무는 종종 묘상을 떠난 지 일이 년만에 꽃을 피우고 솔방울을 맺는다. 열세 살짜리 내 뱅크스소나무 중 몇몇은 벌써 손자를 자랑하고 있다. 역시 열세 살인 붉은소나무는 올해 처음으로 꽃을 피웠다. 그러나 스트로부스소나무는 아직 한 번도 꽃이 피지 않았다. 아마도 앵글로-색슨 사람들처럼 자유, 백색 그리고 스물한

살이라는 원칙을 고수하나 보다.

소나무의 이처럼 다양한 사회관이 없다면, 내 붉은다람쥐의 식단에서 많은 것이 빠질 것이다. 매년 한여름에 놈들은 씨를 먹으려고 뱅크스소나무 솔방울을 까기 시작한다. 노동절 피크닉이라도 놈들이 껍질을 흩뿌려 놓은 것처럼 주변을 어지럽히지는 않을 것이다. 뱅크스소나무마다 그 밑에는 놈들의 연례 축제 쓰레기가 무더기로 쌓인다. 그러나 메역취[80] 사이로 돋아나는 뱅크스소나무 자손에게서 알 수 있듯이 언제나 여분의 솔방울이 있다.

소나무에도 꽃이 핀다는 것을 아는 사람은 거의 없으며, 안다고 해도 대부분 너무 무관심하여 이 꽃의 축제에서 기계적인 생물학적 작용 이상의 것은 전혀 깨닫지 못한다. 세상에 환멸을 느낀 사람이라면 오월의 두번째 주를 소나무 숲에서 보낼 필요가 있다. 안경을 쓴 사람은 여분의 손수건을 준비하는 것이 좋다. 상모솔새[81]의 노래를 듣고도 깨닫지 못한 경우라도 천지에 흩날리는 소나무 꽃가루를 보면 누구나 이 계절의 주체 못할 정도의 활기를 확인하게 된다.

어린 스트로부스소나무는 대체로 부모가 없는 곳에서 가장 잘 자란다. 나는 어린 나무들이, 심지어 양지를 차지하고 있을 때도 어른 나무들 때문에 성장이 더디고 가늘게 자라는 숲들을 알고 있다. 한편 그러한 방해가 없는 숲도 있다. 이같은 차이가 어린 나무의 참을성 때문인지 어른 나무나 토양의 아량 때문인지 알 수 있다면 좋을 텐데.

소나무는 사람과 마찬가지로 친구를 가리며, 또한 좋아함과 싫어함을 감추지 못한다. 가령, 스트로부스소나무와 듀베리,[82] 붉은소나무와 꽃등대풀,[83] 뱅크스소나무와 소귀나무[84]는 사이가 좋다. 듀베리가 자라는 곳에 스트로부스소나무를 심으면, 일 년 이내에 이 소나무에 튼튼한 싹들이 무리지어 솟아나고 푸른 새잎들이 무성하게 돋아나 건강함과 좋은 교우 관계를 보여줄 것이라고 나는 확신할 수 있다. 이 나무는 같은 날 같은 정성으로 같은 토양에 단지 보통 풀밭에 심은 다른 스트로부스소나무보다 빨리자라고 꽃도 빨리 피울 것이다.

시월에 나는 듀베리 낙엽의 붉은 융단 위로 곧고 튼튼하게 솟은 이 파랑 깃털들 사이로 걷는 것을 즐긴다. 나는 이 어린 스트로부스소나무들이 자신의 행복을 아는지 어떤지 잘 모르겠다. 다만 내가 행복하다는 것은 안다.

소나무는 정부가 행정의 연속성을 얻기 위해 이용하는 장치인 '임기의 중첩'과 똑같은 방법을 통해 '상록수'의 영예를 얻었다. 매년 새로 자란 가지에는 새잎이 달리고 묵은잎은 더 긴 시간을 두고 떨어지기 때문에 무심한 사람들은 소나무 잎이 언제나 푸른 것으로 믿게 되는 것이다.

소나무 종마다 제 삶의 방식에 적합하도록 잎의 임기를 규정한 나름의 헌법을 가지고 있다. 가령 스트로부스소나무는 잎을 일년 반 동안 보유한다. 붉은소나무와 뱅크스소나무는 이년 반 동안이다. 뒤를 잇는 잎은 유월에 직무를 시작하며, 물러나는 잎은 시월에 고별사를 쓴다. 모두 같은 내용을 같은 황갈색 잉크로 쓰는데, 십일월까지 갈색으로 바뀐다. 그리고 묵은잎은 떨어져, 그 입목(立木)의 지혜를 풍요롭게 하기 위해 더미를 이루며 쌓인다. 누가 소나무 아래를 걷든 그의 발자국 소리를 잠재우는 것은 바로 이 축적된 지혜다.

내가 종종 내 소나무들로부터 숲의 관리나 바람과 날씨에 관한 뉴스보다 더 중요한 어떤 것을 얻는 때는 한겨울이다. 이런 일은 특히 눈이 내려 무관하고 자질구레한 모든 것들을 덮어버리고, 본질적인 비애의 침묵이 모든 생명체를 짓누르는 찌푸린 날 저녁에 곧잘 일어난다. 그런 저녁에도 내 소나무들은 눈을 덮어쓴 채 쇠꼬챙이처럼 곧게 줄지어서 있다. 나는 그 너머 어스름 속에 수백 그루의 소나무가 더 서 있음을 안다. 이럴 때 나는 신기하게 소나무의 용기가 내게 전이됨을 느낀다.

65290

새한테 고리를 달아주는 것은 굉장한 복권을 갖는 것과 마찬가지다. 우리들 대부분은 자신의 생존에 걸린 복권을 가지고 있지만, 이것들은 너무나 아는 것이 많아서 결코 우리에게 정말로 공정한 복권은 팔지 않는 보험회사로부터 산 것이다. 숨을 거둔 고리 찬 참새나 또는 어느 날 당신의 덫에 다시 걸려 자신이 아직 생존해 있음을 증명해 보일지 모르는 고리 찬 박새에게 걸린 복권을 소유하는 것은 객관적 타당성의 훈련이다.

초심자는 새들에게 고리를 달아주는 일에서 스릴을 얻는다. 그는 마릿수를 세며 자신의 종전 기록을 깨뜨리려고 애쓰면서, 자기 자신과 하나의 게임을 한다. 그러나 고참자에게는 새로운 새들에게 고리를 달아주는 일은 그저 즐거운 일상사일 뿐이다. 진짜 스릴은 오래 전에 고리를 달아준 어떤 새를 다시 잡았을 때 느낀다. 그 나이와 모험담, 과거의 식성 등을 아마도 새 자신보다 당신이 더 잘 알고 있는 그런 새 말이다.

이렇듯, 우리 가족에게는 박새 65290이 또 한 번의 겨울을 무사히 넘길까 하는 것이 지난 5년간 가장 큰 관심거리였다.

10년 전부터 우리는 매년 겨울에 우리 농장에 사는 박새 대부분을 잡아서 고리를 달아주었다. 이른 겨울 덫에는 대부분 고리가 없는 새들이 잡힌다. 아마 이 놈들은 거의 그해에 태어난 어린 새들일 것인데, 일단 고리를 달아주면 그 다음부터는 '시간을 추적할' 수 있다. 겨울이 깊어지면 고리 없는 새가 덫에 걸리는 일은 없어진다. 그러면 우리는 이곳 박새 무리 대부분은 고리를 단 놈들임을 알게 된다. 우리는 고리에 적힌 번호를 통해서 지금 얼마나 많은 새가 이곳에 있고, 지난해나 그 이전에 고리를 달아준 새들 가운데 얼마나 많은 새가 살아남았는지를 알 수 있다.

65290은 '1937년도 학급'을 이뤘던 7마리 박새 중 한 마리였다. 그 놈이 처음 우리 덫에 들어왔을 때는 놈에게서 아무런 천재다운 면모를 찾을 수 없었다. 다른 급우들과 마찬가지로 그 놈도 쇠기름을 먹으려는 용기가 신중함을 앞섰다. 다른 급우들과 마찬가지로 그 놈도 덫에서 꺼내질 때 내 손가락을 물어뜯었다. 고리를 채우고 놓아주자 놈은 나뭇가지 위로 푸드덕 올라가 처음 보는 알루미늄 발목 장식을 다소 성가시다는 듯 쪼아대더니, 헝클어진 깃털을 흔들어 가다듬고 가볍게 욕설을 퍼부은 다음 무리를 따라잡으려 서둘러 날아갔다. 그 놈이 자신의 경험으로부터 어떤 철학적 결론—이를테면 '반짝이는 것이 다 개미알은 아니다'—을 얻어냈는지는 의문이다. 왜냐하면 이 놈은 그해 겨울 동안 세 번이나 다시 잡혔기 때문이다.

두번째 겨울에 우리가 다시 잡아본 결과 7마리의 학급은 3마리로, 다시 세번째 겨울에는 2마리로 줄어들었다. 다섯번째 겨울에는 65290만이 자기 학급의 유일한 생존자였다. 천재로서의 징후는 여전히 찾을 수 없었다. 그러나 이제 그의 비범한 생존 능력은 역사에 의해 증명되었다.

여섯번째 겨울에 65290은 더 이상 나타나지 않았다. 그 후 네 번의 겨울 포획에서도 보이지 않았으므로 우리는 이제 녀석에게 '전투중 실종' 선고를 내렸다.

10년 동안 고리를 달아준 97마리의 박새 중에서 65290은 다섯 번의 겨울을 살아남은 유일한 놈이었다. 4년을 산 놈은 3마리, 3년을 산 놈

은 7마리, 2년을 산 놈은 19마리였으며, 67마리는 첫 겨울이 지나자 사라져버렸다. 따라서 만약 내가 박새들에게 보험을 판다면 확신을 갖고 보험료를 산정할 수 있을 것 같다. 그렇지만 이런 문제가 있다. 나는 어떤 화폐로 미망인에게 보험금을 지급해야 하는가? 개미알이면 될 것 같다.

새에 대해서 아는 것이 거의 없는 나는 어떻게 65290이 동료들보다 오래 살아남을 수 있었는지 다만 추측할 따름이다. 그 놈이 적을 따돌리는 데 보다 영리했을까? 어떤 적? 박새는 적을 갖기에는 너무나 작다. 제 발에 걸려 넘어질 만큼 크게 공룡을 키운 진화라고 불리는 종잡을 수 없는 친구는 박새를, 타이란새[85]가 벌레로 알고 덥석 물기에는 너무 크고, 매나 올빼미가 고기로 보고 좇기에는 너무 작을 정도로 크기를 줄이려고 했다. 그리고 이 친구는 자신의 작품을 쳐다보고 조롱의 웃음을 지었다. 누구나 그토록 작은 것이 매사에 그렇게 열정적인 것을 보면 조소할 것이다.

황조롱이,[86] 스크리치올빼미,[87] 때까치,[88] 특히 꼬마소-횟올빼미[89] 등이 박새를 잡을 가치가 있는 사냥감으로 볼 수도 있겠지만, 나는 실제의 살상 증거를 한 번 목격했을 뿐이다. 스크리치올빼미의 펠릿[90] 속에서 내 고리 하나가 나왔던 것이다. 어쩌면 이 작은 악당들은 역시 작은 박새에게 동료의식을 갖고 있는지도 모른다.

유머도 없고 상대의 크기에 대한 의식도 없는 날씨가 박새의 유일한 살상자인 것 같다. 내 생각에 박새들의 주일 학교에서는 두 가지 계율을 가르칠 것이다. 너는 겨울에 바람이 부는 곳에 함부로 가지 말지어다. 눈보라가 닥치기 전에 몸을 적시지 말지어다.

가랑비가 내리던 어느 겨울날 해질 무렵, 한 떼의 박새가 내 숲의 잠자리로 날아드는 것을 관찰하면서, 나는 이 두번째 계율을 알게 되었다. 가랑비는 남쪽에서 들이쳤지만, 나는 아침이 되기 전에 바람 방향이 바뀌어 가랑비가 북서쪽에서 들이치고 또한 훨씬 더 추워지리라는 것을 알 수 있었다. 박새들은 죽은 참나무에서 잠자리에 들었는데, 그 껍질은 벗겨지고 뒤틀려서 둘둘 말리기도 하고, 컵처럼 움푹 패이기도 하고, 모양과 크기와 노출 정도가 서로 다른 구멍들이 나 있기도 했다. 남쪽 가랑비에는 젖지않지만 북쪽 가랑비에는 취약한 가지를 선택한 박새는 아침까지 얼어죽을 것이 분명했다. 모든 방향의 가랑비에도 젖지 않는 가지를 선택한 박새들은 살아남을 것이다. 나는 이것이 박새들의 세계에서 살아남기 위한 하나의 지혜이며, 또한 65290과 그의 급우들의 생사를 설명해준다고 생각한다.

박새가 바람이 심한 장소를 두려워하는 것은 그 행동에서 쉽게 알 수있다. 겨울에 박새는 바람이 잔잔한 날에만 숲에서 나오는데, 그 거리는 바람의 세기에 반비례한다. 나는 겨울에는 박새가 없지만 나머지 계절에는 박새들이 자유롭게 드나드는 바람 심한 숲을 몇몇 알고 있다. 이런 숲에 바람이 심한 까닭은 소가 관목들의 잎을 모두 뜯어먹었기 때문이다. 더 많은 소를 가지려 하고 그래서 더 많은 목초지가 필요한 농부에게 저당을 잡고 돈을 빌려준 스팀난방 사무실의 은행가에게, 바람이란 아마도 플랫아이언 빌딩* 모퉁이에 서 있을 때가 아니라면 별로 성가실 것이 없다. 박새에게 겨울 바람은 거주 가능한 세계와 그렇지 못한 세계를 구분짓는 경계다. 만약 박새에게 사무실이 있다면 그의 책상 앞에 걸린 격언은 이럴 것이다. '정숙'.

박새가 덫 앞에서 하는 행동을 보면 그 이유를 알 수 있다. 아무리 잔잔한 바람이나마 박새가 꼬리 쪽에서 그 바람을 받으며 덫으로 들어가지 않을 수 없도록 덫을 놓아보라. 천하의 명마를 모두 동원하더라도 박새를 미끼 쪽으로 끌어당길 수 없다. 덫을 다른 쪽으로 돌려놓으면 괜찮은 성과를 얻을 것이다. 뒤에서 부는 바람은 박새에게는 휴대용 지붕이자 난방장치인 깃털 아래로 차고 습하게 파고든다. 마찬가지로 동고비,[91] 정코, 검은방울새,[92] 딱따구리들도 뒤에서 부는 바람을 두려워한다. 하지만 이들의 난방기, 곧 바람을 견디는 힘은 [박새보다 크고 또한] 열거한 순서대로 더 크다. 자연에 관한 책들에는 바람에 대해 거의 언급이 없다. 그것들은 난로 뒤에서 씌어졌다.

박새 세계에는 세번째 계율이 있는 것 같다. 너는 모든 시끄러운 소리를 조사할지어다. 우리가 숲에서 나무를 찍기 시작하면 어느새 나타난 박새들이 넘어진 나무나 쪼개진 통나무에서 자신들을 즐겁게 해줄

* Flatiron: 1902년 완공된 뉴욕의 한 빌딩으로 당시 세계에서 가장 높았다(높이 91미터). 다리미처럼 생긴 삼각형 건물로 모퉁이에 세워졌는데, 건너편에 공원이 자리잡고 있었다.

곤충 알이나 번데기 등이 드러날 때까지 기다린다. 사냥 총소리에도 박새들이 모이지만, 이 경우는 그들에게 돌아가는 배당이 변변치 않다.

도끼나 큰 나무망치나 총이 없었던 시절에는 무엇이 박새들의 만찬 종구실을 했을까? 아마 넘어지는 나무의 쿵 소리였을 것이다. 1940년 십이월에 진눈깨비가 몰아쳐 우리 숲에서 수많은 죽은 가지와 산 가지가 부러지고 찢겨나갔다. 우리 박새들은 진눈깨비 배당으로 포식한 탓에 한 달간 덫은 거들떠보지도 않았다.

65290은 오래 전에 죽어서 천국으로 갔다. 나는 그의 새 숲에는 개미알로 가득 찬 거대한 참나무들이 온종일 계속 넘어지고, 그의 안식을 뒤흔들거나 식욕을 꺾어버릴 어떤 바람도 결코 없기를 바란다. 또한 그가 아직도 내 고리를 차고 있기를 바란다.

2부

이곳 저곳의 스케치

SKETCHES HERE AND THERE

위스콘신

늪지의 비가(悲歌)

새벽바람이 광활한 늪지에 인다. 거의 감지할 수 없을 정도로 느릿느릿, 넓은 습지를 가로질러 한 층의 안개를 감돌리며 나아간다. 빙하의 새하얀 유령처럼 옅은 안개가 낙엽송 창병(槍兵) 부대 위를 타고 이슬에 흠뻑 젖은 습원(濕原)을 가로질러 미끄러진다. 지평선에서 지평선까지 오직 정적만이 감돌 뿐이다.

먼 하늘 구석에서 작은 방울 소리가 딸랑딸랑, 경청하는 대지 위로 부드럽게 내려온다. 다시 정적…. 목청 좋은 사냥개 소리에 이어 나머지 무리가 대꾸하는 왁자지껄한 소음이 몰려온다. 그러고는 아주 또렷한 사냥 뿔피리 소리가 하늘에서 안개 속으로 파고든다.

고음의 뿔피리, 저음의 뿔피리, 정적…. 그리고 가까이에서 트럼펫 소리, 딸랑이 소리, 목쉰 소리, 고함 소리가 뒤섞인 시끄러움이 습지를 뒤흔드는 듯하다. 그러나 아직 어디서 들려오는지는 알 수 없다. 드디어 햇빛을 반사하며 다가오는 거대한 새 편대가 모습을 드러낸다. 날개짓 한 번 없이 새들은 걷혀가는 안개 사이로 나타나, 하늘에 마지막 호를 그리고는 울음 소리와 함께 하강 나선을 그리며 먹이터에 내려앉는다. 학 늪지에 새날이 밝았다.

❖❖❖

이런 곳에서는 시간이 두텁고 무겁게 느껴진다. 빙하 시대 이래 해마다 봄은 쨍쨍 울리는 학 소리와 함께 시작되었다. 늪의 토탄층은 옛 호수 분지 위에 눕혀 있다. 학들은, 말하자면 자신의 역사책에서 물에 흠뻑 젖은 페이지 위에 서 있는 것이다. 이 토탄은 대륙빙(大陸氷)이 물러간 이후 웅덩이를 메웠던 이끼들, 그 이끼 위로 가지를 폈던 낙엽송들, 그 낙엽송 위를 나팔을 불며 날던 학들의 압축된 잔해다. 끝없이 이어져온 세대들이 자신의 뼈로써 미래로 이어지는 이 다리, 즉 새로운 주인공들이 다시 살고 번식하고 죽어갈 이 서식지를 건설해왔다.

무엇 때문에? 늪에서 어떤 운 없는 개구리를 삼키면서 학 한 마리가 몰골스러운 거구를 하늘로 비약시키더니 힘찬 날개짓으로 아침 햇살을 도리깨질한다. 낙엽송은 학의 확신에 찬 나팔 소리에 메아리로 대꾸한다. 학은 아는 것 같다.

자연의 질을 인지하는 우리의 능력은 예술에서 그렇듯이 아름다움에서 출발한다. 자연의 질은 아름다움의 연속적인 단계를 거쳐 아직 언어화되지 못한 가치의 영역으로 확장된다. 학의 질은 아직 언어가 미치지 못하는 이같은 높은 영역에 속한다고 나는 생각한다.

그렇지만 이것만은 말할 수 있다. 학에 대한 우리의 평가는 지구의 역사가 서서히 드러남과 함께 더욱 높아진다고. 우리는 이제 학의 기원은 저아득한 시신세(始新世)로 거슬러 올라간다는 것을 알고 있다. 학이 태어난 동물계의 다른 동료들은 이미 역사의 뒤편으로 사라진 지 오래다. 우리가 학의 소리를 들을 때, 우리는 단순히 새 소리를 듣는 것이 아니다. 우리는 진화의 오케스트라에서 트럼펫 소리를 듣는 것이다. 학은 우리의 길들일 수 없는 과거, 곧 새와 인간의 일상사의 바탕과 조건을 형성하는 저 믿을 수 없을 만큼 장구한 세월의 상징이다.

그래서 그들은 살아 있고, 학이라는 그들의 존재는 현재라는 압축된 시간이 아니라 진화적 시간의 폭넓은 영역에 걸쳐 있는 것이다. 매년 되풀이되는 그들의 귀환은 지질학적 시계가 똑딱거리는 소리다. 그들은 자신들이 되돌아오는 곳에 뚜렷한 특성을 부여한다. 여느 장소들의 한없는 평이함과는 달리 학 늪지는 영겁의 세월 동안 축적되어온, 오직 엽총만이 깨뜨릴 수 있는 고생물학적인 독특한 고귀함을 간직하고 있다. 일부 늪에서 느껴지는 비애는, 아마 그 늪에도 과거에는 학이 살았었다는 사실에서 비롯되는 것일지 모른다. 지금 그 늪들은 볼품없이 역사 속을 부유하고 있다.

모든 시대의 사냥꾼들과 조류학자들은 이같은 학의 질에 대해 어떤 공통된 인식을 가졌던 것 같다. 이러한 인식에서, 신성 로마제국의 프리드리히 황제는 송골매를 날렸고, 쿠빌라이 칸의 매도 학을 덮쳤다. 일찍이 마르코 폴로는 이렇게 썼다. "칸에게는 매 사냥이 가장 큰 낙이다. 창가노(Changanor)에 있는 칸의 거대한 궁전은 수많은 학이 서식하는 멋진 평원에 둘러싸여 있다. 칸은 학이 굶주리지 않도록 기장이나 다른 곡식을 뿌리게 한다."

조류학자 뱅트 베르크(Bengt Berg)는 어린 시절 스웨덴의 황야에서 학을 보고는 평생 동안 학을 연구하기로 마음먹었다. 그는 학을 아프리카까지 따라가서 그들의 겨울 서식지가 백나일강임을 알아냈다. 그는 학과의 첫 대면을 이렇게 묘사하고 있다. "그것은 천일야화에 나오는 괴조의 비행을 무색케 하는 장관이었다."

❖❖❖

구릉을 뭉개고 골짜기를 둥글게 깍아내면서 북쪽에서 빙하가 몰려왔을 때, 모험심 많은 일부 빙하는 바라부힐즈[1]를 기어올라 위스콘신강 어귀 골짜기로 다시 떨어졌다. 넘쳐난 물은 위스콘신 주의 반만큼이나 기다랗고 동쪽으로 얼음 절벽에 막힌 호수를 만들었고, 얼음 산들의 녹은 물이 급류를 이루어 이 호수로 흘러들었다. 이 옛 호수의 경계는 지금도 알아볼 수 있다. 그것의 바닥이 바로 이 거대한 늪지대의 바닥이다.

호수는 수세기 동안 융기하여 마침내 바라부 능선 동쪽으로 넘쳐흘렀다. 이곳에 침식으로 인해 강으로 통하는 새로운 수로가 만들어졌고, 호수 물이 빠져나갔다. 그 남겨진 개펄로, 퇴각하는 겨울에 대해 승리의 나팔을 불면서 늪 건설이라는 공동 목표를 위해 땅 위의 갖가지 생명체들을 불러모으며 학이 찾아왔다. 떠다니는 물이끼가 얕아진 물길을 막아 메웠다. 사초와 진퍼리꽃나무,[2] 낙엽송, 가문비나무가 연이어 개펄을 침입하여 뿌리로 닻을 내리고 물을 빨아올리며 토탄을 만들었다. 개펄은 사라졌지만 학들은 남았다. 매년 봄이면 학들은 춤추고 나팔불며, 호리호리한 밤색 새끼를 키우기 위해 옛 물길을 차지한 이끼 초원으로 되돌아왔다. 이 새끼들은 새인데도 병아리가 아니라 망아지로 불린다. 어째서인지 설명할 수는 없다. 어느 이슬 내린 유월의 아침, 이들이 얼룩무늬 암말 바로 뒤에서 조상 때부터 전해내려온 자신들의 초원 위를 뛰놀 때, 당신 스스로 확인하게 될 것이다.

그리 오래되지 않은 어느 해, 사슴 가죽을 걸친 프랑스인 덫 사냥꾼이 이 거대한 늪지대를 요리조리 누비는 이끼투성이의 개울들 가운데 하나로 카누를 저어 올라왔다. 학들은 자신들의 질퍽질퍽한 요새를 침범하려는 이 모습을 보고 크고 상스러운 웃음을 터뜨렸다. 한두 세기가 지나서 영국 사람들이 포장마차를 끌고 왔다. 그들은 늪지 주변 빙퇴석 지대의 삼림을 베어내고 그곳에 옥수수와 메밀을 심었다. 물론 창가노의 칸처럼 학을 먹여살리려고 그랬던 것은 아니다. 그러나 학들은 빙하나 황제나 개척자들의 의도 따위는 묻지 않는다. 학들은 곡식을 먹었고, 어떤 분개한 농부가 옥수수에 대한 자신들의 권리를 인정하지 않으면 그들은 경고의 나팔을 불며 늪을 가로질러 다른 농장으로 향해했다.

당시에는 앨팰퍼가 없었으며, 구릉지 농장들의 목초지는 척박했다. 비가 적은 해에는 더욱 그랬다. 건조했던 한 해에 누군가 낙엽송 숲에 불을 놓았다. 불은 삽시간에 갈대밭으로 번졌는데, 죽은 나무를 베어내자 갈대밭은 그럴 듯한 목초지가 되었다. 그 뒤 해마다 팔월이면 사람들이 나타나서 목초를 베었다. 겨울에 학들이 남쪽으로 자리를 비우면 사람들은 얼어붙은 늪 위로 마차를 몰고와 건초를 언덕의 농장으로 실어 날랐다. 매년 그들은 불과 도끼로 늪을 맹렬히 공격했고, 불과 20년 만에 광활한 대지 위에 목초지가 점점이 들어서게 되었다.

매년 팔월, 건초 수확자들이 노래하고 술을 들이키며 채찍과 고함 소리로 마차를 몰아 캠프 장소에 오면, 학들은 애처로운 소리로 새끼들을 토닥거리며 먼 요새로 퇴각했다. 그맘때면 학의 회색 깃털에 종종 붉은색 얼룩이 지는 것을 보고 건초 일꾼들은 학을 '우라질 붉은 건달'이라고 불렀다. 건초 가리가 세워지고 늪이 다시 자기들 것이 되면 학들은 되돌아와 캐나다에서 내려오는 다른 무리들을 시월의 하늘에서 불러내렸다. 그리고 서리가 겨울 대이동의 신호를 할 때까지 갓 벤 그루터기 위를 함께 선회하며 옥수수를 강탈했다.

이때만 해도 늪에 사는 모든 생명체에게 목가적인 시절이었다. 사람과 짐승, 풀과 흙은 모두에게 이익이 되도록 서로 인내하고 의지하며 더불어 살았다. 늪은 언제까지나 건초와 초원뇌조, 사슴과 사향뒤쥐, 학의 노래와 덩굴월귤을 끊임없이 만들어냈을지도 모른다.

새로운 지배자들은 이것을 이해하지 못했다. 그들의 상호관계라는 개념 속에는 흙이나 풀이나 새들은 포함되어 있지 않았다. 그런 균형 잡힌 경제에서는 그들에게 돌아가는 배당금이 너무나 보잘것없는 것이었다. 그들은 농장을 늪 주변뿐만 아니라 늪 '안'에도 건설할 계획을 꾸몄다. 배수로 굴착과 토지 매립이 전염병처럼 퍼졌다. 늪은 배수로들로 인해 조각났고, 새 밭과 농장이 점점이 들어섰다.

그러나 수확은 보잘것없었고 서리 피해 또한 컸다. 많은 비용이 소요되는 배수로 공사는 빚만 늘리는 결과를 낳았다. 농부들은 떠났다. 토탄층은 말라버렸고 오그라들었으며, 화재에 시달렸다. 홍적세의 태양에너지가 매캐한 연기로 바뀌어 대지를 뒤덮었다. 어느 누구도 이같은 낭비에 대해 목소리를 높이지 않았다. 냄새를 피하려고 코만 높이 들었을 뿐이다. 여름에 건조했던 해에는 겨울 눈조차도 늪의 연기를 잠재울 수 없었다. 커다란 마마자국 같은 불탄 자리는 밭과 초지로 바뀌었고, 그 상처는 수백 세기 동안 토탄으로 덮여 있던 옛 호수의 바닥 모래에까지 미쳤다. 잿더미 위로 잡초가 무성하게 돋아났고, 일이 년 후에는 사시나무 덤불이 뒤를 이었다. 학들은 곤경에 처했고, 그 수는 불타지 않은 초지가 줄어드는 것만큼 줄었다. 그들에게 굴착기 소리는 비가(悲歌)가 되었다. 진보의 고매한 사제들은 학에 대해 아무 것도 몰랐으며 거의 관심도 없었다. 엔지니어들에게 종(種)이라는 것이 어떤 의미가 있겠는가? 물을 빼지 않은 늪이 무슨 소용이 있겠는가?

일이십 년간 갈수록 수확은 더욱 빈약해지고, 불은 더 깊이 타들어갔으며, 삼림은 더 넓어지고, 학은 더욱 희귀해져갔다. 물을 다시 채워야만 토탄이 타들어가는 것을 막을 수 있을 것처럼 보였다. 그러는 동안 덩굴월귤 재배농들은 배수로를 막고 몇몇 곳에 다시 물을 대서 상당한 수확을 얻었다. 정치인들은 멀리서 한계 토지니, 과잉 생산이니, 실업 해소니, 보전이니 하는 말들을 떠들어댔다. 경제학자들과 계획가들이 늪지를 보러 왔다. 조사자와 기술자, 민간식림치수단*도 바쁘게 움직였다. 이젠 물을 다시 대는 사업이 전염병이 되었다. 정부는 토지를 매입하고 농부들을 이주시키고 배수로를 모조리 메웠다. 점차 늪은 다시 젖어들고 있다. 토탄이 타들어간 웅덩이는 못으로 변해가고 있다. 아직도 초원에서 불은 일어나지만 젖은 땅을 태울 수는 없다.

일단 민간식림치수단 캠프가 철수하면, 이 모든 것은 학들에게 좋은 일이었다. 그러나 오래된 불탄 지대들을 냉정하게 점령해버린 포플러 덤불숲은 학들에게 좋은 것이 아니었다. 정부의 보전활동과 함께 어김없이 만들어지는 미로 같은 도로들은 더욱 그렇다. 도로를 건설하는 일은 나라에 진정으로 무엇이 필요한가를 생각하는 것보다는 훨씬 단순한 일이다. 도로 없는 늪은, 마치 물에 잠긴 늪이 제국 건설자들에게 아무런 가치가 없었던 것처럼 알파벳 머리글자로 약칭되는 각종 보전론자들에게는 무가치한 것 같다. 적막함, 아직 명명되지 않은 이 자연자원은 지금까지 오직 조류학자와 학들에 의해서만 고귀하게 평가되고 있다.

이렇게 늪이건 시장이건 그 역사는 언제나 역설로 끝난다. 이 늪지대의 궁극적 가치는 그 야생성에 있으며, 학은 그 화신이다. 그러나 모든 야생보전은 자기 모순적이다. 왜냐하면 우리는 가슴에 간직하기 위

---

* CCC(Civilian Conservation Corps): 대공황 타개를 위한 뉴딜정책의 일환으로 직장이 없는 청년들에게 도로건설, 토지개량, 식목 등의 일자리를 주고, 각종 공공사업을 추진하기 위해 조직된 단체(1933~1943년).

해서는 보고 쓰다듬고 해야만 하는데, 충분히 보고 쓰다듬은 다음에는 아무런 가슴에 간직할 원생지대가 남지 않기 때문이다.

어느 날, 어쩌면 우리가 보전이라는 자선을 베푸는 도중에, 어쩌면 지질학적 시간이 다하여, 마지막 학이 이별의 트럼펫을 불고 장엄한 늪에서 하늘을 향해 나선을 그릴 것이다. 구름 저 높은 데서 사냥 나팔 소리와 유령 사냥개 무리의 짖는 소리, 작은 방울 딸랑이는 소리가 내려올 것이다. 그러고는 결코 깨지지 않을 침묵. 은하수 건너에 있는 초원에서야 이 모든 소리를 들을 수 있을까?

모래 군

모든 전문직에는 한 떼의 모멸적인 용어들이 있으며, 그 떼가 마음껏 뛰놀 수 있는 목장이 필요하다. 가령 경제학자들은 한계 이하니 퇴보니 제도의 경직성이니 하는 말들과 같이, 자신들이 즐겨 쓰는 비방조의 용어들을 위한 공짜 목장을 어디에선가 찾아야만 한다. 모래 군*들의 광활한 땅에서 경제학의 이런 비난 용어들은 유익한 훈련을 하고 공짜로 먹으며, 반박의 쇠파리들로부터 벗어날 수 있다.

마찬가지로 토양 전문가들도 모래 군들이 없다면 곤란을 겪을 것이다. 다른 어디에서 포드졸,[3] 글래이,[4] 혐기성 생물 같은 그들의 용어들이 살아갈 수 있겠는가?

---

* 모래 군은 실제의 지명이 아니라 위스콘신 중부 위스콘신 강 주변의 모래땅으로 된 몇몇 군에 대해 저자인 레오폴드가 붙인 별명이다.

최근 사회 계획가들이 엇비슷하긴 하지만 다른 목적에서 모래 군을 이용하기 위해 찾아왔다. 모래 구역은 점투성이의 지도 위에서 재미있는 형태와 크기의 창백한 빈 공간으로 남는다. 이 지도에서 각각의 점은 10개의 욕조나 5명의 여성 봉사대원, 1마일의 포장도로, 혹은 한 마리의 훌륭한 씨받이 황소를 나타낸다. 만약 점들이 균일하게 분포되어 있다면, 지도는 너무나 단조로울 것이다.

요컨대 모래 군들은 가난하다.

그러나 1930년대, 우후죽순처럼 생겨난 알파벳 머릿글자로 약칭되는 각종 조직들이 모래땅 농부들에게 다른 곳으로 이주하도록 권고하면서 마치 대평원을 건너는 40인의 말 탄 도적들처럼 질주할 때, 이 어리석은 백성들은 떠나려 하지 않았다. 연방 토지은행이 3퍼센트의 저리 융자라는 미끼를 던졌을 때에도 그랬다. 나는 어째서인지 궁금해졌고, 마침내 그 의문을 풀기 위해 나 자신이 모래 농장을 하나 샀다.

유월에 종종 모든 루핀[5]에 이슬의 불로(不勞) 배당금이 매달려 있는 것을 볼 때, 나는 이 모래땅이 정말로 척박한 것인지 의아스럽다. 소출이 괜찮은 농장에서는 아예 루핀이 자라지도 않으며, 매일같이 보석의 무지개를 모으는 일은 더욱 없다. 만약 그런 농장에서 루핀이 자란다면, 이슬 내린 새벽을 거의 보지 못하는 제초 담당 관리는 의심의 여지 없이 루핀을 베어버려야 한다고 말할 것이다. 경제학자들이 루핀에 대해 아는 것이 있을까?

아마도 모래 군을 떠나려 하지 않던 농부들에게는 역사를 훨씬 거슬러 올라가는 어떤 깊은 이유가 있었을 것이다. 매년 사월, 자갈투성이 산등성이마다 할미꽃이 만발할 때가 되면 내겐 그런 생각이 다시 떠오른다. 할미꽃은 별로 말이 없다. 그러나 내 추측으로는, 할미꽃이 그곳을 좋아하게 된 것은 빙하가 그곳에 자갈을 쌓았던 때로 거슬러 올라간다. 오직 자갈투성이 산등성이만이 할미꽃이 사월의 태양 아래 필요한 생육 공간을 확보할 수 있을 정도로 충분히 척박하다. 할미꽃은 홀로 필 수 있는 특권을 위해 눈과 진눈깨비와 모진 바람을 견디는 것이다.

이 세상에게 풍요가 아니라 공간을 요구하는 것 같은 식물들이 또 있다. 루핀이 가장 척박한 언덕 꼭대기들을 파란 얼룩으로 물들이기 바로 앞서, 그것들에 하얀 레이스 모자를 씌우는 조그만 벼룩이자리[6]가 그 가운데 하나다. 벼룩이자리는 좋은 농장에서, 심지어 돌로 꾸미고 베고니아가 자라는 멋진 정원을 갖춘 아주 좋은 농장에서조차 살기를 거부한다. 해란초[7]도 그렇다. 해란초는 너무나 작고, 너무나 가냘프고, 너무나 파래서 바로 발 밑에 있기 전에는 결코 눈에 들어오지 않는다. 모래바람이 일지 않는 곳에서 해란초를 본 사람이 있을까?

마지막으로 드라바가 있다. 그 옆에서는 해란초조차 크고 두툼해 보인다. 나는 드라바를 알고 있는 경제학자를 본 적이 없다. 내가 경제학자라면 모래에 납작 엎드려 코앞의 드라바와 함께 나의 모든 경제학적 상상을 펼칠 텐데 말이다.

모래 군에서만 볼 수 있는 새들이 있다—그 이유는 어떤 때는 쉽게 추측이 가고 또 어떤 때는 종잡을 수 없다. 흰가슴멧새[8]가 그런 새다. 그 이유는 명백한데, 이 새들은 뱅크스소나무를 좋아하고 뱅크스소나무는 모래땅을 좋아하기 때문이다. 캐나다두루미[9]도 그런 새다. 그 이유 또한 명백한데, 이 새들은 고적한 곳을 좋아하지만 이제 더 이상 다른 데서는 그런 곳을 찾을 수 없기 때문이다. 그런데 멧도요가 모래 지대에 둥지를 틀려고 하는 이유는 무엇일까? 그 까닭은 먹이 같은 그런 세속적인 것과는 무관하다. 왜냐하면 지렁이 따위는 좀더 비옥한 토양에 훨씬 많기 때문이다. 수년간의 연구 끝에 이제 나는 그 이유를 알 것 같다. 수멧도요가 그 '핀―츠'소리로 천무의 개막을 알릴 때, 녀석은 높은 구두를 신은 작달막한 숙녀와 같은 처지다. 녀석은 지피식물이 빽빽이 들어찬 곳에서는 두드러져 보일 수가 없다. 그러나 모래 군의 척박한 방목장이나 목초지에서도 가장 척박한 맨모래땅에는, 적어도 사월에는 다리가 짧은 새에게도 거의 장애가 되지 않는 이끼, 드라바, 황새냉이,[10] 애기수영,[11] 안테나리아[12] 따위를 제외하고는 다른 지피식물이 없다. 이곳에서 수멧도요는 아무런 방해 없이, 또한 정말이든 아니면 단지 바램이든 관중이 충분히 보는 앞에서 가슴을 펴고 뽐내며 의젓이 걷는가 하면 맵시 있게 종종걸음칠 수 있다. 하루 중 단지 한 시간, 일년 중 오직 한 달, 아마도 암수 중 오직 한 쪽에게만 중요한, 그리고 경제적 생활 여건과는 전혀 무관한 이 작은 환경을 위해 멧도요는 모래 군을 삶터로 선택한 것이다.

경제학자들은 지금까지 멧도요를 이주시키려고 해본 적이 없다.

오디세이

X는 고생대 바다가 육지를 덮은 이래 석회암 속에서 때를 기다려왔다. 바위에 갇힌 원자에게 시간은 흐르지 않는다.

굴참나무 뿌리가 파고들어 바위틈을 벌리고 물을 빨아올리기 시작하자 영면(永眠)은 깨졌다. 100년이라는 짧은 시간에 바위는 부서졌고, X는 생명 세계로 끌어올려졌다. X는 꽃이 피는 것을 도왔고, 꽃은 도토리가 되었으며, 도토리는 다시 사슴을 살찌웠고, 사슴은 인디언에게 잡아먹혔다. 이 모든 것이 단지 한 해 동안에 일어났다.

인디언의 뼈에 묻힌 X는 다시 추적과 도망, 진수성찬과 굶주림, 희망과 공포를 함께 했다. X는 이런 일들을 모든 원자에서 쉼 없이 일어나는 작은 화학적 밀고 당김의 변화로써 감지했다. 인디언이 초원에게 작별 인사를 하고 떠나자 X는 땅속에서 잠시 하는 일 없이 지냈는데, 단지 땅의 혈류(血流)를 통해 두번째 여행에 나서기 위해서였다.

이번에 X를 빨아올려, 유월 초원의 초록 파도에 떠서 햇빛을 저장하는 공동의 과업을 수행하는 한 장의 잎에 그를 가둔 것은 쇠풀의 잔뿌리였다. 잎에는 특이한 임무도 주어졌다. 물떼새 알 위로 그림자를 흔들거리는 일이다. 환희에 넘친 물떼새는 높이 떠 날면서 완벽한 그 무엇에 대해 찬사를 퍼부었다. 그것은 알일 수도, 그림자일 수도, 아니면 초원을 덮은 분홍빛 플록스[13] 아지랑이일 수도 있다.

떠나가는 물떼새가 아르헨티나를 향해 날개를 펼 때, 모든 쇠풀은 키 큰 새술을 흔들며 작별 인사를 했다. 북쪽에서 첫 기러기 떼가 날아오고 쇠풀마다 적포도주색으로 타오를 때, 저축심 많은 흰발생쥐[14]가 마치 도둑 같은 서리의 눈을 피해 인디언 서머*를 조금 감추려는 듯, X가 들어 있는 잎을 잘라 지하 집에 묻었다. 그러나 그 쥐는 여우에게 잡혔고, 곰팡이와 균류가 그 둥지를 분해했다. X는 다시 자유롭게, 속박에서 벗어나 흙으로 돌아갔다.

다음에 X는 사이드-오츠 그라머[15] 덤불에 들어갔고, 들소의 몸에 들렀다가 들소 똥이 되어 다시 흙으로 돌아왔다. 다음엔 자주달기씨개비, 토끼 그리고 올빼미를 거쳤다. 그리고는 스포로볼러스 덤불로 들어갔다.

모든 일상적 과정에는 끝이 있는 법이다. 이 경우는 프레리 화재로 끝이 났다. 불은 프레리 식물들을 연기와 가스와 재로 바꾸었다. 인이나 칼륨 원자들은 재와 함께 남았지만 질소 원자들은 바람에 날려가버렸다. 한낱 구경꾼이라면 이쯤에서 생명 드라마의 때이른 종막을 예측

* Indian summer: 미국과 캐나다에서 볼 수 있는 늦가을부터 초겨울까지의 봄처럼 화창한 날씨

했을지도 모른다. 질소를 고갈시킨 불로 인해 흙은 식물들을 잃을 테고, 결국 자신도 바람에 날려가버릴 것이기 때문이다.

그러나 프레리는 만일의 사태에 대비하고 있었다. 불로 인해 풀은 줄어들었지만, 그 덕택에 뿌리혹에 박테리아를 지니고 있는 프레리 클로버, 싸리나무,[16] 와일드 빈,[17] 살갈퀴,[18] 족제비싸리,[19] 달구지풀,[20] 뱁티시아 같은 콩과식물들은 무성해졌다. 이들의 뿌리혹은 공기 속의 질소를 식물로, 궁극적으로는 흙 속으로 끌어들였다. 이렇게 해서 프레리 은행은 화재에 지불한 것보다도 더 많은 질소를 콩과식물로부터 유치했다. 프레리가 비옥하다는 사실은 가장 미천한 흰발생쥐조차 알고 있다. 어째서 프레리가 비옥한가는 큰 변화 없이 흐르는 세월 동안에는 좀처럼 던져지지 않는 물음이다.

생명 세계로의 바깥 여행 사이마다 X는 흙 속에서 비가 오면 조금씩 언덕 아래로 옮겨졌다. 살아 있는 식물들은 원자들을 흡수함으로써 그 유실을 지연시켰고, 죽은 식물들은 자신의 썩어가는 조직 속에 원자들을 가둠으로써 그렇게 했다. 동물들이 이 식물들을 섭취하여, 섭취 장소보다 낮은 곳에서 죽거나 배설하느냐 아니면 높은 곳에서 그러느냐에 따라 원자들은 짧은 시간에 언덕 아래나 위로 옮겨졌다. 그러나 어떤 동물도 자신이 어떤 높이에서 죽느냐는 것이 어떻게 죽느냐는 것보다 더 중요하다는 것을 알지 못했다. 이를테면 여우 한 마리가 초원에서 땅다람쥐[21]를 잡아먹었고, 이로써 X는 언덕 위 바위 벼랑 끝에 있는 여우 굴로 옮겨졌다. 그리고 독수리가 여우를 덮쳐 언덕 밑으로 물고 내려왔다. 죽어가는 여우는 여우 세계에서 자신의 장(章)이 끝나간다는 것은 감지했지만, 한 원자의 오디세이가 새로 시작된다는 것은 알지 못했다.

마지막으로 어떤 인디언이 그 독수리의 깃털을 물려받아서, 그것으로 자신들에게 각별한 관심을 갖고 있다고 믿어지는 운명의 세 여신을 달래고자 했다. 그는 자신들이 부질없는 일에 매달려 있을지도 모른다는 생각은 하지 못했다. 쥐와 인간, 흙과 노래는 바다로 향하는 원자들의 행진을 늦추는 길에 불과할지도 모른다고는 생각하지 못했다.

어느 해, X가 강가 미루나무 속에 있었을 때 언제나 죽는 자리보다는 먹는 자리가 더 높은 동물인 비버가 X를 먹었다. 비버는 몹시 추운 겨울 자신의 연못이 말라버렸을 때 굶어 죽었다. X는 봄철 홍수를 따라 매 시간, 지금까지의 한 세기 동안보다 훨씬 큰 고도(高度)를 상실하면서 그 사체를 타고 내려갔다. X는 물이 역류하는 강어귀 침니에 가라앉았다가 그곳에서 가재에게 먹혔고, 가재는 다시 라쿤에게, 라쿤은 어떤 인디언에게 먹혔다. 그 인디언이 강둑 흙무더기에서 영면하게 되자 X도 함께 묻혔다. 어느 해 봄, 강 굽이가 둑을 깎아냈고 X는 홍수를 따라 일 주일도 채 안되는 시간에 자신의 태고적 감옥인 바다로 돌아갔다.

속박에서 벗어난 생명 세계 속의 원자는 너무나 자유롭기 때문에 자유라는 것을 인식하지 못한다. 바다로 돌아가 갇힌 원자는 자유가 무엇인지조차 잊어버린다. 바다에 빼앗긴 하나 하나의 원자를 보충하기 위하여 프레리는 풍화중인 바위에서 다른 원자를 뽑아낸다. 오직 하나의 분명한 진리는, 프레리의 원자 손실이 획득을 초과하지 않도록 하기 위해서는 프레리 생물들이 열심히 빨아올리며 굵고 짧게 살아야만 한다는 것이다.

틈바구니를 파고드는 것이 뿌리의 본성이다. 이렇게 Y가 모암(母岩)

에서 분리되어 나왔을 때, 새로운 동물이 도착하여 자신의 법과 질서에 맞추어 프레리를 바꾸어놓기 시작했다. 소와 쟁기가 프레리 풀밭을 갈아엎었고, Y는 밀이라 불리는 새로운 식물을 통해 현기증 나는 연례 여행을 반복하기 시작했다.

옛 프레리는 그 동식물의 다양성 덕택에 생존했다. 프레리의 모든 동식물은 그들간의 협동 및 경쟁의 합(合)을 통해 영속성을 낳았기 때문에 그들 하나 하나가 쓸모가 있었다. 그러나 밀 농사꾼은 세상을 범주화하는 존재였다. 그에게는 오직 밀과 소만이 유용했다. 쓸모없는 비둘기들이 구름처럼 밀밭에 앉는 것을 보고, 그는 즉각 하늘에서 비둘기들을 쓸어냈다. 밀노린재가 그 도둑질을 이어받는 것을 보고, 너무나 작아서 잡아죽일 수조차 없는 이 쓸모없는 것들을 연기를 뿜어 몰아냈다. 그러나 그는 밀이 과잉 재배되고 있는 옥토가 억수같이 퍼붓는 봄비에 그대로 노출되어 하류로 유실되는 것을 보지는 못했다. 토양 유실과 밀노린재로 인해 더 이상 밀 재배가 불가능해졌을 때는 이미 Y와 동료들이 강 훨씬 아래쪽으로 이동한 뒤였다.

밀 제국이 붕괴하자 정착자는 옛 프레리의 방식을 모방했다. 그는 자신의 산출력을 가축을 사육하는 데 쏟아부었고, 질소를 고정하는 앨팰퍼를 심어 산출력을 높였으며, 뿌리가 깊은 옥수수를 심어 기름진 심층 토양을 활용했다.

그러나 그는 앨펄퍼를 비롯하여 토양 유실에 대처할 수 있는 다른 모든 새로운 수단들을 자신의 오래된 경작지를 유지하기 위해 이용하는 데 그치지 않고, 새로운 경작지의 개척에도 이용했다. 물론 새 경작지 또한 유지가 필요해졌다.

결국 앨팰퍼에도 불구하고 검은 옥토는 점차 얇아져갔다. 사방(砂防) 기술자들은 침식을 막기 위해 둑과 계단식 구조물을 건설했다. 그리고 공병대는 강물이 왈칵 넘쳐 흘러 기름진 흙을 토해내도록 하기 위해 제방과 날개 댐을 만들었다. 하지만 강물이 넘쳐 흐른 것이 아니라 강바닥만 높아졌고, 결국 흐름이 정체되었다. 그래서 기술자들은 거대한 비버 못 같은 웅덩이를 만들었고, Y는 그 중 하나에 가라앉아 한 세기가 채 못되어 암반으로부터 강으로의 여행을 마쳤다.

처음 저수지에 도착했을 때, Y는 수생식물, 물고기, 물새를 거치는 몇 차례의 여행을 했다. 그러나 기술자들은 댐뿐만 아니라 하수구도 만들었고, 이것을 따라 모든 먼 산과 바다의 선물들이 아래로 내려왔다. 한때 돌아오는 물떼새를 환영하기 위해 할미꽃을 피웠던 원자들은 이제 생기와 정신을 잃고 기름투성이 침전물에 갇혔다.

뿌리는 여전히 바위 사이를 비집는다. 비는 여전히 대지 위에 억수같이 퍼붓는다. 흰발생쥐는 여전히 인디언 서머의 선물을 감춘다. 비둘기의 몰살을 거들었던 노인들은 퍼덕거리던 비둘기 떼의 장관을 지금도 자세히 되뇌인다. 얼룩배기 들소는 끊임없이 여행하는 원자들을 공짜로 태워주며 붉은 헛간을 들락거린다.

비둘기 기념탑*에 대하여

우리는 어떤 종(種)의 장례식을 기억하기 위해 기념탑을 세웠다. 이 기념탑은 우리의 슬픔을 상징한다. 우리가 슬픈 까닭은, 위스콘신의 모든 숲과 프레리로부터 패배한 겨울을 몰아내며 삼월 하늘을 가로질러 봄의 진로를 여는 의기양양한 새들의 돌격 부대를 이제는 어느 누구도 살아서는 다시 볼 수 없을 것이기 때문이다.

* [원문 주] 위스콘신 와이어루싱 주립공원(Wyalusing State Park)에 있는, 1947년 5월 11일 위스콘신 조류학회가 건립한 철비둘기 기념탑.

젊은 시절에 봤던 비둘기들을 기억하는 사람들이 아직 생존해 있다. 젊은 시절에 그 생명의 바람으로 흔들거렸던 나무들도 아직 생존해 있다. 그러나 10년 뒤에는 가장 늙은 참나무만이 기억할 것이며, 결국엔 구릉들만이 그럴 것이다.

책이나 박물관에서는 언제라도 비둘기를 볼 수 있을 것이다. 그러나 그것들은 어떤 역경이나 환희도 체험할 수 없는 죽은 그림이자 허상일 뿐이다. 책 속의 비둘기는 구름을 뚫고 곤두박질하여 사슴이 숨을 곳을 찾아 줄달음치게 만들 수도 없고, 도토리가 듬뿍 열린 숲에게 힘찬 날개짓으로 우뢰와 같은 갈채를 보낼 수도 없다. 책 속의 비둘기는 미네소타의 갓 벤 밀로 아침을 먹고 캐나다의 블루베리로 저녁을 들 수도 없다. 그들은 계절의 재촉을 알지 못한다. 그들은 태양의 입맞춤도 바람이나 날씨의 채찍질도 느끼지 못한다. 그들은 전혀 살아 있지 못함으로써 영원히 산다.

우리 할아버지들은 우리보다 못한 집에서 살았고, 우리보다 못 먹고 또 못 입었다. 그들이 자신의 운명을 개척하기 위해 벌인 투쟁은 또한 우리로부터 비둘기를 앗아간 투쟁이기도 하다. 우리가 지금 슬퍼하는 까닭은 아마도 그 교환에서 과연 우리는 이익을 얻었는지 진정으로 확신할 수 없기 때문일 것이다. 산업 도구들은 우리에게 비둘기가 주었던 것보다 더 많은 안락을 가져다준다. 그러나 그것들이 봄의 눈부심에 무엇을 보태는가?

다윈이 처음으로 종의 기원에 대해 얘기한 지 한 세기가 되었다. 이제 우리는 모든 앞서간 세대들이 알지 못했던 것을 알고 있다. 인간은 진화의 오디세이에서 다른 생물들의 동료-항해자일 뿐이라는 것을 말이다. 이 새지식을 통해 지금쯤 우리는 동료-생물들을 친족처럼 생각할 줄 알아야 했다. 함께 사는 삶에 대한 희구, 생명 세계의 장엄함과 영속성에 대한 경외감도 함께 말이다.

다윈 이후 한 세기 동안 무엇보다도 우리는, 인간이 비록 지금 탐험선의 선장이지만 결코 그 탐험의 유일한 목적이 될 수 없으며, 모든 것이 인간을 위한 것이라는 이전의 가정들은 두려움을 감추어야 하는 단순한 필요에서 비롯되었다는 것을 깨달았어야 했다.

감히 말하건대, 우리는 이런 것들을 알았어야 했다. 그러나 애석하게도 실제로 아는 사람은 많지 않은 것 같다.

한 종(種)이 다른 종의 죽음을 애도하는 것은 하늘 아래 전에는 없었던 일이다. 마지막 매머드를 죽인 크로마뇽인은 오직 고기만 생각했다. 마지막 비둘기를 쏜 사냥꾼은 오직 자신의 무용(武勇)만을 생각했다. 마지막 바다쇠오리를 곤봉으로 때려잡은 선원은 아무런 생각도 없었다. 그러나 비둘기를 잃은 우리는 그것을 애도한다. 만일 그 장례식이 우리들 자신의 것이었다면, 비둘기들은 결코 우리의 죽음을 슬퍼하지 않았을 것이다. 뒤퐁(Du Pont) 씨의 나일론이나 바네바 부시[22]씨의 폭탄보다도 바로 이 사실에, 우리 인간이 금수보다 낫다는 객관적 증거가 있다.

이 절벽 위에 덕 호크[23]처럼 앉아 있는 이 기념탑은 여러 날 여러 해에 걸쳐 이 넓은 계곡을 굽어볼 것이다. 삼월이면 강에게 툰드라의 더 맑고 더 차고 더 쓸쓸한 물에 대해 이야기해주며 지나가는 기러기들을 볼 것이다. 사월이면 박태기나무 꽃이 피고 지는 것을, 오월에는 천 개의 구릉에 참나무 꽃이 만발하는 것을 볼 것이다. 둥지를 물색하는 원앙새들이 속 빈 가지를 찾아서 참피나무 숲을 뒤질 것이며, 황금빛 버들솔새들은 강가 버드나무의 황금색 꽃가루를 흔들어 떨어뜨릴 것이다. 팔월에는 백로들이 이곳 수렁에서 한껏 자태를 뽐낼 것이고, 구월에는 물떼새들의 휘파람 소리가 하늘에서 내려올 것이다. 히코리 호두가 시월의 낙엽 위로 쿵하고 떨어질 것이며, 우박이 십일월의 숲을 두들길 것이다.

그러나 어떤 비둘기도 지나가지 않을 것이다. 왜냐하면 바위 위에 청동으로 조각된 날 수 없는 이 비둘기를 제외하면 한 마리의 비둘기도 없기 때문이다. 관광객들은 이 비문을 읽을 것이다. 그러나 그들의 생각은 날개를 달지 못할 것이다.

경제 윤리학자들은 우리에게 비둘기를 애도하는 것은 과거에의 동경에 지나지 않는다고 말한다. 사냥꾼들이 비둘기를 쓸어내지 않았다고 하더라도 궁극적으로 농부들이 자기 방어로서 그렇게 할 수밖에 없었을 것이라는 말이다.

비둘기가 사라졌다는 것은 분명하지만, 그 이유는 그들이 내세우는 것과는 다르다.

비둘기는 생물학적 폭풍이었다. 비둘기는 땅의 풍요와 공기 속의 산소라는, 제어할 수 없이 강렬한 두 가지 대립하는 잠재적 힘 사이에서 활동한 번개였다. 매년 이 깃털 달린 폭풍은 숲과 프레리에 주렁주렁 열린 열매들을 빨아올려 한바탕의 이동하는 생명의 바람 속에서 연소시키면서 노도처럼 솟구치고 가라앉으며 대륙을 건넜다. 다른 모든 연쇄반응에서 그렇듯이, 비둘기들은 자신들의 그 노도 같던 강렬함에 손상을 입자 더 이상 살아남을 수 없었다. 비둘기 사냥꾼들이 그 수를 줄이고 개척자들이 나무를 찍어 그들의 연료 보급선에 구멍을 냈을 때, 그들의 정염은 거의 탁탁거리는 소리도 없이 심지어 한 줄기 연기도 없이 아물아물 꺼져버렸다.

오늘날 참나무들은 여전히 하늘을 향해 풍요로운 열매를 과시하지만 더 이상 날개 달린 번개는 존재하지 않는다. 이제 벌레와 바구미들이 일찍이 창공으로부터 천둥을 유인했던 생물학적 사명을 천천히 조용히 수행해야만 한다.

경이로운 것은 비둘기가 사라졌다는 것이 아니라, 비둘기가 속물 자본가 등장 이전의 장구한 세월에 걸쳐 생존했었다는 사실이다.

비둘기는 자신의 땅을 사랑했다. 그는 포도송이와 아람으로 벌어지는 너도밤나무 열매에 대한 강렬한 욕망으로, 또한 거리(距離)와 계절에 대한 경멸로 살았다. 위스콘신이 오늘 공짜로 제공하지 않은 것은, 그것이 무엇이건 그는 내일 미시건, 래브라도, 테네시에서 찾았고 얻었다. 그는 현재의 것들을 사랑했으며, 그것들은 어딘가에 있었다. 그것들을 얻기 위해서는 오직 자유로운 하늘과 바쁘게 날개를 저을 의지만 있으면 족했다.

과거의 것들을 사랑하는 것은 대부분의 사람과 모든 비둘기가 알지 못하는, 하늘 아래 전에는 없던 일이다. 아메리카를 역사로서 바라보는 것, 운명을 하나의 전화(轉化)로 이해하는 것, 조용히 흐르는 세월에 걸쳐 히코리나무 냄새를 맡는 것—이 모든 일이 우리에게 가능하며, 오직 자유로운 하늘과 우리의 날개를 바쁘게 저을 의지만 있으면 된다. 부시 씨의 폭탄이나 뒤퐁 씨의 나일론이 아닌, 바로 이런 것들에 우리 인간이 금수보다 낫다는 객관적 증거가 있다.

플람보[24]

거친 강에서 카누 타기를 해보지 못했거나, 설혹 해보았더라도 배 뒤쪽에 안내인을 앉히고서만 해본 사람들은 카누 타기의 가치가 신체 단련과 색다른 경험에만 있다고 생각하기 쉽다. 나 또한 플람보에서 두 대학생 청년을 만날 때까지는 그렇게 믿었었다.

저녁 설거지를 마치고 우리는 건너편 강가에서 수초를 뒤지러 물에 뛰어드는 수사슴을 바라보며 강둑에 앉아 있었다. 사슴은 갑자기 머리를 들더니 귀를 상류 쪽으로 쫑긋거리다가 숨을 곳을 찾아 허겁지겁 달아났다.

물굽이를 돌아서 이제 사슴이 놀란 까닭이 나타났다. 카누에 탄 두 청년이었다. 우리를 발견하자 인사를 나누려고 다가왔다.

"몇 시죠?" 그들의 첫 물음이었다. 그들의 시계가 멈췄는데 일생에 처음으로 시간을 맞출 벽시계나 기적소리, 아니면 라디오 같은 것 없이 지낸다고 설명했다. 이틀간 그 청년들은 '해시계'에 따라 살았으며, 거기서 희열을 얻고 있었다. 그들에게 먹을 것을 갖다주는 사람은 없었고, 강에서 고기를 얻거나 그렇지 못하면 고기는 구경도 못하고 지냈다. 호루라기를 불어서 다음 급류에 숨겨진 암초를 피하라고 주의를 주는 교통경찰관도 없었다. 텐트를 쳐야 할지 말아야 할지를 잘못 판단했을 때, 젖지 않게 보호해줄 친절한 지붕도 없었다. 어떤 곳에 야영하면 밤새 미풍이 불고 어떤 곳에 야영하면 밤새 모기에 시달려야 하는지, 또 어떤 나무가 깨끗하게 타며 어떤 나무가 연기만 피우는지를 가르쳐줄 안내인도 없었다.

젊은 모험가들이 하류로 떠나기 전에, 우리는 그들이 이번 여행을 마치고 입대하기로 되어 있다는 사실을 알았다. 이제 그들의 동기는 분명했다. 그들의 여행은 캠퍼스와 병영이라는 두 조직의 막간에, 처음이자 마지막으로 자유를 만끽해보자는 것이었다. 원생지대 여행의 본질적인 수수함은 하나의 희열이었다. 그 색다름뿐만 아니라 실수를 할 수 있는 완전한 자유로부터 얻는 희열이었다. 원생지대에서 그들은 일생에 처음으로 숲에 사는 모든 사람들이 일상적으로 겪는 것처럼, 현명한 행동과 우둔한 행동에 따르는 대가를 고스란히 감수했다. 문명세계에는 이를 희석시키는 수많은 완충장치가 설치되어 있다. 이 청년들은 바로 이런 의미에서 '독립'해 있었다.

아마 모든 젊은이는 바로 이런 의미의 자유를 배우기 위해 종종 원생지대 여행을 떠날 필요가 있을 것이다.

내가 어린 소년이었을 때, 아버지는 좋은 야영지와 낚시터 그리고 아름다운 숲을 보면 "거의 플람보만큼이나 좋다"고 말씀하시곤 했다. 드디어 내가 직접 이 전설적인 강물에 카누를 띄웠을 때, 나는 실망스럽게도 플람보가 강으로서는 기대에 미치지만 원생지대로서는 거의 죽어가고 있다는 것을 깨달았다. 새로 들어선 오두막과 유원지, 고속도로 다리들이 길게 뻗은 야생의 강줄기를 점점 더 짧은 간격으로 토막내고 있었다. 플람보를 따라 여행하면서 우리는 번갈아 되풀이되는 두 가지 인상으로 인해 큰 정신적 고통을 겪어야 했다. 야생 세계의 풍미에 젖어들자마자 보트 선착장이 눈에 들어오고, 이내 어떤 오두막 주인의 작약 밭 옆을 지나야 했다.

무사히 작약 밭을 지나니, 수사슴 한 마리가 강둑으로 뛰어올라 우리가 원생지대의 풍미를 다시 느끼는 데 도움을 주었고, 다음 급류에서 우리는 완전히 그 맛을 되찾았다. 그러나 그것도 잠시, 아래 쪽 소(沼) 옆에선 합성물질 지붕과 '잠깐만 기다려주십시오'라는 팻말에 오후의 브리지 게임을 위한 간소한 덩굴시렁까지 갖춘 인조 통나무 오두막이 우리를 응시하고 있었다.

폴 버니언*은 후손에 대해 걱정하기에는 너무 바쁜 사람이었지만, 만약 그가 후손들에게 북부 원시림이 어떤 모습이었는가를 보여주기 위해 한 장소를 보전해야 한다고 생각했다면 아마도 플람보를 택했을 것이다. 왜냐하면 이곳에는 가장 질 좋은 스트로부스소나무가 역시 가장 질 좋은 사탕단풍나무,[25] 황자작나무,[26] 솔송나무[27]들과 같은 땅에서 함께 자라고 있었기 때문이다. 이처럼 풍요로운 소나무-활엽수 혼합림은 과거나 지금이나 흔치 않다. 소나무들이 통상적으로 점유할 수 있는 토양보다 훨씬 비옥한 활엽수 토양에서 자라난 플람보 소나무들은 매우 거대하고 가치가 컸으며 통나무 운반에 편리한 강도 아주 가까이 있었기에 썩어버린 그 거대한 그루터기들이 입증하듯이 이미 정착 초기에 벌채되었다. 단지 흠이 있는 소나무들만 살아남았지만, 지나간 시절의 많은 초록색 기념물들과 함께 플람보 스카이라인에 구멍을 뚫을 만큼은 오늘날까지 서 있다.

활엽수 벌채는 훨씬 뒤에 시작되었다. 사실 마지막 대규모 활엽수 벌채회사가 마지막으로 벌채 철로로 통나무를 운반했던 것은 불과 10년 전의 일이다. 오늘날 그 회사가 남긴 것이라곤 벌채가 끝난 땅을 희망에 부푼 정착자들에게 분양하던, 그 유령 마을의 국유지 관리국 건물뿐이다. 이렇게 미국 역사에서 한 시대가 막을 내렸다. 베고 빠지는 시대가.

사람이 떠난 야영장에서 샅샅이 찌꺼기를 뒤지는 코요테[28]처럼 벌채 시대 이후의 플람보 경제는 과거의 부스러기들로 연명하고 있다. 날품팔이 펄프재(材) 벌목꾼들은 본격적인 벌채 시대에 베지 않고 지나친

* Paul Bunyan: 기원 미상인 미국 민화 속에 등장하는 전설적 영웅으로 나무꾼이며 힘이 장사고 거인이다.

드문드문 남은 작은 솔송나무를 찾아서 옛 벌목 현장을 누빈다. 휴대용 기계톱으로 무장한 한 무리는 물에 잠긴 통나무들을 찾아 강바닥을 훑는다. 이 통나무들 대부분은 벌목에 박차를 가하던 영화스럽던 옛날에 익사한 것들이다. 진흙으로 얼룩진 이런 유해들이 줄을 맞추어 옛 선착장 자리 강가로 끌어올려져 있다. 모두가 완벽한 상태이며, 일부는 가치가 매우 크다. 왜냐하면 이런 소나무는 오늘날 북부 삼림지대에 남아 있지 않기 때문이다. 기둥으로 쓸 만한 재목을 찾는 벌목꾼들이 늪에서 진퍼리노송나무[29]를 벗겨내고, 사슴들은 그 뒤를 따라다니며 넘어진 나무에서 잎을 벗겨낸다. 모든 사람과 모든 짐승이 자투리로 살아간다.

이 모든 자투리 이용은 너무나 철저해서 오늘날 위스콘신 숲에 통나무 오두막을 지으려면 아이다호와 오리건에서 죽더끼로 만들어진 모조 통나무를 화차로 운반해다가 써야 하는 형편이다. 석탄을 뉴캐슬로 나른다는 속담은 이 경우에 비하면 오히려 가벼운 아이러니일 것이다.

그러나 강은 남아 있으며, 강을 따라 몇몇 곳은 폴 버니언 시대 이후 거의 바뀐 것이 없다. 이른 새벽, 모터보트가 잠에서 깨기 전에는 여전히 그 강이 황야에서 부르는 노래를 들을 수 있다. 운 좋게 주유림(州有林)에 편입되어 벌채를 모면한 삼림도 몇 구획 있다. 야생 동물은 상당히 많이 남아 있다. 강에는 창꼬치,[30] 배스, 철갑상어가 있으며 늪에는 이곳에서 번식하는 비오리,[31] 흑오리,[32] 원앙새가 있다. 머리 위에는 물수리, 독수리, 갈가마귀가 순항하듯 날아다닌다. 어디나 사슴 천지다. 너무 많은 듯싶다. 이틀간 카누를 타고 52마리나 봤다. 늑대 한두 마리가 아직도 플람보 상류지역을 배회하고 있으며, 1900년 이래 이 지역에서는 한 장의 담비 가죽도 산출되지 못했음에도 불구하고 담비를 보았다는 덫 사냥꾼도 있다.

이러한 원생지대 잔존물들을 토대로 하여, 1943년 주(州) 보전국은 플람보 강줄기 중 50마일을 위스콘신 젊은이들이 이용하고 즐길 수 있도록 야생보전 구역으로 복원하기 시작했다. 이 구역은 주유림 안에 자리잡고 있지만 강가를 인공적으로 관리하지는 않을 것이며 강을 건너는 도로를 될수록 줄일 것이다. 보전국은 서서히 끈기 있게 때로는 비용을 치르며 토지를 매입하고, 오두막을 철거하고, 불필요한 도로 건설을 막아왔다. 요컨대 가능한 한 원래의 원생지대를 향해 시계바늘을 거꾸로 돌리려고 애써왔다.

폴 버니언을 위해 플람보에 가장 질 좋은 코르크소나무를 키운 비옥한 토양은 최근 수십 년 동안에는 러스크 군에 낙농업을 싹틔웠다. 낙농가들은 지방 전기회사가 제공하는 것보다 더 값싼 전기를 원했다. 그들은 협동조합 형태의 REA*를 설립해서 1947년에 발전용 댐의 건설 허가를 신청했는데, 이 댐이 만들어지면 카누장으로 복원중인 50마일 강줄기의 아래쪽이 잘려나갈 상황이었다.

날카롭고 격렬한 정치적 싸움이 벌어졌다. 농부들의 압력에는 민감하지만 원생지대의 가치에는 별 관심이 없는 주의회는 REA의 댐 건설을 승인했을 뿐만 아니라 향후 보전국이 발전소 위치에 대해 간섭할 수 없도록 권리를 박탈해버렸다. 이렇듯, 위스콘신의 다른 모든 야생 강줄기처럼 플람보에 남아 있는 카누 타기 물줄기 역시 끝내는 전력 생산에 이용될 운명인것 같다.

아마도 야생의 강을 한 번도 본 적이 없는 우리 손자들은 노래하는 강물에 카누를 띄울 기회를 아쉬워하는 생각조차 갖지 못할 것이다.

---

* Rural Electrification Administration; 농촌 전화국(電化局).

일리노이와 아이오와

일리노이 버스 여행

한 농부와 아들이 마당에서 미루나무 고목을 동가리톱으로 자르고 있다. 얼마나 크고 늙은 거목인지 밖으로 나온 톱날이 1피트밖에 되지 않는다.

이 나무가 프레리 바다에 부표처럼 떠 있을 때였다. 조지 로저스 클라크[33]가 그 아래에서 야영을 했을 수도 있고, 들소가 그 그늘에서 꼬리로 파리를 쫓으며 한가로이 휴식을 취했을 수도 있다. 매년 봄 이 나무에는 비둘기 떼가 날개를 퍼덕이며 내려앉았다. 이 나무는 주립대학 다음가는 훌륭한 역사 도서관이지만 일 년에 한 번씩 농가 방충망에 솜털 꽃가루 세례를 퍼붓는다. 이 두 가지 사실 중 오직 두번째만이 중요하다.

주립대학은 농부들에게 중국느릅나무는 꽃가루로 방충망을 메워버리지 않기 때문에 미루나무보다 낫다고 알려준다. 또 주립대학은 버찌잼, 뱅 전염병,[34] 교배종 옥수수, 농가 단장 방법 등에 대해서도 거들먹거린다. 주립대학이 농장에 대해 모르는 것은 오직 한 가지, 그 농장들이 어떻게 생겨나서 지금에 이르렀는가 하는 것이다. 주립대학이 하는 일은 일리노이를 콩 재배 적지(適地)로 만드는 것이다.

나는 원래 말과 경장(輕裝)마차가 다니던 길이었던 고속도로를 시속

60마일로 질주하는 버스에 앉아 있다. 이 콘크리트 포장도로는 밭 울타리가 노변 절개지로 인해 거의 고꾸라질 정도까지 확장에 확장을 거듭했다. 풀을 깎아낸 도로 둑과 고꾸라질 것 같은 울타리 사이의 좁고 긴 풀밭에는 옛 일리노이, 즉 프레리의 유물들이 자라고 있다.

버스 안에서 이 유물들을 바라보는 사람은 아무도 없다. 셔츠 주머니에 비료 대금 계산서가 삐죽 튀어나온 근심스런 표정의 한 농부가 예전에 프레리 대기에서 질소를 뽑아 그의 검은 옥토에 쏟아부었던 루핀, 싸리나무 또는 뱁티시아를 멍하니 바라본다. 그는 이것들과 그 주변에 지천으로 깔린 벼락출세자 개밀[35]을 구별하지 못한다. 만약 내가 그 농부에게 왜 당신 밭의 옥수수 소출은 에이커당 100부셸인 데 비해 프레리가 아닌 주들의 소출은 기껏해야 30부셸밖에 안되는가 하고 묻는다면, 그는 틀림없이 "일리노이 흙이 더 좋으니까"라고 대답할 것이다. 울타리를 감고 있는, 완두콩을 닮은 하얀 꽃송이[36]의 이름을 묻는다면 그는 고개를 저을 것이다. 아마 잡초라고 생각할 것이다.

공동묘지가 휙 지나간다. 주변에는 온통 프레리 퍼쿤[37]꽃 천지다. 다른 곳에는 퍼쿤이 없다. 등골나물과 방가지똥[38]이 현대적 풍경에 어울리는 노란색 분위기를 자아내고 있다. 퍼쿤은 오직 죽은 자들하고만 이야기를 나눈다.

열려진 창문을 통해 긴꼬리물떼새의 심금을 울리는 휘파람 소리가 들려온다. 물떼새의 전성기는 그의 선조들이 지금은 잊혀진 꽃들이 만발한 끝없는 풀밭을 어깨까지 잠겨가며 터벅터벅 걷는 들소들을 따라다니던 때였다. 한 소년이 그 새를 발견하고는 아버지에게 이른다. "저기 도요새가 날아가요."*

---

* 긴꼬리물떼새는 도요새의 일종이다.

❖ ❖ ❖

팻말에는 '여기서부터 그린 강 토양보전구역'이라고 씌어 있다. 더 작은 글씨로 이름들이 적혀 있지만, 글자가 너무 작아 달리는 버스에서는 읽을 수가 없다. 그러나 어떻든 보전활동 관련자 명단인 것은 틀림없다.

깔끔하게 페인트로 칠해진 팻말은 그 위에서 골프를 칠 수 있을 정도로 키가 낮은 냇바닥 풀밭에 세워져 있다. 그 옆에 말라붙은 옛 냇바닥이 우아한 자태로 굽어 있다. 새 냇바닥은 자처럼 곧게 파여 있다. 물 흐름을 재촉하려고 기술자들이 '곧게 편' 것이다. 뒤쪽 언덕에는 등고선을 따라 작물들이 띠 모양으로 심어져 있다. 사방 기술자들이 빗물 흐름을 늦추기 위해 '비비 꼰' 것이다. 물도 너무 많은 간섭으로 틀림없이 어지러울 것이다.

이 농장의 모든 것이 은행돈을 유혹한다. 새 페인트, 철재, 콘크리트로 그득하다. 헛간에 적힌 날짜가 설립자들을 기념하고 있다. 지붕에는 피뢰침이 곳곳에 서 있고, 수탉 모양의 풍향계가 새 금도금을 자랑하고 있다. 심지어는 돼지들도 지불 능력이 있는 것 같다.

농장 숲의 늙은 참나무 주변에는 어린 나무가 없다. 산울타리나 덤불, 구역을 가르기 위해 줄지어 심은 나무 등 영악하지 못한 농장 경영을 보여주는 어떤 표시도 찾아볼 수 없다. 옥수수 밭에는 거세된 살찐 수소들이 나와 있지만 아마도 메추라기는 없을 것이다. 울타리는 좁은 띠 모양의 풀밭 위에 서 있다. 철조망에 그토록 가까이 쟁기를 댄 사람

이 누구인지는 몰라도 아마 그 사람은 이렇게 외쳐왔을 것이다. '낭비가 없으면 부족도 없다.'

냇바닥 풀밭에는 홍수에 떠내려온 쓰레기들이 덤불에 높이 걸려 있다. 냇둑은 헐벗었다. 일리노이의 상당 부분이 벗겨져서 바다로 실려갔다. 여기저기 커다란 돼지풀 밭들을 보니, 홍수가 실어가지 못하고 내팽개친 진흙이 어디에 쌓였는지를 알겠다. 정확히 누가 지불 능력이 있다는 말인가? 또 얼마나 오랫동안?

고속도로는 옥수수 밭, 귀리 밭, 토끼풀 밭을 가로질러 팽팽한 줄처럼 뻗어 있다. 버스는 먼 길을 빠짐없이 확인하며 달려간다. 승객들은 끊임없이 이야기를 주고받는다. 무엇에 대해? 아마도 야구경기, 세금, 입양아, 영화, 자동차 그리고 장례식 같은 것들일 게다. 그러나 질주하는 버스의 창문에 부딪히는 일리노이의 격동하는 대지의 너울에 대해서는 한마디도 없다. 그들에게 일리노이는 기원도 역사도 얕고 깊은 곳도 삶과 죽음의 조수(潮水)도 없는, 자신들이 미지의 항구를 향해 항해하는 바다일 뿐이다.

빨간 다리를 버둥거리며

나의 아주 어릴 적 느낌을 상기해보면, 흔히 성장이라고 일컬어지는 과정이 실제로는 퇴행 과정이 아닐까, 어린이들에게는 부족하다고 그렇게 자주 어른들이 말하는 경험이라는 것이 실제로는 삶의 일상적 일들로 인해 본질을 점차 망각해가는 과정은 아닐까 의아스럽다. 적어도 이것만은 분명하다. 야생 생물과 그들의 탐구에서 얻은 나의 어릴 적 인상은 반세기 동안 직업적으로 그들과 더불어 살았음에도 불구하고 지워지지도 더 깊어지지도 못한 채, 그 형태와 색깔 그리고 분위기 모두 그대로 생생하고도 또렷하게 유지되고 있다.

다른 극성 사냥꾼들처럼 나도 어린 나이에 총열이 하나인 엽총 하나를 얻었고, 토끼 사냥을 허락받았다. 어느 겨울 토요일, 즐겨 찾던 토끼 사냥터로 가던 도중에 나는 얼음과 눈으로 덮인 호수에 '숨구멍'이 나 있음을 발견했다. 호숫가 풍차에서 따뜻한 물이 흘러드는 지점이었다. 모든 오리는 한참 전에 남쪽으로 떠났지만, 나는 그때 그곳에서 나의 첫 조류학적 가설을 세웠다. 만약 이 지역에 남아 있는 오리가 있다면, 그 놈은 어쩔 수 없이 머지 않아 이 숨구멍으로 날아들 것이다. 나는 토끼에 대한 욕망을 억누르고(그 시절 내가 토끼를 잡는다면 대단한 자랑거리였다) 얼어붙은 진흙 위의 차가운 여뀌[39]에 주저앉아서, 기다렸다.

까마귀가 지나갈 때마다, 바삐 돌아가는 풍차가 삐거덕거리는 신음 소리를 토해낼 때마다 더욱 추위에 떨면서, 나는 오후 내내 기다렸다. 일몰 무렵이 되자 드디어 외로운 흑오리 한 마리가 서쪽에서 날아오더니, 그 숨구멍 위에서 한 차례의 예비적인 선회 비행조차 없이 날개를 펴고 아래로 곤두박질쳤다.

내가 어떻게 사격했는지는 기억나지 않는다. 나는 단지 나의 첫 오리가 쿵하고 눈 덮인 얼음 위로 떨어져 배를 위로 한 채 빨간 다리를 버둥거리며 드러누웠을 때 느꼈던, 그 말로 표현할 수 없는 환희만을 기억할 따름이다.

아버지는 그 총을 내게 주면서 나무에 앉은 파트리지는 쏘지 말라고 했다. 내가 날아가는 새를 맞추는 법을 배울 만한 충분한 나이가 되었다는 것이다.

내 개는 파트리지를 나무 위로 모는 데 익숙했다. 하지만 나의 최초의 도덕 훈련은 도망치는 새를 쏘아 맞추는 가망 없는 사냥을 위해, 나무에 앉은 새를 쏘아 맞추는 손쉬운 사냥은 삼가야 한다는 것이었다. 나무에 앉은 파트리지와 비교하면, '악마와 그의 일곱 왕국'은 보잘것 없는 유혹에 지나지 않았다.

한 마리도 건지지 못한 채 나의 두번째 파트리지 사냥철이 끝나갈 무렵의 어느 날, 내가 사시나무 숲속을 걷고 있을 때 커다란 파트리지 한 마리가 내 왼쪽에서 괴성을 지르며 솟아올라 사시나무 숲 위를 높이 날아 내 뒤쪽을 가로질러 가장 가까운 삼나무 늪으로 필사적으로 날아갔다. 그것은 파트리지 사냥꾼이라면 누구나 꿈꾸는 완벽한 사격이었으며, 그 새는 깃털과 황금빛 낙엽의 소나기 속에 땅에 떨어져 죽었다.

나는 지금도 내가 처음 잡은 '날아가는' 파트리지가 누웠던 이끼 낀 땅을 장식한 파란 쑥부쟁이와 빨간 풀산딸나무[40]덤불 하나 하나를 그릴 수 있을 것 같다. 내가 풀산딸나무와 쑥부쟁이를 좋아하게 된 것도 그 순간부터가 아니었나 싶다.

애리조나와 뉴멕시코

저 위

내가 처음 애리조나에서 살 때, 화이트 산*은 말 탄 사내들의 세상이었다. 몇몇 주요 루트를 제외하면 마차가 다니기에는 너무 험준했다. 자동차는 없었다. 걸어서 여행하기에는 너무 거대했다. 심지어 양치기들도 말을 탔다. 이같은 접근의 배제로 인해 '저 위'라고 알려진 군 크기만한 화이트산 고원은 말 탄 사람들의 배타적 영역이었다. 말 탄 목동, 말 탄 양치기, 말 탄 삼림 공무원, 말 탄 사냥꾼, 그리고 변경에서 항상 볼 수 있는 출신과 목적지가 불분명한 말 탄 뜨내기 같은 그런 사람들 말이다. 지금 세대는 교통에 근거한 이같은 '공간의' 특권 사회를 이해하기 힘들 것이다.

가죽신, 당나귀, 말, 사륜마차, 짐마차, 화물열차, 호화 여객열차 등 다양한 이동 수단이 있는, 북쪽으로 걸어서 이틀 거리에 있는 철도 마을들에는 그런 배타성의 요소가 존재하지 않았다. 이런 마을들에서는 각 이동 수단에 따라 다양한 사회 계급이 형성되었다. 계급마다 나름

* White Mountain: 화이트산맥에 있는 산. 화이트산맥은 애리조나 중동부와 뉴멕시코 중서부에서 동서 방향으로 걸쳐 있는 산맥으로 주변은 이 수필과 이어지는 두 수필의 배경인 아파치 인디언 보호구역 및 아파치 국유림이다.

의 독특한 언어를 쓰며, 독특한 옷을 입고, 독특한 음식을 먹으며, 자신들만의 술집에 드나들었다. 그들이 공유하는 것이라고는 잡화점에 진 빚과 애리조나의 그 풍부한 먼지와 햇빛뿐이었다.

화이트 산을 향해 평원과 메사*를 건너 남쪽으로 전진할수록 사회 계급들은 그들의 이동 수단이 쓸모가 없어지면서 하나씩 떨어져나갔고, 마침내 '저 위'에 이르면 말 탄 사내들이 세상을 지배했다.

물론 헨리 포드의 혁명이 이 모든 구분을 없애버렸다. 오늘날은 비행기가 누구에게나 하늘마저 열어주고 있다.

겨울에는 눈이 고지대 초원을 깊게 덮고 산길을 하나씩 품고 있는 작은 협곡들을 넘치도록 메워버리기 때문에 그 산 정상은 말 탄 이들조차 접근이 불가능했다. 오월이 되면 모든 협곡에는 차디찬 급류가 포효하듯 흐른다. 그러나 그 철이 지나면 곧 당신은 '정상을 두드릴' 수 있다. 당신의 말이 무릎까지 빠지는 진흙 밭을 한나절 오를 수 있는 강한 심장을 가졌다면 말이다.

산기슭 작은 마을에는 매년 봄 그 산 정상의 정적을 맨 먼저 깨뜨리려는 사내들간의 무언의 경쟁이 있었다. 우리 중 많은 이들도 그 까닭에 대해서는 생각해보려고도 않은 채 그러려고 했다. 소문은 빨리 퍼졌다. 맨 먼저 성공한 사람은 그가 누구든 '말 타는 사람으로서의 영예'를 얻었다. 그는 '그해의 인물'이 되었다.

---

* mesa: 꼭대기가 비교적 평탄하고 주변이 가파른 벼랑으로 둘러싸인 탁자 모양의 고원 지형. 애리조나, 콜로라도, 뉴멕시코 등 건조지역에서 흔히 볼 수 있다(mesa는 스페인어로 영어의 table에 해당한다).

그 산의 봄은 동화책에 씌어 있는 것과는 달리 한꺼번에 몰려오지 않았다. 심지어는 양이 산으로 올라간 다음에도 온화한 날과 매서운 바람이 번갈아 찾아들었다. 나는 세차게 몰아치는 우박과 눈을 맞으며 투덜거리는 암양들과 반쯤 얼어붙은 새끼양들이 흩어져 있는 우중충한 잿빛 산악 초원보다 더 을씨년스런 광경은 거의 본 적이 없다. 활달한 산갈가마귀들조차 이런 봄철 눈보라에는 등을 움츠렸다.

여름철의 그 산은 날짜만큼이나, 또 날씨만큼이나 다양한 분위기를 지니고 있었다. 가장 둔한 사람도, 물론 그의 말도 이런 분위기들을 뼛속까지 느꼈다.

청명한 아침에, 그 산의 새로 돋아난 풀과 꽃들은 당신에게 말에서 내려 그 위에서 뒹굴어보라고 유혹했다. (고삐를 단단히 쥐지 않으면 당신보다 자제력이 약한 말이 바로 그렇게 했다.) 모든 살아 있는 것들이 노래하고 재잘거리고, 싹을 내밀었다. 지나간 여러 달 동안 폭풍에 시달렸던 거대한 소나무와 전나무들이 우뚝 솟은 위엄으로 태양에 흠뻑 젖어 있었다. 얼굴은 무표정하지만 목소리와 꼬리로 감정을 드러내는 청설모들이 당신이 이미 너무나 잘 알고 있는 것을 집요하게 되뇌었다. 이렇게 좋은 날과 이 좋은 날을 보내기에 이처럼 완벽한 고적함은 지금껏 없었다는 것을.

한 시간 뒤, 엄청난 번개와 비와 우박 세례의 조짐 앞에 지금까지의 낙원이 움츠러드는 동안, 소나기구름이 태양을 가렸다. 도화선에 불이 당겨진 폭탄이 덮치듯이 시커먼 그림자가 공중에 걸렸다. 말은 자갈이 구를 때마다 가지에서 딱딱거리는 소리가 들릴 때마다 놀라서 날뛰었다. 비옷을 꺼내려고 안장에 앉은 채 뒤로 돌면 마치 요한 묵시록 두루마리라도 풀려는 것으로 아는지, 말은 놀라 뒷걸음치고 콧김을 내뿜고 부르르 떨었다. 나는 혹자가 자신은 번개를 두려워하지 않는다고 말할

CHARLES W
SCHWARTZ

때, 지금도 내심 이렇게 중얼거린다. '이 사람은 칠월에 말을 타고 그 산에 올라보지 못했군!'

천둥도 두렵지만 번개가 바위 벼랑을 내려칠 때 쌩하고 귓가를 스치며 날아가는, 김이 나는 돌 파편은 더욱 섬뜩하다. 번개가 소나무를 내려칠 때 튀어오르는 나무 파편들은 더 말할 나위도 없다. 나는 무려 15피트 길이의 하얀 나무 파편이 번쩍하고 내 발밑 땅에 깊이 박혀 소리굽쇠처럼 진동하던 것을 기억한다.

두려움이 없는 삶은 무미건조한 삶임에 틀림없다.

그 산 정상은 말을 타고 가로지르는 데 한나절은 걸리는 광활한 초원이었다. 그러나 그것이 소나무 벽으로 에워싸인 단순한 원형 풀밭 분지일 거라고 넘겨짚지는 말라. 초원 가장자리는 저마다 다른 모양의 무수한 만과 후미, 곶과 반도들로 소용돌이치고 뒤틀리고 톱니처럼 들쭉날쭉했다. 어느 누구도 그 모든 것을 알지는 못했으며, 매일같이 말을 타고 돌아보아도 새로운 것을 발견할 가능성은 늘 있었다. 내가 '새롭다'라고 말하는 까닭은, 누구라도 꽃으로 장식된 어떤 후미로 말을 몰고 들어가다 보면, 과거에 이곳을 찾았던 사람이 있다면 그는 틀림없이 노래를 불렀던지 시를 썼겠구나 하는 느낌을 자주 갖게 되었기 때문이다.

그 산 모든 야영장의 인내심 많은 사시나무 껍질에 새겨진 많은 이름 머리글자와 날짜 그리고 가축 소인(燒印)들은 아마도 이런 날에 갖게 되는 바로 그런 느낌에서 비롯했을 것이다. 우리는 이런 새김들에서 언제라도 '호모 텍사너스'*의 역사와 문화를, 인류학의 냉정한 범주

* Homo texanus: '글을 쓸 줄 아는 인간'이라는 의미로 저자가 만들어낸 말이다.

에서가 아니라 당신이 이름 머리글자를 보고 머리에 떠올리는 사람의 생애를 통해서 읽어낼 수 있다. 가령 그 사람의 아들이 말 매매에서 당신보다 한 수 위였다거나, 언젠가 그 사람 딸과 춤을 춘 적이 있었다거나 하는 식으로 말이다. 여기 1890년대로 되어 있는, 틀림없이 누군가가 떠돌이 카우보이로서 홀로 그 산에 처음 올랐을 때 새겼을 간단한 이름 머리글자가 소인 없이 남아 있다. 10년 뒤, 그의 머리글자와 소인이 함께 새겨졌다. 그때까지 그는 검약과 가축의 자연 증식과 아마도 재빠른 밧줄 솜씨 같은 것을 통해 '자질'을 갖춘 어엿한 시민으로 성장해 있었다. 그리고 그의 딸뿐만 아니라 재산도 탐내는 사랑에 빠진 어떤 젊은이가 불과 몇년 전에 새긴 그녀의 머리글자가 남아 있다.

그 늙은이는 죽었다. 말년에 그는 오직 은행 잔고와 가축 마릿수에만 희열을 느꼈다. 그러나 사시나무는 그 역시 젊은 시절에는 그 산의 봄의 장관에 감동했었음을 보여주고 있었다.

그 산의 역사는 사시나무 껍질뿐만 아니라 여러 지명에도 남아 있었다. 목장지대 지명은 외설적이거나 익살스럽거나 풍자적이거나 감상적이지만 진부한 것은 거의 없다. 대체로 처음 온 사람들의 호기심을 자극하기에 충분한 미묘함을 갖고 있다. 이런 지명들에 얽힌 이야기들을 엮으면 그 지방의 역사를 재구성할 수 있다.

한 예로, 청초롱꽃이 오래 전에 죽은 소들의 반쯤 파묻힌 두개골과 흩어진 등뼈 위로 아치를 이루고 있는 '본야드'(Boneyard)라는 아름다운 초원이 있었다. 1880년대에 텍사스의 따뜻한 골짜기에서 갓 도착한 한 어리석은 목동이 그 산의 여름 유혹에 넘어가 그곳에서 산악 건초로 소 떼를 월동시키려고 했었다. 십일월 눈보라가 몰아칠 때, 그 목동과 말은 가까스로 빠져나왔지만, 소들은 그러지 못했다.

또, 블루 강 상류에 '캠벨 블루'(Campbell Blue)라는 곳이 있었는데,

정착 초기에 한 목동이 이곳으로 신부를 데려왔다. 바위와 나무가 지겨워진 그녀는 피아노를 갈망했고, 곧 캠벨 피아노가 배달되었다. 그 군에서 피아노를 감당할 수 있는 노새는 단 한 마리밖에 없었고, 그런 짐을 다룰 수 있는 거의 초인적인 능력을 지닌 마부도 오직 한 사람밖에 없었다. 그러나 피아노는 만족을 가져다주지 못했고, 여자는 떠났다. 내가 그 이야기를 들었을 무렵, 그 목장 오두막은 이미 통나무가 내려앉고 있는 폐허였다.

그리고 '프리호울리 셰이너거'*라는 곳이 있었는데, 소나무로 둘러싸인 습원(濕原)으로 내가 그곳에 들렀을 때에도 소나무들 아래에는 누구건 지나가는 나그네가 하룻밤 잠자리로 이용할 수 있는 조그만 통나무 오두막이 있었다. 그런 오두막 주인은 그곳에 밀가루, 돼지기름, 콩 등을 놓아 두어야 하고, 나그네는 할 수 있는 데까지 그것들을 다시 채워놓아야 하는 것이 당시의 불문율이었다. 그러나 어떤 운 없는 나그네가 폭풍우로 일 주일간 그 오두막에 갇혔을 때, 거기에는 콩밖에 없었다. 이같은 친절 의무의 태만 행위는 충분히 이런 지명으로 남아 후세에 전해질 만했다.

마지막으로 '파라다이스 랜치'(Paradise Ranch)라는 곳이 있었는데, 지도에서 읽을 때는 분명히 진부한 지명이지만 말을 타고 힘겹게 올라보면 전혀 그렇지 않았다. 그곳은 파라다이스라면 그래야 하듯, 높은 봉우리 뒤쪽에 숨겨져 있었다. 그 신록의 초원 위로 송어들이 노니는 시냇물이 노래하며 굽이쳐 흐르고 있었다. 이 초원에 한 달 동안만 말을 풀어두면 말 등의 홈에 빗물이 고일 정도로 살이 쪘다. 파라다이스

* Frijole Cienega(강낭콩 늪): frijole는 멕시코 요리에 쓰이는 강낭콩의 일종을 뜻하는 스페인어. cienega는 미국 남서부 방언으로(특히 지하온천 등으로 생긴) 늪, 혹은 소택지를 말한다.

랜치를 처음 방문한 뒤 나는 이렇게 자문했다. '이곳을 달리 무엇으로 부를 수 있으랴?'

갈 수 있는 기회가 여러 번 있었지만, 나는 화이트 산에 결코 다시 가보지 않았다. 나는 관광객, 도로, 제재소, 벌채 철로 같은 것들이 그 산을 위해서 한 것이든 입힌 상처든 보고 싶지 않다. 내가 처음 말을 타고 정상에 올랐을 때에는 아직 태어나지도 않았던 젊은이들이 그 산을 환상적인 곳이라고 감탄하는 소리를 듣는다. 그럴 때면 나는 '정말 그랬었지!' 하고 말없이 동의한다.

산 같은 사고

가슴에서 터져나오는 깊은 울부짖음이 벼랑에서 벼랑으로 메아리치다가 산 아래로 굴러 밤의 먼 암흑 속으로 사라진다. 이것은 격렬한 반항의 슬픔을 쏟아냄이며, 이 세상 모든 역경에 대한 경멸을 터뜨림이다.

살아 있는 모든 것은(아마도 많은 죽은 것들까지도) 이 소리에 귀를 기울인다. 이것은 사슴에게는 모든 짐승의 운명을 일깨움이며, 소나무에게는 한밤중의 격투와 눈 위에 남을 핏자국의 예고이고, 코요테에게는 찌꺼기 먹이가 생길 것이라는 약속이며, 목동에게는 은행 잔고가 거덜 날지도 모른다는 위협이며, 사냥꾼에게는 총부리에 맞선 엄니의 도전이다. 그러나 이런 분명하고도 즉각적인 기대와 불안 뒤에는, 오직 산(山)만이 알고 있는 보다 깊은 의미가 숨어 있다. 오직 산만이 늑대의 울부짖음을 객관적으로 들을 수 있을 만큼 오래 살아왔다.

사람들은 비록 해독할 능력은 없지만, 그런 숨은 의미가 있고—늑대

가 사는 모든 곳에서 느껴지기 때문이다—또 바로 그것이 늑대가 사는 곳을 다른 모든 곳들과 구분짓는다는 것을 알고 있다. 이 숨은 의미가 밤에 늑대 소리를 듣거나 낮에 늑대 발자국과 마주치는 모든 사람들의 등골을 오싹하게 만든다. 늑대를 보지도 그 소리를 듣지도 못할 때에도 그것은 백가지의 조그마한 사건들 속에 들어 있다. 한밤중에 말 떼가 히잉거리는 소리, 바위가 우르르 구르는 소리, 사슴이 도망치려고 껑충거리는 모습, 가문비나무 아래 흘끗흘끗 비치는 수상한 그림자 같은 것들. 아무리 가르쳐주어도 알아듣지 못하는 풋내기들만이 늑대가 있는지 없는지를, 또 산이 늑대에 대해 우리는 알 수 없는 생각을 지니고 있다는 사실을 감지할 수 없을 뿐이다.

나의 이런 확신은 내가 한 마리의 늑대가 죽어가는 것을 보았던 그 날로 거슬러 올라간다. 우리는 어떤 높은 바위 벼랑 위에서 점심을 먹고 있었는데, 그 아래에는 거센 강물이 굽이쳤다. 우리는 암사슴으로 보이는 짐승이 가슴까지 차는 하얀 급류를 건너는 것을 보았다. 그 놈이 우리쪽 강둑으로 기어올라와 꼬리를 털 때, 우리가 잘못 보았음을 알았다. 늑대였다. 여섯 마리의 다른 늑대들이, 분명 다 자란 새끼들이었는데, 버드나무 숲에서 모두 뛰어나와 꼬리를 흔들고 뒤엉켜 장난질 치며 어미를 맞이했다. 말 그대로 늑대 떼거리가 우리가 있던 벼랑 아래 평탄한 개활지 가운데서 몸을 뒤틀고 뒹굴며 노는 것이었다.

그때만 해도 늑대를 사살할 기회를 그냥 지나친다는 말을 들어본 적이 없었다. 우리는 즉각 무리에게 총알을 퍼부었다. 그러나 지나치게 흥분한 나머지 사격은 정확하지 못했다. (가파른 언덕 아래의 목표물을 조준한다는 것은 언제나 쉬운 일이 아니다.) 총이 비었을 때 늙은 늑대는 쓰러졌고, 새끼 한 마리는 빠져나갈 수 없는 돌무더기를 향해 필사적으로 다리를 끌고 있었다.

늙은 늑대에게 다가간 우리는 때마침 그의 눈에서 꺼져가는 맹렬한 초록빛 불꽃을 볼 수 있었다. 나는 그때 그 눈 속에서, 아직까지 내가 모르는 오직 늑대와 산만이 알고 있는 무엇인가가 있다는 것을 깨달았다. 나는 그 뒤로 지금껏 이 일을 잊은 적이 없다. 당시 나는 젊었고 방아쇠 손가락이 근질거려 참기 어려운 시절이었다. 나는 늑대가 적어진다는 것은 곧 사슴이 많아진다는 것을 의미하기 때문에, 늑대가 없는 곳은 사냥꾼의 천국이 될 것이라고 믿었었다. 그러나 그 초록빛 불꽃이 꺼져가는 것을 본 뒤, 나는 늑대도 산도 그런 생각에 찬동하지 않는다는 것을 깨달았다.

그 뒤 지금껏, 나는 주(州)마다 늑대를 말살하는 것을 보아왔다. 나는 늑대가 사라진 많은 산의 모습을 관찰해왔고, 남쪽 사면이 새로운 사슴 발자국들로 뒤덮여 있는 것을 봐왔다. 나는 먹이가 될 수 있는 모든 덤불과 어린 나무들이 사슴에게 뜯어먹힌 것을 봐왔는데, 이것들은 생기를 잃고 결국 죽어갔다. 나는 먹이가 될 만한 모든 나뭇잎이 말안장 높이까지 뜯긴 것을 봐왔다. 이런 산은 마치 누군가 신(神)에게 새로운 가지치기 가위를 건네주고는 가지치기 외에는 어떤 일도 하지 못하게 막아버린 것처럼 보인다. 결국 자신들의 수가 너무 많아 죽어버린, 우리가 기대하던 사슴 떼의 굶주린 뼈는 죽은 세이지[41]의 앙상한 줄기와 함께 희게 바래거나 높게 늘어선 노간주나무 아래 썩어서 흙이 된다.

나는 지금, 마치 사슴 떼가 늑대에 대한 가공할 두려움 속에서 살듯이 산들도 사슴에 대한 끔찍한 두려움 속에서 살지는 않나 하는 생각이 든다. 그럴 만한 더욱 분명한 까닭이 있는데, 늑대가 쓰러뜨린 사슴은 2, 3년이면 다시 채워질 수 있지만 지나치게 많은 사슴이 휩쓸어버린 산기슭은 20, 30년이 지나도 제 모습을 되찾기 어렵기 때문이다.

소의 경우도 마찬가지다. 목장에서 늑대를 쓸어내는 목동은 자신이 그 목장의 소 떼를 알맞은 숫자로 조절하는 늑대의 역할을 아울러 제거하고 있다는 사실을 깨닫지 못한다. 그는 산처럼 생각할 줄 모른다. 그래서 우리에겐 흙먼지 푸석거리는 땅과 미래를 바다로 휩쓸어가버리는 하천만이 남게 된다.

❖ ❖ ❖

우리 모두는 안전, 번영, 안락, 장수 그리고 느긋함을 얻으려고 애쓴다. 사슴은 그 유연한 다리로, 목동은 덫과 독약으로, 정치인은 펜으로, 그리고 우리 대부분은 기계와 투표와 돈으로 그렇게 한다. 그러나 결국 같은 것, 즉 살아 있는 동안의 평안을 위한 것이다. 그것은 어느 정도의 성취로 충분하며, 아마도 그래야만 비로소 객관적 사고가 가능해질 것이다. 지나친 안전은 결국엔 위험만을 초래할 뿐인 것 같다. 아마 이것이 '야생에 세상의 구원이 있다'는 소로*의 격언 뒤에 숨은 속뜻일 것이다. 아마 이것이 산들은 이미 오래 전부터 알고 있는, 그러나 인간들은 좀처럼 알 수 없는 늑대의 울부짖음에 숨은 의미일 것이다.

에스쿠딜라

애리조나에서의 생활은 발 밑으로는 그라머그래스[42]를, 머리 위로는 하늘을, 그리고 지평으로는 에스쿠딜라(Escudilla)를 벗어나지 못했다.

에스쿠딜라 북쪽에는 꿀 빛깔의 평원이 펼쳐져 있었다. 언제 어디서건 고개를 들면 그 산, 에스쿠딜라가 눈에 들어왔다.

동쪽으로는 나무가 우거진 메사들이 어지럽게 펼쳐져 있었다. 메사들의 골짜기마다 나름의 작은 세상처럼 보였다. 어느 골짜기나 햇빛과 노간주나무 향기 그리고 피니언어치[43]의 재잘거림으로 가득했다. 그러나 메사 위로 올라서는 순간 인간은 무한 공간의 한 점이 되었다. 그 끝머리에 에스쿠딜라가 걸려 있었다.

남쪽으로는 흰꼬리사슴[44]과 야생 칠면조, 야생 동물보다 더 야생적인 가축들로 북적거리는 블루 강 협곡들이 뒤얽혀 있었다. 스카이라인 위에서 작별의 꼬리를 흔드는 뻰뻰스런 수사슴을 놓치고 왜 빗맞혔는지 고개를 갸우뚱거리며 가늠쇠를 내려다보면, 저 멀리 푸른 산 에스쿠딜라가 보였다.

서쪽으로는 아파치 국유림의 가장자리가 펼쳐져 있었다. 우리는 그곳에서 총 목재량을 추정하기 위해 큰 소나무들을 40그루씩 묶어서

---

* Thoreau, Henry David(1817-1862): 사상가이자 박물학자로 미국의 자연보호 사상에 큰 업적을 남겼다. 월든 호숫가 숲속에서 통나무집을 짓고 밭을 일구며 자급자족하는 소박한 생활을 하면서 기록한 『월든 WALDEN』은 그의 대표작이다.

공책에 기록하며 삼림을 조사했다. 숨을 헐떡이며 계곡을 오르면, 땀에 젖은 손과 아카시아 가시, 흡혈 파리, 잔소리하듯 짹짹거리는 다람쥐들은 아주 가까이 있고, 자신의 공책에 적힌 숫자는 아주 멀리 떨어진 것 같은 묘한 부조리를 느꼈다. 그러나 산마루에 올라서면 초록빛 소나무 바다를 건너 몰아치는 찬 바람이 그런 느낌을 실어가버렸다. 멀리 건너편 해안에 에스쿠딜라가 걸려 있었다.

그 산은 우리의 작업이나 유희뿐만 아니라 좋은 저녁을 먹고자 하는 시도조차 제약했다. 겨울철 저녁 무렵에 우리는 종종 강변 저습지에 숨어서 물오리를 사냥했다. 주의깊은 물오리 떼는 장미빛 서쪽 하늘과 검푸른 북쪽 하늘을 맴돌다가 에스쿠딜라의 암흑 속으로 사라졌다. 그 떼가 날개를 편 채 다시 나타나면 우리는 냄비 속에 살찐 수오리를 넣을 수 있었다. 다시 나타나지 않으면 또다시 베이컨과 콩으로 때워야 했다.

사실 스카이라인에서 에스쿠딜라를 볼 수 없는 곳은 꼭 한 군데밖에 없었다. 바로 에스쿠딜라의 정상이었다. 그곳에 오르면 그 산은 볼 수 없었다. 그러나 그 산을 느낄 수는 있었다. 그것은 그 거대한 곰 때문이었다.

올드 빅풋*은 노상강도 귀족[45]이었으며, 에스쿠딜라는 그의 성이었다. 따뜻한 바람이 눈 덮인 응달을 녹이는 봄이 오면, 이 늙은 회색곰[46]은 산사태로 무너진 바위들 틈의 겨울잠 굴에서 기어나와 산을 내려가 소 한 마리의 머리를 후려갈겼다. 배를 그득 채우고 놈은 다시 바위산으로 올라가 마못,[47] 토끼, 딸기류, 뿌리 등을 먹으며 태평스럽게 여름

* Old Bigfoot: 빅풋은 북미 북서부 산중에 산다고 하는 덩치가 크고 손이 길고 털이 많은, 사람 비슷한 전설적인 동물로 달리 세스콰치(Sasquatch)라고도 한다. 올드 빅풋은 본문에 나오는 거대하고 늙은 회색곰의 별명으로 쓰였다.

을 났다.

나는 놈이 죽인 소를 본 적이 있다. 마치 고속 화물열차와 정면 충돌한 것처럼 두개골과 목이 으스러져 있었다.

그 늙은 곰을 실제로 본 사람은 아무도 없었다. 그러나 절벽 기슭에 흩어져 있는 진흙투성이 샘들에서 놈의 어마어마한 발자국을 볼 수 있었다. 그것을 보면 가장 억센 카우보이들도 곰을 경계했다. 그들이 어디로 말을 몰건 그 산이 눈에 들어왔으며, 그때마다 그들은 곰을 떠올렸다. 모닥불가의 대화는 비프에서 베일즈*로, 그리고 베어로 이어졌다. 빅풋은 자기 몫으로 일 년에 단지 소 한 마리와 몇 평방마일의 쓸모없는 바위산만을 요구했지만, 놈의 존재는 군 전체에 위세를 떨쳤다.

당시는 진보라는 것이 처음으로 목장지대를 찾아왔을 때였다. 진보는 많은 밀사(密使)들을 거느리고 있었다.

하나는 최초의 대륙 횡단 자동차 여행자들이었다. 카우보이들은 이 도로의 조련사들을 이해했다. 그들의 말투에도 모든 야생마 조련사들에게서 찾아볼 수 있는 쾌활한 허세가 있었기 때문이었다.

카우보이들은 보스턴 억양으로 여성 투표권에 대해 자신들을 계몽하려고 찾아온 검은 비로드 차림의 예쁜 숙녀를 이해하지는 못했지만 경청했고, 또 눈여겨 보았다.

그들은 또한 노간주나무에 전선을 매달고 읍으로부터 즉시 소식을 운반해오는 전화 기술자에게 놀랐다. 어떤 노인은 그 전선이 자신에게 베이컨 한 짝을 운반해줄 수 없겠느냐고 물었다.

---

* baile은 스페인어로 영어의 dance(춤)에 해당한다. 본문에서 이 단어는 의미보다는 음성학적으로 쓰였다. 비프→베일즈→베어 순으로 쇠고기에서 시작된 이야기는 자연스레 곰으로 이어졌다는 것이다.

어느 해 봄 진보는 아주 색다른 밀사를 파견했는데, 그 사람은 정부에 고용된 덫 사냥꾼으로서 잡아죽일 용을 찾아다니는 가슴받이 달린 작업복 차림의 일종의 성 조지*였다. 그 사람이 묻기를, 잡아죽여야 할 어떤 파괴적인 짐승이 있습니까? 그랬다. 그 거대한 곰이 있었다.

그 사냥꾼은 노새에 짐을 꾸려 에스쿠딜라로 향했다.

한 달 뒤, 그는 무거운 가죽을 싣고 비틀거리는 노새를 몰고 돌아왔다. 읍내에는 그 가죽을 널어 말릴 수 있을 만큼 큰 헛간이 꼭 한 군데 있었다. 그는 덫과 독약과 평소에 그가 쓰던 모든 계략을 다 시도해보았지만 허사였다. 그래서 그 곰만이 지나갈 수 있는 좁은 골짜기에 총을 묶어놓고 기다렸다. 그 마지막 회색곰은 방아쇠에 연결된 줄을 향해 걸어왔고, 자신을 쏘았다.

그때는 유월이었다. 가죽은 역겨운 냄새를 풍겼고, 너덜너덜했으며 아무 쓸모가 없었다. 그 마지막 회색곰이 자신의 종족을 대표하는 하나의 기념물로서 멋진 가죽을 남길 기회마저 박탈한 것은 그 곰에 대한 모욕 같았다. 그가 남긴 것이라고는 국립박물관에 소장된 두개골과 그 두개골의 라틴어 이름을 둘러싼 학자들간의 논쟁뿐이었다.

이런 일들에 대해 깊이 생각하고 나서야 비로소 우리는 누가 진보의 규칙을 결정하는가에 대해 의구심을 갖기 시작했다.

---

* St.George(?-303?): 소아시아의 카파도시아(Capadocia)에서 태어난 기독교 순례자. 그의 생애는 전설로 남아 있으나 팔레스타인 리다(Lydda)에서 순교한 것은 일반적으로 역사적 사실로 받아들여지고 있다. 그의 전설 가운데 가장 널리 알려진 것은 용과의 대적이다. 리비아에 있는 한 이교도 마을이 용(악마의 상징)의 희생물이 되었는데, 마을 사람들은 처음에는 양, 나중에는 사람을 제물로 바쳐 용을 달랬다. 추첨으로 왕(교회의 상징)의 딸이 제물로 뽑혀 밖에서 용을 기다리는데, 조지가 나타나 용을 죽이고 마을을 기독교로 개종시켰다고 한다.

❖ ❖ ❖

태초 이래 시간은 황폐화시키고, 기다리고, 건설하면서 에스쿠딜라의 거대한 현무암 몸체를 조금씩 쪼아내었다. 시간은 그 늙은 산 위에 세 가지, 곧 장엄한 모습과 작은 동식물들의 공동체 그리고 한 마리의 회색곰을 세웠다.

그 회색곰을 잡은 정부의 덫 사냥꾼은 자신이 에스쿠딜라를 소의 안전 지대로 만들었다는 것은 알았다. 그러나 새벽 별들이 함께 노래하기 시작할 때부터 건설되어온 거대한 건축물의 뾰족탑을 쓰러뜨렸다는 것은 몰랐다.

그 사냥꾼을 파견한 국장은 진화의 건축술에 조예가 깊은 생물학자였다. 그러나 그는 뾰족탑도 소만큼이나 중요하다는 것을 몰랐다. 그는 20년 안에 그 목장지대가 관광지로 탈바꿈하리라는 것을 예측하지 못했다. 그런 곳에서는 비프스테이크보다는 곰이 훨씬 더 필요하다.

목장에서 곰을 쓸어내기 위한 예산을 승인한 의원들은 개척자들의 후손이었다. 그들은 개척자들의 높은 미덕을 찬양했지만, 실제로는 개척자들이 손대지 않은 자연을 깡그리 없애버리려고 온 힘을 쏟았다.

곰 말살을 묵묵히 따르던 우리 삼림 공무원들은 쟁기로 땅을 갈다가 우연히 코로나도[48]의 부하 지휘관의 이름이 새겨진 단검을 발견한 한 목장 주인을 알고 있었다. 우리는 황금과 기독교 전파에 눈이 멀어 마구잡이로 인디언을 학살한 그 스페인 사람들을 신랄하게 비난했다. 우리 역시 그 정당성에 대한 믿음이 지나치게 확고한 어떤 침략의 지휘관들이라는 생각은 하지 못한 채 말이다.

에스쿠딜라는 여전히 지평선 위에 걸려 있다. 그러나 그것이 보일 때 사람들은 더 이상 곰을 떠올리지 않는다. 그것은 지금 그저 하나의 산일 뿐이다.

치와와와 소노라[49)]

구아카마야

미(美)의 물리학은 아직까지 암흑시대에 머물러 있는 한 자연과학 분야이다. 첨단 물리학자들조차 미의 방정식은 풀어보려 하지 않았다. 이를테면 누구나 '북부 삼림지대의 가을 풍경=땅+붉은 단풍+목도리뇌조'라는 것을 안다. 일반 물리학에서 보면, 목도리뇌조는 1에이커가 지닌 질량 혹은 에너지의 백만분의 일을 차지할 뿐이다. 그러나 이 방정식에서 목도리뇌조를 빼보아라. 그러면 전체가 죽어버리고 만다. 어떤 엄청난 힘이 사라지게 되는 것이다.

이런 힘의 사라짐은 오직 우리의 '마음의 눈'에서 일어날 뿐이라고 말하기 쉽다. 그러나 진정한 생태학자라면 여기에 동의할 사람은 아무도 없을 것이다. 생태학자는 현대 과학의 용어로는 그 의미를 설명할 수 없는 생태학적 죽음이 지금껏 이어져왔다는 것을 너무나 잘 알고 있다. [생태학적 죽음이란 어떤 본질의 죽음을 의미한다.] 철학자들은 이 측정 불가능한 본질을 사물의 누머난이라고 불러왔다. 누머난은 피나머난과 상반되는 것으로, 피나머난이란 멀리 떨어진 별의 움직임이나 회전에 이르기까지 모든 예측 및 측정 가능한 것들을 지칭한다.*

---

* noumenon: 본질(원문에는 numenon으로 되어 있다). phenomenon: 현상.

뇌조는 북부 삼림의 누머난이며, 파랑어치는 히코리나무 숲의, 캐나다어치[50]는 물이끼 소택지의, 그리고 피니언어치는 노간주나무 언덕의 누머난이다. 조류학 서적에 이런 것들은 기록되어 있지 않다. 이런 것들은 아직까지 과학의 탐구 영역이 아닌가 보다. 통찰력 있는 과학자들에게는 분명한 사실이라 해도 말이다. 나는 여기에서 시에라마드레[51]의 누머난, 즉 굵은부리앵무새의 '발견'에 대해 기록하려 한다.

이 앵무새를 '발견'했다고 말하는 것은 단지 그 서식지를 방문한 사람이 그만큼 드물다는 이유에서다. 그곳에 가보면 장님이나 귀머거리가 아닌 이상, 누구라도 그 새가 그 산의 생명과 풍경에서 얼마나 중요한 비중을 차지하는지 금방 알 수 있다. 당신이 아침 식사를 채 마치기도 전에 그 새들은 시끄럽게 재잘거리며 벼랑 위 보금자리를 떠나 먼동이 미치는 높은 곳에서 아침체조 같은 것을 한다. 놈들은 서서히 계곡들로 뻗어나가는 이 새로운 하루가 지나간 날들보다 더 푸르고 더 금빛 찬란할지 아닐지 하는(당신 역시 대답하기 힘든) 물음을 놓고 시끄럽게 논쟁을 벌이며, 마치 학 편대처럼 원과 나선을 그린다. 논쟁은 비김으로 끝나고 놈들은 몇 무리로 나뉘어 깍지로 반쯤 싸인 솔씨로 아침을 먹으러 높은 메사로 날아든다. 놈들은 아직 당신을 보지 못했다.

그러나 조금 뒤 당신이 계곡에서 나와 가파른 비탈을 오르기 시작하면, 1마일쯤은 떨어져 있는 어떤 눈 밝은 앵무새가 이 못보던 짐승이 사슴 아니면 퓨마, 곰 아니면 칠면조만이 통행권을 가진 산길을 숨을 헐떡이며 올라오는 것을 알아챈다. 이렇게 되면 아침 먹는 것은 나중이다. 왁자지껄한 외침과 함께 온 무리가 당신에게 날아온다. 놈들이 머리 위에서 어지럽게 원을 그리며 날 때, 당신은 앵무새어 사전이라도 하나 있었으면 하고 간절히 바라게 된다. 대체 무슨 빌어먹을 일로 이곳에 왔느냐고 다그쳐 묻는 걸까? 아니면 녀석들은 조류 상공회의소라도 되는 것처럼 그저 당신에게 자기들 고향의 장려한 풍경과 날씨, 시민 그리고 그 어떤 때보다 그 어떤 곳보다 더 찬란할 미래를 당신에게 확신시키려 하는 것일까? 어느 하나이거나 둘 다일 수도 있다. 도로가 뚫리고 이 시끄러운 환영 위원회가 손에 총을 든 관광객들을 처음 대면할 때 어떤 일이 일어날지 하는 슬픈 예감이 당신의 머리를 스친다.

곧 당신은 그 산 아침의 멋진 환대에 휘파람으로라도 화답할 줄 모르는 흐리멍덩한 친구라는 것이 탄로난다. 그리고 무엇보다도, 숲에는 까지 않은 솔방울이 아직 많이 남아 있으니 아침 식사나 마치자! 이때쯤이면 놈들은 벼랑 아래 나무에 자리를 잡는다. 그리고 당신에게 벼랑 가장자리로 살금살금 다가가 아래를 엿볼 수 있는 기회를 준다. 그때 처음으로 놈들의 색깔이 눈에 들어온다. 놈들은 주홍색과 노란색이 섞인 견장을 붙이고 검은색 헬멧에 녹색 비로드 유니폼 차림으로, 언제나 줄을 지어 또 언제나 짝수로, 소란스럽게 소나무 사이를 헤집고 다닌다. 나는 다섯 마리가 한 떼를 이룬 것을 딱 한 번 본 적이 있는데, 나머지는 언제나 짝수였다.

번식기에 접어든 짝들도 구월에 나를 맞는 이 소란스런 놈들처럼 시끄러운지 나는 모르겠다. 내가 아는 것은 구월에 만약 산에 앵무새가 있다면 당신이 그것을 알아채지 못할 리 없다는 사실이다. 진정한 조류학자라면, 나는 말할 것도 없이 그 울음소리를 묘사하려고 애써야만 할 것이다.* 그것은 얼핏 피니언어치를 닮았지만, 피니언어치의 음악은 그들의 고향 계곡에 걸린 아지랑이만큼이나 부드럽고 향수적(鄕愁的)인 반면에 구아카마야(Guacamaja)의 소리는 더 크고 고급 희극의 재

* 조류의 울음소리를 의성어로 문자화하는 것이 어리석다는 조소적인 의미를 내포하고 있다. 제2편의 마지막 수필 〈클란데보예〉를 참조.

치있는 열정으로 넘쳐흐른다.

내가 들은 바로는, 이 새들의 짝은 봄에 키큰 죽은 소나무의 딱따구리 구멍을 찾아내 한동안 고립 생활을 하면서 종족 유지의 의무를 다한다고 한다. 그렇지만 어떤 딱따구리가 이 새들에게 맞는 큰 구멍을 팔 수 있을까? 구아카마야—원주민들은 이렇게 좋은 음조의 이름으로 부른다—는 비둘기만하기 때문에 쇠부리딱따구리[52]의 다락방 같은 구멍은 좁아서 비집고 들어갈 수 없다. 혹시 이 새들은 튼튼한 부리로 필요한 만큼 구멍을 넓히는 게 아닐까? 아니면 부근에 산다고 하는 황제딱따구리 구멍을 이용하는 것일까? 나는 장차 이곳을 찾아올 조류학자에게 그 해답을 찾는 즐거운 의무를 남긴다.

초록 늪

한 번 가본 원생지대는 다시 찾지 않는 것이 지혜롭다. 빛나는 곳일수록 누군가 덧칠을 하여 본래의 아름다움을 훼손해버렸기가 십상이기 때문이다. 다시 찾아가는 것은 여행을 망칠 뿐만 아니라 추억을 퇴색시킨다. 멋진 탐험이 영원토록 선명하게 남는 것은 오직 마음 속에서이다. 이런 이유 때문에 나는 동생과 함께 1922년 카누를 타고 콜로라도 강 델타지역을 탐험한 이후 단 한 번도 그곳을 다시 찾지 않았다.

당시 우리가 알고 있기로는, 그 델타 지역은 1540년 에르난도 데 알라르콘[53]이 상륙한 이래 사람들의 머리에서 잊혀졌다. 우리는 그의 배들이 정박했었다는 강어귀에서 야영했는데 몇주 동안이나 사람이나 소, 도끼 자국이나 울타리 하나 보지 못했다. 한 번은 오래된 마차 자국을 가로질렀는데, 그 자국을 남긴 자가 누구인지는 모르겠지만 어쨌지 좋은 목적으로 이곳에 왔던 것은 아닌 것 같았다. 또 한 번은 양철 깡통을 발견했다. 물론 이것은 유용한 도구가 되어주었다.

델타의 새벽은 우리 캠프 위로 드리워진 메스키트[54] 나무에 잠자리를 잡은 갬벨 메추라기[55]의 휘파람 소리와 함께 시작되었다. 시에라마드레 위로 해가 얼굴을 내밀면 햇빛은 100마일에 걸쳐 펼쳐진 찬란한 황야, 곧 뾰족뾰족한 봉우리들로 에워싸인 광활하고 평평한 원생의 분지를 비스듬히 가로질렀다. 지도에서 그 델타는 강으로 양분되었지만, 실제로 강은 어느 곳에도 없었고 또 어디에나 있었다. 왜냐하면 강은 백여 개의 초록 늪 중에서 어느 것이 가장 즐겁게, 또 가장 더디게 캘리포니아 만에 닿을 수 있는 길인지 결정할 수가 없었기 때문이다. 그래서 강은 그 모든 늪을 여행했고 우리도 그랬다. 강은 나뉘었다 합쳐졌고, 짧게 구불거리다가 크게 휘었고, 섬뜩한 정글을 정처없이 누볐고, 거의 제자리에서 맴돌기도 했고, 멋진 숲과 희롱하다가 길을 잃고 즐거워했다. 우리도 그랬다. 느긋함을 만끽하고 싶다면 바다에서 자유를 상실하고 싶지 않은 강과 함께 여행을 떠나보라.

'주는 나를 잔잔한 물가로 인도하시도다'라는 대목은 우리가 그 초록 늪을 헤집고 카누를 몰기 전까지는 다만 책 속의 한 구절에 지나지 않았다. 만약 다윗이 이 성시(聖詩)를 쓰지 않았다면 틀림없이 우리 자신이 한 구절을 써야만 한다고 느꼈을 것이다. 잔잔한 물결은 짙은 에메랄드 색조를 띠고 있었는데, 녹조류 때문인 것 같았다. 하지만 그렇다고 해서 그 짙푸름이 덜해 보이지는 않았다. 울창한 메스키트와 버드나무 벽이 물길과 건너편 가시밭 사막을 갈라놓고 있었다. 물굽이를 돌 때마다 우리는 앞쪽 웅덩이에서 물 위에 하얀 그림자를 드리우고 서 있는 흰 조각상 같은 해오라기들을 보았다. 가마우지 함대가 수면을 스치는 숭어를 좇아 검은 뱃머리를 돌진시켰다. 뒷부리장다리물떼새,[56] 흰죽지큰도요새,[57] 노랑발도요[58]들이 모래톱에서 외다리로 서서 졸고 있었다. 물오리, 홍머리오리, 상오리들이 놀라서 하늘로 솟아올랐

다. 날아오른 새들은 저 앞에서 다시 모여 조그만 무리를 이룬 다음, 그곳에 내려앉기도 하고 또 돌연 방향을 바꿔 우리 뒤쪽으로 날아가기도 했다. 해오라기 부대가 멀리 푸른 버드나무에 내려 앉을 때는 때이른 눈보라가 날리는 것처럼 보였다.

우리만 이렇게 엄청나게 많은 새와 물고기로부터 즐거움을 얻는 것은 아니었다. 종종 우리는 스라소니와 마주쳤는데, 녀석은 반쯤 잠긴 유목 위에 납작 엎드려 앞발로 숭어를 낚아챌 참이었다. 라쿤 가족이 물방개 따위를 씹어먹으며 여울을 건넜다. 뭍의 둔덕에서는 코요테들이 우리를 바라보고 있었는데, 내 생각에 놈들은 어쩌다 눈에 띄는 몸을 다친 물새나 오리 혹은 메추라기 따위로 맛있는 아침 식사*를 계속

* 원문에 breakfast of mesquite beans로 되어 있다. 코요테는 주로 동물의 사체를 먹고, 메스키트 열매는 초식동물이 즐겨 먹으므로 '맛있는 아침 식사'로 옮겼다.

하려고 기다리는 것 같았다. 얕은 곳마다 사슴 발자국들이 흩어져 있었다. 우리는 델타의 폭군, 위대한 재규어[59] '엘 티그레'[60]의 흔적을 찾을 수 있을까 하고 언제나 사슴 발자국들을 자세히 살펴보았다.

우리는 놈의 그림자도 보지 못했다. 그렇지만 놈의 존재는 그 원생지대 곳곳에 스며 있었다. 살아 있는 짐승이라면 놈의 출현 가능성을 잊지 않았다. 부주의의 대가는 죽음이었기 때문이다. 어떤 사슴도 냄새로 엘 티그레의 행방을 미리 확인하기 전에는 덤불을 배회하거나 열매 꼬투리를 뜯어 먹으려고 메스키트 나무 아래 멈추어 서지 않았다. 놈에 대한 이야기 없이 야영장 모닥불이 꺼지는 경우도 없었다. 주인의 발치에서가 아니면 개들도 웅크리고 편히 잠들 수 없었다. 주인은 그 고양이의 왕이 여전히 밤을 지배하고 있다는 것과 그 무시무시한 앞발은 황소도 쓰러뜨릴 수 있으며, 그 아가리는 마치 단두대같이 뼈도 부술 수 있다는 것을 새삼스럽게 알려 줄 필요조차 없었다.

지금쯤 그 델타는 틀림없이 소의 안전지대가 되었을 것이며, 모험을 즐기는 사냥꾼들에게는 영원히 따분한 곳이 되었을 것이다. 공포로부터의 해방은 찾아왔지만 영광은 그 초록 늪으로부터 떠나갔다.

키플링[61]은 암리차르[62]의 저녁 짓는 연기 냄새를 맡았을 때, 세세히 묘사했어야 했다. 왜냐하면 지금껏 다른 어떤 시인도 이런 초록빛 대지의 장작을 노래하지도 그 냄새를 맡아보지도 않았기 때문이다. 대부분의 시인들은 무연탄을 때고 살았음에 틀림없다.

델타에서 사람들은 더없이 향기로운 땔감인 메스키트만을 사용한다. 백 번의 서리와 홍수로 물러지고 천 번의 햇빛에 구워진 이 태고적 나무의 썩지 않는 마디투성이 골격은 언제라도 어스름에 파란 연기를 비스듬히 피워올리고, 차주전자가 노래하게 하고, 빵을 굽고, 메추라기 냄비를 갈색으로 그을리고, 사람과 짐승의 정강이를 따뜻하게 데워줄 준비를 한 채 어느 캠프 주변에나 널려 있다. 냄비 아래에서 메스키트 숯을 한 삽 퍼옮겼다면 잠자리에 들기 전에는 그 주변에 결코 다시 앉지 않도록 조심해야 한다. 비명을 지르며 벌떡 일어나 머리 위에서 잠자리에 든 메추라기들을 깜짝 놀라게 하지 않으려면 말이다. 메스키트 숯은 아주 오래간다.

우리는 옥수수 경작지대(corn belt)에서는 백참나무[63]숯으로 요리를 했고, 북부 삼림에서는 소나무로 주전자를 그을렸으며, 애리조나에서는 노간주나무로 사슴 갈비를 노르스름하게 구웠지만, 델타 메스키트로 어린 기러기를 구울 때가 가장 완벽했다.

이 기러기들은 가장 훌륭하게 구워져야 마땅했다. 일주일 동안이나 애써서 잡은 것이니까. 매일 아침 우리는 꽉꽉거리면서 만에서 내륙으로 날아든 뒤 곧 배를 채우고 조용히 되돌아가는 기러기 떼를 관찰했다. 놈들은 어떤 초록 늪에서 어떤 진귀한 먹이를 찾는 것일까? 놈들이 내려앉아 잔치를 벌이는 모습을 보게 되기를 바라면서, 우리는 되풀이하여 놈들을 좇아 캠프를 옮겼다. 어느 날 아침 8시쯤 그 떼가 원을 그리더니 대열을 깨고 옆으로 미끄러져 마치 단풍잎처럼 땅으로 떨어지는 것을 목격했다. 계속해서 다른 떼가 뒤를 이었다. 마침내 우리는 놈들의 집결지를 찾아낸 것이다.

다음 날 아침, 같은 시각에 우리는 여느 진흙 구렁 옆에 숨어서 기다렸다. 모래톱은 어제의 기러기 발자국들로 뒤덮여 있었다. 우리는 캠프에서 멀리 걸어왔기 때문에 이미 배가 고팠다. 내 동생은 식은 메추라기 구이를 먹고 있었다. 우리가 하늘에서 내려오는 꽉꽉 소리에 놀라 얼어붙었을 때는 내 동생이 메추라기 구이를 반쯤 입에 넣고 있는 참이었다. 기러기 떼가 한가로이 원을 그린 뒤, 떠들썩한 논쟁을 벌이고 머뭇거리다가 마침내 내려오는 동안 그 구이는 허공에 그대로 매달려 있었다. 총 소리가 울리고 우리의 식사거리 기러기들이 모래톱 위에서 버둥거릴 때, 그것은 모래 위에 떨어졌다.

더 많은 기러기들이 날아와 내려앉았다. 우리 개는 부들부들 떨었다. 우리는 숨은 채 유심히 살피면서, 기러기들의 잡담을 들으며 천천히 메추라기 구이를 먹었다. 기러기들은 '돌멩이'를 삼키고 있었다. 한 떼가 배를 채우고 떠나면 다른 떼가 적당한 돌멩이를 찾아 내려앉았다. 초록 늪에 널린 수많은 자갈 중에서 바로 이 모래톱에 있는 것들이 놈들에게 제일 알맞았던 모양이다. 그 차이는 흰기러기[64]에게 40마일을 날아올 가치가 있었다. 우리에게도 먼 거리를 움직일 가치가 있었다.

델타에는 대부분의 작은 사냥감들이 찾아다닐 필요가 없을 정도로 풍부했다. 어느 캠프에서나 우리는 단 몇 분간의 사냥으로 다음 날 먹기에 충분한 메추라기를 잡아 매달 수 있었다. 메추라기를 좋은 요리감으로 만들려면, 메스키트 위에 있는 놈을 잡아서 메스키트로 구울 때까지 적어도 하룻밤은 매달아서 차가운 바람을 쏘여야 한다.

사냥감들은 모두 믿을 수 없을 만큼 통통했다. 사슴마다 얼마나 살이 쪘는지 만약 놈들이 허락한다면 등뼈를 따라 움푹 패인 곳에 조그만 양동이로 하나만큼의 물을 부어 담을 수 있을 정도였다. 물론 사슴은 허락하지 않았다.

이 모든 풍요의 까닭은 그리 먼 데에 있지 않았다. 메스키트마다 토닐로[65]마다 꼬투리가 주렁주렁 열려 있었다. 바짝 마른 개펄에는 한해살이 풀들이 가득하여 낟알 모양의 씨앗들을 금방 한 컵 가득히 긁어모을 수 있을 정도였다. 치코리[66]를 닮은 콩류의 넓은 밭도 여기저기 펼쳐져 있었다. 그 밭을 지나 걸으면 저절로 주머니에 콩 낟알이 가득 찰 정도였다.

넓은 개펄을 덮고 있던 야생 참외, '캘러버지어'[67]의 밭도 기억난다.

사슴과 라쿤들이 얼어붙은 열매를 쪼개놓아 씨가 드러나 있었다. 비둘기와 메추라기들이 마치 잘 익은 바나나에 모여든 과실파리처럼 이 성찬 위에서 날개를 퍼덕이고 있었다.

우리는 사슴과 메추라기들이 먹는 것을 먹을 수는 없었지만, 아니 최소한 먹지 않았지만, 이 젖과 꿀로 가득한 원생지대에서 그들이 만끽하는 그 분명한 환희는 함께 나누었다. 그들의 축제 분위기는 우리에게 옮겨졌다. 우리 모두는 공동의 풍요와 상대의 행복을 한껏 기뻐했다. 나는 사람이 사는 곳에서는 그런 분위기를 느껴보지 못했다.

델타의 야영 생활이 즐겁기만 한 것은 아니었다. 문제는 물이었다. 개펄은 염분이 많았다. 강물을 찾을 수는 있었지만 마시기에는 너무 흙탕물이었다. 우리는 캠프를 칠 때마다 샘을 새로 팠다. 그러나 대체로 소금물만 나올 뿐이었다. 갖은 고생 끝에 어디를 파면 단물이 나오는지를 알아냈다. 새로 판 샘이 의심스러우면 개의 뒷다리를 붙잡고 거꾸로 샘 아래로 내려보냈다. 개가 거리낌없이 물을 마시면 그것은 카누를 상륙시키고, 불을 지피고, 텐트를 치라는 신호였다. 텐트를 친 다음, 메추라기가 냄비에서 지글거리고 태양이 장관을 이루며 산 페드로 마르티르 봉우리 너머로 잠기는 동안 세상 온갖 것과 사이좋게 마주 앉았다. 그리고 설거지를 마치고 낮에 일어난 일들을 되돌아보며 밤의 소리에 귀를 기울였다.

우리는 한 번도 내일의 계획을 세워본 적이 없다. 원생지대에서는 매일같이 아침 식사 전에 어떤 새롭고 뿌리칠 수 없는 흥미거리가 틀림없이 생긴다는 것을 터득했기 때문이다. 강과 마찬가지로 우리도 정처 없이 방랑했다.

델타에서 계획에 맞추어 여행한다는 것은 쉬운 일이 아니다. 그것은 전망을 살피러 미루나무에 오를 때마다 확인되었다. 눈 앞에 펼쳐진 세상은 너무나 넓어서 멀리까지 자세히 살펴볼 엄두가 나지 않았다. 특히 북서쪽이 그랬는데, 그곳에는 시에라 산맥 기슭에 하얀 선이 영원한 신기루가 되어 걸려 있었다. 그것은 1829년 알렉산더 패티가 갈증과 극도의 피로와 모기로 인해 죽어간 광활한 소금 사막이었다. 패티에게는 계획이 있었는데, 그것은 델타를 건너 캘리포니아로 가는 것이었다.

한 번은 한 초록 늪에서 더 푸른 늪으로 육로를 통해 이동하려 했다. 그 위를 나는 물새들을 보고 그 늪이 있음을 알았다. 거리는 300야드 가량이었는데, 믿을 수 없으리 만치 빽빽한 숲을 이루며 자라는 긴 창 같은 관목인 '카치닐라' 정글을 뚫고 가야만 했다. 홍수 때문에 창들은 휘어져 누워 있었는데, 마치 마케도니아 창병 부대 같아서 도저히 통과할 수 없었다. 우리는 어쨌든 우리 늪이 더 아름답다고 믿기로 하고 신중하게 후퇴했다.

카치닐라 창의 미로에 갇히는 것은 아무도 일러준 사람이 없는 진짜 위험이었다. 반면, 우리가 사전에 주의를 받은 위험들은 일어나지 않았다. 카누를 국경 너머로 띄웠을 때 우리는 끔찍한 돌발사 경고를 들었다. 훨씬 튼튼한 배도 해소(海嘯), 즉 만(灣)에서 밀물과 함께 강으로 맹렬히 밀려 올라오는 물의 벽에 뒤집혔다는 것이다. 우리는 해소에 대해 이야기를 나누었고 그것에 대비해 치밀한 계획을 세웠다. 심지어 해소는 물마루에 돌고래가 올라타고 날카롭게 울어대는 갈매기들의 공중 호위를 받는 모습으로 꿈에도 나타났다. 강어귀에 도달한 다음, 우리는 카누를 나무에 걸어놓고 이틀을 기다렸다. 그러나 해소는 우리로 하여금 카누를 다시 내리게 했다. 그것은 오지 않았다.

델타에는 지명들이 없었기 때문에 가는 곳마다 우리 자신이 이름을 지어야 했다. 어떤 늪은 릴리토라고 명명했는데, 우리가 하늘의 진주를 본 곳은 바로 거기였다. 우리는 머리 위로 비상하는 대머리수리[68]를 한가롭게 응시하면서 십일월의 태양에 흠뻑 젖어 반듯이 누워 있었다. 그런데 그 놈 훨씬 뒤쪽의 하늘에서 갑자기 하얀 점들이 나타났다 사라졌다 하면서 원을 그리며 회전하는 것이 아닌가. 우리는 곧 희미한 나팔 소리같은 울음소리로, 그것들이 자신들의 델타를 조사하고 괜찮은 곳임을 확인중인 학 무리라는 것을 알았다. 그 당시 나의 조류학적 지식은 보잘것없었기 때문에 나는 가벼운 마음으로 그 학들을 흰두루미[69]라고 생각했다. 너무도 새하얀 색깔 때문이었다. 사실은 캐나다두루미였다. 하지만 아무래도 상관없다. 중요한 것은, 우리가 살아 있는 새 중에서 가장 야생적인 새와 우리의 원생지대를 함께 나누고 있었다는 사실이다. 우리와 새들은 아득히 먼 시공(時空)의 성채에서 공동의 보금자리를 찾아내었다. 우리와 새들은 함께 홍적세로 되돌아간 것이었다. 할 수만 있었다면 우리도 나팔을 불어 새들의 인사에 답했을 것이다. 많은 세월이 흘렀지만 지금도 내 눈에는 원을 그리며 나는 그 새들의 모습이 선하다.

❖ ❖ ❖

이 모든 것은 오래 전에 멀고 먼 곳에서 있었던 일들이다. 내가 듣기로는 그 초록 늪지대에서 지금은 캔털로프 멜론[70]이 재배된다고 한다. 아마 그 캔털로프는 맛이 기가 막힐 것이다.

인간은 언제나 자신이 사랑하는 것을 죽인다. 그래서 우리, 즉 개척자들은 우리의 원생지대를 죽여왔다. 어떤 이는 그래야만 했다고 말한다. 어쨌든 나는 젊음을 보낼 만한 야생의 땅이 남아 있지 않은 상태에서 다시는 젊어질 수 없다는 사실이 기쁘다. 지도 위에 아무런 공백도 남아 있지 않다면 백 가지 자유인들 무슨 소용이 있단 말인가?

가빌란의 노래

강의 노래란 보통 물이 바위와 나무뿌리 그리고 여울로 연주하는 음악을 의미한다.

리오 가빌란(Rio Gavilan)에도 그런 노래가 있다. 그것은 잔물결이 춤추고, 살찐 무지개송어가 플라타너스와 참나무와 소나무의 이끼 낀 뿌리 아래에서 노닐고 있음을 알려주는 유쾌한 음악이다. 또 이 노래는 쓸모가 있다. 좁은 계곡이 찰랑이는 물소리로 가득 차면, 물을 마시러 구릉 아래로 내려온 사슴과 칠면조가 사람이나 말의 발소리를 들을 수 없기 때문이다. 다음 굽이를 돌 때 당신은 세심하게 살펴야 한다. 혹시 방아쇠를 당길 기회라도 생겨서 그 높은 메사에 심장 터지게 오르는 수고를 덜게 해줄지도 모르기 때문이다.

물의 노래는 누구나 들을 수 있다. 그러나 이 구릉지대에는 결코 아무에게나 들리지는 않는 색다른 음악이 있다. 몇 소절이라도 듣고 싶다면 당신은 우선 이곳에 오랫동안 살면서 구릉들과 강들이 하는 얘기를 알아들어야만 한다. 그러고 나서 어느 고요한 밤, 야영장 모닥불이 잔잔해지고 황소자리의 별무리가 바위 벼랑 위로 솟았을 때, 조용히 앉아서 늑대 울부짖는 소리를 들으며 당신이 보았고 이해하려 했던 모든 것에 대해 깊은 명상에 잠겨보라. 그러면 그것, 고동치며 멀리 멀리 퍼져나가는 화음이 들릴 것이다. 그 악보는 천 개의 구릉에, 그 음표는 동식물의 삶과 죽음에 새겨져 있다. 그리고 그 리듬은 순간과 영원에 걸쳐 있다.

모든 강의 영혼은 자신만의 노래를 부른다. 그러나 대부분의 노래는 오용의 불협화음으로 망가진 지 오래다. 과잉 방목은 식물을 해치고 다음엔 토양을 망친다. 엽총, 덫, 독극물의 공격으로 대형 조류와 포유류들은 씨가 마른다. 그리고 공원이 만들어지고, 숲은 도로와 관광객들로 넘친다. 공원은 대중에게 [생명의] 음악을 선사하기 위한 것이다. 그러나 그들이 음악을 듣고 싶어 할 즈음이면 거기에는 이미 소음 외에는 남은 것이 거의 없다.

일찍이 강에는 생명의 조화를 방해하지 않고 살 수 있는 인간들이 있었다. 가는 곳마다 흔적이 남아 있는 것으로 봐서 가빌란 강가에도 수천 명이나 되는 사람들이 살았음에 틀림없다. 어떤 계곡의 어떤 작은 메마른 골짜기라도 좋으니 그것을 따라 올라가보라. 자신이 아래층의 상단이 위층의 기초를 형성하고 있는 조그만 자갈 테라스 혹은 계단식 둑을 오르고 있음을 알게 될 것이다. 둑마다 그 뒤에는 한때 옆 절벽 위에 내리는 소나기를 관개수로 이용하던 경작지나 채마밭이었을 좁은 땅이 있다. 산등성이 꼭대기에서는 전망대가 있었던 주춧돌을 찾을 수 있을 것이다. 이 구릉 중턱의 농부는 물방울무늬의 작은 밭뙈기들을 지키기 위해 거기에 보초를 세웠을 것이다. 먹는 물은 강에서 길어와야만 했다. 그 농부가 아무런 가축도 키우지 않았다는 것은 분명하다. 그는 어떤 작물을 재배했을까? 얼마나 오래 전일까? 유일한 단편적인 해답은 지금 그의 작은 밭에 뿌리를 내리고 있는 300년생 소나무, 참나무 혹은 노간주나무에 있다. 분명히 가장 늙은 나무의 나이보다 더 오래 전 일이다.

사슴은 이 작은 테라스에 눕기를 좋아한다. 이 테라스들은 참나무 낙엽으로 요를 깔고 관목으로 커튼을 친, 자갈이 없는 평평한 침상이 된다. 그 둑을 단숨에 뛰어넘으면, 사슴은 도망가고 없다.

어느 날 나는 울부짖는 바람을 틈타서, 둑 위에 잠자리를 잡은 수사슴쪽으로 기어내려갔다. 놈은 뿌리로 고대 석축(石築)을 휘감고 있는 거대한 참나무 그늘에 누워 있었다. 메스캘[71]이 녹색 장미꽃처럼 자라는 저 너머 황금빛 그라머그래스 밭을 배경으로 놈의 뿔과 귀의 윤곽만 비쳤다. 전체 장면은 잘 꾸며진 식탁 중앙 장식물 같이 균형잡혀 있었다. 나는 너무 위를 조준했다. 내 화살은 옛 인디언이 쌓은 석축에 부딪혀 부러졌다. 수사슴이 작별 인사라도 하듯 눈처럼 흰 꼬리를 흔들며 산을 뛰어내려갈 때, 나는 놈과 내가 어떤 우화 속의 배우라는 것을 깨달았다. 흙에는 흙으로 석기시대에는 석기시대로,*하지만 언제나 끝없는 추적만이 있는…! 놈을 놓친 것은 안타까운 일이 아니었다. 왜냐하면 나 자신, 지금의 내 정원에서 거대한 참나무가 자라난다면 그 낙엽을 침상으로 삼을 수사슴들과 그 놈들에게 몰래 다가가서 빗맞히고, 누가 정원 벽을 쌓았는지 고개를 갸우뚱거릴 사냥꾼들이 있게 되기를 바라기 때문이다.

---

* dust to dust, stone age to ston eage: 저자는 인간이 자연을 대할 때 정신적으로 물질적으로 간소해야 한다는 생각을 이렇게 표현한 것 같다. 그가 활 사냥을 즐겼다는 것도 이같은 생각에서 비롯할 것이다. 본문과 관련하여, 총기 시대에 활 사냥을 한다는 것은 우화처럼 비쳐졌을 것이다.

언젠가 내가 놓친 수사슴의 번득이는 옆구리에는 총알이 박힐 것이다. 볼품없는 수소가 참나무 밑의 사슴 자리를 차지하고 황금빛 그라머가 잡초로 대체될 때까지 뜯어 먹어치울 것이다. 그렇게 되면 홍수가 오래된 둑을 무너뜨리고 그 돌들을 저 아래 강을 따라 들어설 관광도로 주변에 쌓을 것이다. 트럭들이 내가 어제 늑대 발자국을 본 옛 길의 먼지를 휘저을 것이다.

그저 겉만 본다면, 가빌란은 거칠고 돌투성인 황무지일 뿐이다. 깎아지른 듯한 급경사와 절벽이 너무 많고, 나무들은 기둥이나 재목으로 쓰기에 너무 구불구불하며, 산줄기는 방목장으로 쓰기에 너무 가파르다. 그러나 옛 테라스 축조자들은 여기에 현혹되지 않았다. 그들은 경험을 통해 이곳이 젖과 꿀이 흐르는 땅임을 알았다. 해마다 이 굽은 참나무와 노간주나무들에는 야생 동물들이 앞발로 긁어모을 수 있는 열매가 주렁주렁 열린다. 사슴과 칠면조와 멧돼지들은 옥수수 밭의 수소처럼 이 열매들을 부드러운 고기로 바꾸면서 하루하루를 지낸다. 황금빛 그라머는 바람에 물결치듯 흔들리는 관모(冠毛) 아래에 야생 감자 같은 덩이줄기와 알뿌리들의 지하 채마밭을 숨기고 있다. 작고 통통한 메추라기를 잡아 배를 갈라보면, 그 속에는 당신이 메말랐다고 생각하는 이 바위투성이 땅에서 메추라기가 파낸 온갖 땅속 먹이식물의 표본집이 들어 있다. 이 먹이들은 식물들이 동물계로 불리는 거대한 기관(器官)을 통해 퍼올리는 [생명의] 추동력이다.

모든 지역에는 그 땅의 풍요로움을 상징하는 인간의 먹거리가 있다. 가빌란의 구릉들이 찾아낸 나름의 요리법을 간단히 적어보면 이렇다. 십일월보다 이르지 않고 일월보다 늦지 않은 시기에 그 땅의 열매들을 먹고 자란 사슴을 잡는다. 그것을 산 참나무에 매달아서 일곱 번의 서리와 일곱 번의 햇빛에 말린다. 등 아래 기름 부위까지 반쯤 언 '등심'

을 베어내어 가로로 썰어 스테이크용으로 만든다. 조각마다 소금과 후추, 밀가루를 문질러 바른다. 냄비에 곰(bear) 기름을 듬뿍 붓고, 생 참나무숯 위에 걸어 연기가 날 정도로 뜨겁게 가열한 다음 고기를 넣는다. 노릇해지면 바로 건져낸다. 그 기름에 밀가루를 약간 넣고, 얼음처럼 찬 물을 부은 뒤 다시 우유를 넣어 소스를 만든다. 김이 모락모락 나는 말랑말랑한 작은 빵 위에 스테이크를 얹고 그 위에 고기국물 소스를 흠뻑 붓는다.

그 구조는 상징적이다. 사슴은 자신의 산 위에 누워 있다. 황금빛 고기국물은 그의 생애를 통해, 그리고 이 마지막 순간까지 그를 흠뻑 적시는 햇빛이다.

가빌란의 노래에서 먹이는 '돌고 도는' 것이다. 물론 거기에는 당신의 음식뿐만 아니라 참나무의 음식도 포함된다. 참나무는 사슴의 먹이가 되고, 사슴은 퓨마의 먹이가 되고, 퓨마는 참나무 밑에서 죽어 자신의 지난날 먹이들을 위해 도토리로 되돌아간다. 이것은 참나무에서 시작하여 참나무로 되돌아가는 많은 먹이사슬 가운데 하나일 뿐이다. 왜냐하면 참나무는 또한 이 강 이름의 유래가 된 참매[72]가 사냥하는 어치, 그 기름으로 당신이 고기 국물을 만든 곰, 당신에게 식물학을 한 수 가르쳐준 메추라기, 그리고 매일 당신을 허탕치게 만드는 칠면조 등의 먹이이기도 하기 때문이다. 그리고 모두의 공통의 목표는 가빌란 상류의 실개천들이 또 다른 참나무를 만들기 위해 시에라마드레 산맥의 거대한 몸체에서 또 한 톨의 흙을 벗겨내는 일을 돕는 것이다.

대(大)오케스트라의 구성 악기인 식물과 동물 그리고 토양의 구조를 탐구할 의무를 지닌 사람들이 있다. 이른바 대학교수들이다. 이들은 각자 한가지 악기를 선택해서 분해하고, 그 현과 공명판에 대해 기술(記述)하는 데 평생을 바친다. 그 해체 과정을 탐구라 하고, 탐구의 장소를 대학이라 한다.

대학교수는 자기 악기의 현은 뚱겨도 되지만 결코 다른 사람의 것을 건드려서는 안 된다. 그리고 자신이 음악에 귀를 기울인다고 하더라도 결코 그것을 동료나 학생들에게 고백해서는 안 된다. 왜냐하면 악기의 구조는 과학의 영역이지만, 화음을 찾아내는 일은 시의 영역이라고 선언하는 엄격한 금기에 모두가 짓눌려 있기 때문이다.

대학교수는 과학에 봉사하며 과학은 진보에 봉사한다. 진보를 위한 과학의 봉사는 너무나 철저해서, 보다 섬세한 악기들 중 많은 것이 오지 곳곳까지 불어닥치는 진보의 열풍 속에 짓밟혀 부서진다. 이렇게 태고의 가장 아름다운 노래를 이뤘던 조각들이 하나둘씩 떨어져나간다. 대학교수는 악기들이 다 부서지기 전에 그것들을 분류할 수만 있다면, 그저 그것으로 만족한다.

과학은 세상에 물질적 축복은 물론 도덕적 축복도 베푼다. 과학의 위대한 도덕적 공헌은 객관성, 즉 과학적 시각이라는 것이다.* 이것은 사실을 제외한 모든 것을 의심한다는 의미다. 즉, 그 파편들이 어디로 튀느냐는 묻지 않고, 사실이 드러날 때까지 모든 것을 토막낸다는 것을 의미한다. 과학이 토막을 내서 밝힌 사실 중 하나는 모든 강에는 보다 많은 사람이 필요하며, 모든 사람들에게는 보다 많은 발명품이 그러므로 보다 많은 과학이 필요하다는 것이다. 결국 멋진 삶은 이 논리 사슬의 무한한 확장에 달려 있다. 하지만 어떤 강이건 그곳에서의 멋진 삶은 또한 그 강의 음악에 대한 이해와 이를 위한 일부 음악의 보전에 달려 있을지 모른다는 것도 생각해보아야 할 것 중 하나지만 아직까지 과학의 관심 밖에 머물러 있다.

과학은 아직 가빌란에 도착하지 않았다. 그래서 수달은 언젠가 강둑을 태평양으로 쓸고갈 홍수나 어느 날 송어에 대한 자신의 권리에 이의를 제기할 낚시꾼에 대한 걱정은 조금도 없이, 소(沼)와 여울에서 술래잡기를 즐기며 이끼 낀 강둑 아래에서 살찐 무지개송어를 좇는다. 과학자가 그런 것처럼, 수달은 자신의 삶의 설계에 대해 한 점의 의심도 없다. 수달은 가빌란이 자신을 위해 영원히 노래하리라 생각한다.

* '객관성' 혹은 '과학적 시각'이 도덕에 공헌했다는 것은 비판적 의미이다. 즉, 과학은 '객관성'과 '과학적 시각'이라는 구실로 과학이 자연의 파괴에 기여한 것에 대한 도덕적 책임을 회피할 수 있게 되었다는 것이다.

오리건과 유타

개귀리의 계승(繼承)

도둑들 사이에도 의리가 있듯이, 해로운 동식물들 사이에도 연대와 협동이 있다. 어떤 해로운 생물이 자연적 장애에 부딪히면 다른 해로운 생물이 도착하여 새로운 방법으로 장애를 돌파한다. 결국 모든 지역과 자원에서 초대받지 않은 생태학적 손님들이 일정 몫을 차지하게 된다.

가령 말의 숫자가 주는 것과 함께 해를 끼치지 못할 정도로 수가 줄어든 집참새[73]의 뒤를 이어 찌르레기가 트랙터 보급과 함께 번성하고 있다. 밤나무 줄기마름병[74]이 밤나무 서쪽 경계선에 가로막혀 더 이상 전진하지 못하자 느릅나무입고병(立枯病)[75]이 그 뒤를 이어 느릅나무 서쪽 한계선까지 확산될 기세로 창궐하고 있다. 스트로부스소나무혹병[76]은 나무가 없는 평원에 가로막혀 서부로의 행진이 저지되었지만, 뒷문을 통해 새로이 상륙하여 지금 로키 산맥을 따라 아이다호에서 캘리포니아를 향해 맹렬한 기세로 퍼져나가고 있다.

생태학적 밀항자들은 개척시대 초기부터 도착하기 시작했다. 스웨덴 출신 식물학자 피터 캄은 이미 1750년에 뉴저지와 뉴욕에 대부분의 유럽산 잡초가 자리를 잡고 있음을 발견했다. 이 잡초들은 정착자들의 쟁기가 번식에 적합한 터를 만들어주는 대로 곧 퍼져나갔다.

다른 잡초들은 뒤에 서부로부터 들어왔는데, 이들에게는 방목 가축들의 발굽에 짓밟혀 만들어진 수천 평방마일에 달하는 거대한 터가 이미 마련되어 있었다. 어떤 경우에는 그 확산 속도가 워낙 빨라 기록조차 할 수 없었다. 어느 화창한 봄날 눈을 떠보면, 목장은 못 보던 잡초로 가득할 정도였으니까. 대표적인 예가 산간지대와 북서부의 구릉지대에 침입한 솜털참새귀리인데, 다른 말로 개귀리다(브로무스 텍토룸[77]).

어차피 잡다한 것이 뒤섞인 땅의 새 합류자인 개귀리에 대해 당신이 별것 아니라고 생각하지 않도록 이 풀은 보통 풀하고 크게 다르다는 것을 미리 말해 두어야겠다. 개귀리는 강아지풀이나 바랭이처럼 매년 가을에 죽고 그해 가을이나 이듬해 봄에 다시 돋아나는 한해살이 초본식물이다. 유럽에서는 주로 초가지붕의 썩어가는 짚에서 자라난다. 지붕은 라틴어로 텍툼(tectum)이다. 따라서 그 학명은 '지붕 위의 참새귀리'(Brome)를 의미한다. 가옥의 지붕에서 살 수 있는 식물이라면 이 비옥하고 건조한 대륙의 지붕에서 번성하는 데 아무런 문제가 없다.

오늘날 북서부 산악의 기슭이 꿀 빛깔을 띠는 것은 한때 그곳을 뒤덮었던 영양분이 풍부하고 유익한 번치그래스[78]나 갯보리[79] 때문이 아니라 이런 토착종 식물들을 몰아내고 자리잡은 열등한 개귀리 때문이다. 먼 산꼭대기로 시선을 이끄는, 물 흐르는 듯 부드러운 지형선에 탄성을 지르는 자동차 여행자들은 이같은 바뀜을 알지 못한다. 또 구릉들이 망가진 얼굴을 생태학적 화장으로 감추고 있다는 사실도 알 리 없다.

이처럼 된 것은 과잉 방목 때문이다. 지나치게 많은 가축 떼가 씹고 짓밟아서 구릉을 헐벗기고 나자 무엇인가가 침식되는 맨땅을 덮어야만 했다. 개귀리가 그 일을 맡았다.

개귀리는 촘촘히 자라며 줄기에는 바늘 같은 꺼끄러기가 빽빽이 돋아나기 때문에 성숙하면 가축이 먹을 수 없다. 소가 다 자란 개귀리를 뜯어먹기 어렵다는 것을 확인하고 싶다면 단화를 신고 그 속을 걸어보라. 개귀리 지방의 일꾼들은 모두 장화를 신는다. 그곳에서 나일론 양말은 자동차를 탈 때와 콘크리트 보도를 걸을 때 외에는 쓸모가 없다.

이 바늘 같은 꺼끄러기들이 가을 구릉을 솜처럼 불에 잘 타는 노란색 담요로 덮는다. 개귀리 지방에서 불이 나는 것을 완전히 막기란 불가능하다. 결국 세이지나 쑥바귀 등 좋은 가축 먹이인 나머지 토착 식물들도 함께 타버려 높은 곳으로 내몰리고 있는데, 고지대에서는 겨울철 가축 먹이로서 이것들의 쓸모가 줄어든다. 또 사슴과 새들에게 겨울 대피소로 필요한 소나무 아래쪽 잔가지들도 불에 타 없어지고 더 높은 가지까지 불에 그을리고 있다.

여름철 여행자들에게는 몇몇 산기슭 수풀이 타버리는 것이 사소한 손실로 보일지 모른다. 그들은 겨울이 되면 고산 지대에 눈이 덮여 가축이나 산짐승들이 저지대로 내려올 수밖에 없다는 사실을 모른다. 가축들은 계곡의 목장에서 먹이를 얻을 수 있지만 사슴이나 엘크 등은 산기슭에서 먹이를 찾아야만 하며, 그렇지 못하면 굶어 죽는다. 겨울철 서식 가능 구역은 협소하다. 그리고 북쪽으로 갈수록 여름철 서식 구역과 겨울철 서식 가능 구역의 차이는 커진다. 따라서 지금 개귀리 화재의 맹습으로 급격히 줄고 있는, 산기슭에 여기저기 흩어진 이들 쑥바귀, 세이지, 참나무 수풀은 전체 지역 야생 동물의 생존을 좌우한다. 게다가 이 산재한 수풀에는 그 보호막 아래 나머지 토착종 여러해살이 초본 식물들이 자생하고 있는데, 이 수풀이 타버리면 이 식물들은 가축의 먹이로 노출돼버린다. 사냥꾼들과 축산업자들이 겨울 방목장의 과포화를 완화시키기 위해 누가 먼저 나서야 하는지 논쟁을 벌이는 동안 개귀리는 그 대상인 겨울 방목장을 더욱 잠식하고 있다.

개귀리는 많은 소소한 골칫거리도 가져온다. 아마도 그 대부분은 사슴을 굶주리게 하거나 소의 주둥이에 상처를 입히는 것보다는 덜 중대하겠지만 그래도 언급할 가치는 있다. 개귀리는 묵은 앨팰퍼 밭에 침입하여 건초의 질을 저하시킨다. 또한 갓 깨어난 야생 오리 새끼들이 고지의 둥지에서 낮은 물가로 내려오는 데 장애가 된다. 이 이동은 오리 새끼들에게는 사활이 걸린 문제이다. 그런가 하면 숲 바닥에 침입하여 갓 돋아난 소나무를 질식시키며, 불이 잘 붙기 때문에 소나무 번식을 위협한다.

나 자신도 캘리포니아 북부 주 경계선의 한 검문소에 도착했을 때 작은 성가신 일을 겪었다. 검역 관리가 내 차와 짐을 조사했다. 캘리포니아는 관광객을 환영하지만 그들의 짐 속에 혹시 어떤 유해 생물이 숨어 있는지 확인해야만 한다고, 그는 정중하게 설명했다. 나는 어떤 것들을 찾는지 물어보았다. 그 관리는 밭과 과수원에 피해를 입힐 수 있는 골칫거리들의 긴 목록을 외웠지만, 이미 자기 발 밑에서 사방 팔방으로 먼 구릉까지 뻗어나간 개귀리의 노란색 담요에 대해서는 언급이 없었다.

잉어, 찌르레기, 수송나물[80]의 경우와 마찬가지로 개귀리에 시달리는 지방은 고통을 감내하면서 침입자를 나름대로 이용한다. 갓 돋아난 개귀리는 좋은 가축 먹이다. 어쩌면 당신이 점심으로 먹은 양고기 한 점은 온화한 봄날에 개귀리를 먹고 자란 것일지 모른다. 개귀리는 그것이 없다면 더 심했을, 과잉 방목으로 인한 토양 침식을 줄여준다. 물론 과잉 방목 때문에 개귀리가 정착하게 되었지만 말이다. (이 생태학적 '돌고 돌기'는 긴 시간을 두고 생각해볼 필요가 있다.)

나는 서부가 개귀리를 이 세상이 다할 때까지 함께 살아야 할 필요악으로 간주하는지, 아니면 과거에 저지른 토지 이용상의 잘못을 바로

잡기 위한 하나의 도전으로 간주하는지를 알기 위해 주의깊게 살펴왔다. 나는 절망적인 태도가 거의 보편화되어 있음을 알았다. 아직까지 우리는 야생 동식물 보전을 자랑스럽게 생각할 줄 모르며, 병든 땅을 가져도 부끄러워할 줄 모른다. 우리는 회의장이나 편집실에서 보전을 외치며 풍차를 공격하고 있지만, 미개척지*들에 창 하나를 갖추는 것조차 거부하고 있다.

---

* back forty: 미국의 많은 지역에서는 정착에 앞서 토지를 측량하고 정사각형 구획들로 나누었다. 이 구획들을 섹션(section)이라고 하는데, 크기는 1평방마일이었다. 섹션은 다시 네 개의 서브섹션(subsection)으로 나뉘는데, 각각의 크기는 160에이커였다. 흔히 개인 농장은 하나의 서브섹션으로 이루어졌는데, 각 농장은 다시 네 개의 구역으로 나뉘어 관리되었으므로 한 구역의 크기는 40에이커였다. 이 가운데 가장 척박하고 농가에서 멀리 떨어진 구역을 back forty라고 하는데, 흔히 이 곳은 개간을 하지 않았고 따라서 나무가 들어차 있었다.

매니토바[81]

클란데보예[82]

애석한 일이지만, 교육이란 다른 것을 보지 못하는 대가로 한 가지를 보는 법을 배우는 것이다.

우리 대부분이 보지 못하는 것 중 하나가 늪의 질이다. 나는 특별한 호의로 한 탐방객을 클란데보예로 안내했을 때, 그것을 다시 한 번 확인했다. 그 사람에게 클란데보예는 다른 늪보다 더 쓸쓸해 보이고 항해하기에 더 곤란하다는 것 외에는 아무런 의미가 없다는 것을 알았다.

참으로 이상하다. 왜냐하면 어떤 펠리컨, 송골매, 흑꼬리도요,[83] 서부논병아리[84]도 클란데보예가 아주 특별한 늪이라는 것을 잘 알고 있기 때문이다. 그렇지 않다면 왜 이 녀석들이 다른 늪을 젖혀두고 이 늪을 찾아오겠는가? 또한 왜 내가 그 경계 안에 들어서는 것을 단순한 통과가 아니라 일종의 우주적 비행(非行)으로 여겨 분개하겠는가?

그 비밀은 바로 이것이라고 나는 생각한다. 클란데보예는 공간적으로나 시간적으로나 아주 특별한 늪이다. 단지 기성 역사학의 무비판적인 신봉자들만이 1941년이 모든 늪에 동시에 도착했다고 생각한다. 새들은 잘 알고 있다. 남쪽으로 향하던 펠리컨 편대는 클란데보예 위로 프레리 미풍이 살짝 일기만 해도 즉시 이곳이 지질학적 과거의 착륙지, 즉 가장 잔혹한 침략자인 미래로부터의 피난처라는 것을 알아챈다. 그들은 묘한 태고적 괴성을 지르며 날개를 활짝 펴고 장엄한 나선을 그린 다음 자신들을 반기는 지나간 시대의 황야로 강하한다.

다른 망명객들은 시간의 행진에서 놓여남을 저마다의 방식으로 받아들이며 이미 와 있다. 제비갈매기[85]들이 즐거운 아이들처럼 개펄 위에서 비명을 지른다. 마치 퇴각하는 대륙빙(大陸氷)에서 녹아내린 차디찬 냉기로 자신들의 먹이인 피라미들이 오들오들 떨고 있기라도 한 것처럼. 캐나다 두루미들이 일렬 종대로 늘어서서 자기들이 혐오하거나 두려워하는 모든 것에 대해 반항의 나팔을 분다. 백조 함대가 백조사(白鳥事)의 덧없음을 한탄하면서, 은근한 위엄을 갖추고 만에 떠 있다. 늪이 거대한 호수로 흘러드는 곳에 서 있는, 폭풍우에 난파된 미루나무의 꼭대기에서 송골매 한 마리가 지나가는 새들을 장난삼아 덮친다. 놈은 오리 고기로 이미 배가 부르지만 비명을 지르는 상오리를 공포에 몰아넣는 것이 즐겁다. 이것은 또한 아가시 호수[86]가 프레리를 덮었던 시절의 놈의 식후 운동이었다.

이 야생 동물들의 태도를 알아채는 일은 어렵지 않다. 저마다 생각하는 바를 숨김없이 드러내기 때문이다. 그러나 클란데보에에는 내가 그 마음을 읽어낼 수 없는 망명객이 하나 있다. 이 놈은 인간이란 침입자와의 어떠한 교제도 거부하기 때문이다. 다른 새들은 작업복 차림의 어정뱅이들에게 쉽게 신뢰감을 내보이지만 서부 논병아리는 아니다! 호숫가 갈대밭으로 아무리 조심스럽게 몰래 접근해도, 내가 볼 수 있는 것이라고는 녀석이 소리없이 잠수하는 순간의 은빛 섬광밖에 없다. 얼마 뒤 녀석은 건너편 호숫가 갈대 장막 뒤에서 작은 종을 딸랑거리며 동료들에게 뭔가를 경고한다. 무엇일까?

나는 결코 추측할 수가 없었다. 이 새와 인간 사이에는 어떤 장애물이 있기 때문이다. 내 손님 중 한 사람은 이 논병아리를 조류 목록에서 찾아 그 이름에 체크하고, 딸랑이는 종소리를 음절로 표현하여 메모하는 것으로 간단히 일을 끝냈다. '크릭—크릭'인가 뭔가 하는 쓸 데 없는 것으로. 그 사람은 이 소리에는 새 소리 이상의 무언가가 있다는 사실, 즉 음절로 흉내내기를 원하는 것이 아니라 해석과 이해를 요구하는 비밀스런 메시지가 숨어 있다는 사실을 알아채지 못했다. 아아! 나 또한 그때나 지금이나 그 사람이 그랬던 것처럼 그 소리를 해석하지도 이해하지도 못하고 있구나!

봄이 깊어가면서 종소리는 더 잦아진다. 새벽과 황혼 무렵에 그 종은 탁 트인 늪지마다 울려퍼진다. 어린 논병아리들이 이제 막 수면 생활을 시작해서 부모들로부터 논병아리 철학을 배우는 중인가 보다. 그러나 그 교실 풍경을 엿보는 것, 그것은 그리 쉽지 않다.

어느 날 나는 사향뒤쥐 집 오물 위에 납작 엎드렸다. 내 옷에 그곳 색깔이 배는 동안, 내 눈에는 늪의 민속이 가득 들어왔다. 레드헤드[87]암컷 한 마리가 분홍색 주둥이에 초록빛이 도는 황금색 솜털이 복슬복슬한 새끼들을 호위하며 내 옆을 미끄러져 지나갔다. 버지니아뜸부기[88]한 마리가 거의 내 코를 스치고 지나갔다. 노랑발도요 한 마리가 휘파람을 불며 내려앉은 웅덩이 위를 펠리컨 그림자가 항해했다. 내가 위대한 영감으로 시 한 편을 쓴다고 해도, 노랑발도요는 단지 발을 들어 옮김으로써 내 시보다 멋진 걸음걸이를 한다는 생각이 머리를 스쳤다.

밍크 한 마리가 내 뒤 물가로 코를 쳐든 채 꼬리를 질질 끌며 미끄러져 올라왔다. 흰등굴뚝새[89]들이 애기부들 숲속에 있는 둥지로 짤막짤막하게 날아갔고, 거기에서 어린 새끼들의 소리가 요란스럽게 들려왔다. 탁 트인 웅덩이에서 번쩍번쩍 빛나는 부리부리한 붉은 눈을 가진 어떤 새의 머리가 솟아올랐을 때, 나는 햇빛 속에서 막 조는 참이었다.

주변이 조용한 것을 확인한 다음 은빛 몸체가 솟아올랐다. 기러기만큼 크고 어뢰 같이 날씬한 몸매를 지녔다. 그리고 내가 미처 알아채기도 전에 두번째 논병아리가 진주빛이 감도는 은색 새끼 두 마리를 둥글게 말아올린 날개로 교묘하게 감싸서 넓은 등에 업은 채 떠올라 있었다. 놈들은 내가 미처 숨을 가다듬기도 전에 굽이를 돌아갔다. 그리고 지금 갈대 장막 뒤에서 그 종소리가 똑똑히, 나를 비웃는 듯이 들린다.

역사 의식은 과학과 예술의 가장 고귀한 선물임에 틀림없다. 그러나 나는 과학도 예술도 모르는 논병아리들이 우리보다 역사를 더 많이 아는 것은 아닌가 생각한다. 논병아리의 우둔한 원시적인 두뇌는 누가 헤이스팅스 전투[90]에서 승리했는지에 대해서는 아무 것도 모른다. 그러나 누가 시간의 전쟁에서 승리했는지는 아는 것 같다. 만약 인류의 종족이 논병아리 종족만큼 오래되었다면, 우리는 그 종소리 같은 지저귐의 의미를 더 잘 이해할 수 있을 텐데…. 자의식이 강한 몇 안되는 세대가 우리에게 남겨준 인간의 전통과 긍지, 오만, 지혜가 얼마만한지 생각해보라! 그렇다면 인간이 이 세상에 나기 영겁의 세월 이전에 이미 논병아리로서 존재했던 이 새들을 충동질하는 자부심은 얼마나 크겠는가?

어떻든 논병아리 소리는 어떤 특별한 권위에 의거하여 늪지대 합창을 지배하고 통일하는 소리이다. 어쩌면 논병아리는 어떤 태고적 권위를 등에 업고 전체 생물상(生物相)을 지휘하는지도 모르겠다. 공중제비 비둘기가 길고 긴 세월 동안 호수의 수위가 내려가면서 하나 둘 드러나는 늪을 위해 하나 둘 모래톱을 쌓도록 누가 박자를 맞춰주는가? 누가 겨울철 사향뒤쥐가 굶주리지 않고, 학이 생명 없는 정글에서 흙탕물만 들이키지 않도록 사고야자와 애기부들로 하여금 햇빛과 공기를 빨아들이는 자신의 임무를 다하게 하는가? 누가 낮에 알을 품고 있는

오리에게 인내를 권하고, 밤에 약탈에 나선 밍크에게 잔인함을 부추기는가? 누가 왜가리에게 정확한 작살 사용법을, 송골매에게 재빠른 먹이 사냥법을 충고하는가? 자신들의 다양한 임무를 훌륭히 수행하는 이 모든 생물에게 주어지는 어떠한 가르침도 우리는 들을 수 없다. 그래서 우리는 이들이 아무런 충고도 받지 않으며 이들의 기술은 타고나는 것이고, 이들의 작업은 기계적인 것이며, 야생 세계는 권태를 알지 못한다고 생각한다. 그러나 정작 권태를 모르는 것은 오직 논병아리뿐일 것이다. 모두가 살아남으려면 저마다 끊임없이 먹고 싸우고 번식하고 죽어야만 한다는 것을 그들에게 상기시키는 자는 바로 논병아리일 것이다.

한때 일리노이에서 애서배스카[91]에 이르는 프레리 위로 펼쳐졌던 늪지대는 지금 북쪽으로 줄어들고 있다. 인간은 늪에만 의지해서는 생계를 꾸릴 수 없기 때문에 어떻게 해서든지 늪 없이 살겠다고 고집한다. 진보는 농장과 늪지, 야생의 것과 길들여진 것이 상호 관용과 조화 속에 공존하는 것을 참지 못한다.

그래서 우리는 준설기, 수로, 배수관, 횃불을 동원해 물을 빼내고 말려 옥수수 지대를 만들었고 지금은 밀 지대를 만들고 있다. 푸른 호수는 초록 늪이 되고, 초록 늪은 굳은 진흙벌이 되고, 굳은 진흙벌은 밀밭이 된다.

언젠가 도랑이 파이고 물이 빠진 내 늪은, 마치 오늘과 어제가 세월 속에서 잊혀지듯이 밀 아래 묻혀 그렇게 잊혀질 것이다. 마지막 머드-미노[92]가 마지막 웅덩이에서 마지막으로 꿈틀거리기 전에 제비갈매기들은 클란데보예에 고별의 비명을 지를 것이며, 백조들은 순백의 위엄으로 하늘을 향해 원을 그릴 것이고, 학들은 이별의 나팔을 불 것이다.

3부

귀결

THE UPSHOT

보전의 미학

사랑과 전쟁을 제외하면, 야외 레크리에이션이라고 알려진 일단의 위락 활동만큼 그렇게 원칙 없이, 그렇게 다양한 개인들에 의해, 그렇게 역설적인 욕망과 애타심(愛他心)의 뒤범벅 속에서 이루어지는 것도 없다. 누구나 인정하듯이 사람들이 자연으로 되돌아가는 것은 좋은 일이다. 그러나 선(善)은 어디에 있는가? 또 선의 추구를 고무하기 위해서 무엇을 할 수 있는가? 이러한 물음들을 놓고 어지러운 논의가 벌어지고 있고, 가장 무비판적인 사람들만이 아무런 의문도 품지 않는다.

레크리에이션은 도시에서 전원의 모습을 쓸어낸 철도가 도시인들을 대규모로 시골로 실어나르기 시작했던 시어도어 루스벨트* 대통령 시대에 하나의 독립된 문제로 떠올랐다. 도시를 탈출하는 사람이 많으면 많을수록 평화, 적막함, 야생 동식물, 풍경 등의 일인당 몫은 줄어들고, 그것들을 향유하려면 더 멀리 나가야 한다는 것을 인식하기 시작했다.

자동차가 보급되면서, 예전엔 가볍고 국지적이던 문제가 좋은 도로가 닿는 가장 먼 곳까지 확산되었다. 자동차는 한때 농장들의 미개간

* Theodore Roosevelt(1858-1919): 제26대 미국 대통령으로서, 그의 '자원의 현명한 다목적적 이용'이라는 이념은 현대 '과학 및 기술중심주의적 환경운동'에 큰 영향을 주었다.

지에 풍부했던 어떤 것을 오지에서도 찾아보기 어렵게 만들었다. 그렇지만 사람들은 그 어떤 것을 찾으러 간다. 태양에서 방출되는 이온처럼 주말 행락객들은 열기와 마찰을 일으키며 모든 도시에서 사방으로 뻗어나간다. 관광산업은 더 많은 이온을 더 빨리 더 멀리 끌어내기 위해 숙식 서비스를 제공한다. 바위와 실개천 위의 광고판들은 근래에 사람들로 넘치는 곳 바로 너머의 새로운 휴양지, 절경, 사냥터, 낚시터 등에 대해 비밀을 털어놓는다. 관계당국은 새로운 오지로 향하는 도로를 만들고, 도로로 인해 더욱 늘어난 도시 탈출자들을 흡수하기 위해 더 많은 오지를 사들인다. [스포츠*] 장비산업은 있는 그대로의 자연과의 부딪침을 완화시킨다. 삼림 기술**은 장비사용 기술이 되어가고 있다. 이제 전혀 새로운 것으로서, 자동차로 끌고다니는 이동 가옥까지 등장했다. 숲과 산에서 단지 자동차 여행이나 골프에서 얻을 수 있는 것만을 찾는 사람에게는 지금의 상황도 참을 만하다. 그러나 그 이상의 무엇을 찾는 사람에게는 이제 레크리에이션은 찾지만 결코 발견하지 못하는 자멸적인 과정이 되었다. 달리 말해 기계화된 사회의 하나의 커다란 좌절이 되어버렸다.

자동차 여행자들의 드센 공격에 의한 원생지대의 퇴각은 일부 지역에 국한된 현상이 아니다. 허드슨만, 알래스카, 멕시코, 남아프리카가 함락 직전에 있고, 남아메리카와 시베리아가 다음 차례다. 모호크 강변***의 북소리는 이제 세계의 강들을 따라 울리는 자동차 경적소리

* 이 책에서 스포츠는 레크리에이션의 일환으로, 즉 비직업적으로 행해지는 낚시와 사냥 등을 말한다.

** woodcraft: 야생 동식물과 관련이 있는 삼림의 기술. 특히 사냥, 낚시, 야영 등.

*** Mohawk: 모호크는 뉴욕 주에 살던 북미 인디언 부족으로, 미국 독립전쟁 기간에 영국군과 연합하여 독립군에 대항하다가 대부분 캐나다로 패주했다. 이들은 모호크 강 주변에 정착해 살았으며 여자들은 농업, 남자들은 수렵과 어로 활동을 했다.

로 바뀌었다. 호모 사피엔스는 더이상 자신의 포도 덩굴과 무화과나무 아래에서 빈둥거리지 않는다. 그는 장구한 세월에 걸쳐 새로운 활동의 장으로 나아가기를 열망해온 무수한 생명체들의 비축 동력을 자신의 연료통에 채워넣는다. 그리고 개미떼처럼 대륙들을 누빈다.

이것이 최근 야외 레크리에이션의 전형적인 모습이다.

현재의 행락객들은 어떤 사람들이며, 그들이 찾는 것은 무엇인가? 몇 가지 예만 살펴보면 알 수 있다.

먼저 어떤 오리 사냥터라도 좋으니 살펴보라. 주변은 자동차 행렬이 장사진을 이루고 있다. 갈대가 우거진 늪 가장자리의 좋은 자리마다 오리를 잡기 위해 필요하다면 어떤 공공 법규라도 위반할 각오와 함께 방아쇠 손가락이 근질거리는 한 부류의 시민이 언제라도 총을 쏠 수 있는 준비를 갖추고 웅크리고 앉아 있다. 그가 이미 배부르다는 사실은 신에게서 고기를 더 얻으려는 그의 탐욕을 결코 누그러뜨리지 못한다.

근처 숲에는 다른 부류의 시민이 진귀한 고사리나 색다른 명금(鳴禽)을 찾아 어슬렁거린다. 그의 사냥에는 도둑질이나 약탈이 거의 필요하지 않기 때문에 그는 사냥감을 죽이는 사람들을 경멸한다. 그러나 필시 그 역시 젊은 시절에는 그랬을 것이다.

근처 유원지에는 또 다른 부류의 자연 애호가가 있다. 자작나무 껍질에 형편없는 시구를 쓰는 사람들이다. 어느 해 여름에는 국립공원들을 돌아다녔고 지금은 멕시코 시티를 향해 남쪽으로 달려가는, 꼬집어 찾는 것이 없는 자동차 여행자들은 어디에나 있다. 그들에게 레크리에이션은 주행 거리일 뿐이다.

마지막으로 수많은 보전 기구를 통해 자연을 찾는 대중에게 그들이 원하는 것을 제공하거나, 자신이 주어야만 한다고 생각하는 것을 그들이 원하도록 만들려고 애쓰는 전문가 집단이 있다.

왜 이렇게 다양한 부류의 사람들이 단일의 범주에 포함되어야 하는가? 그런 물음이 던져질 수 있다. 그 까닭은 저마다 방식은 다르지만 그들은 결국 모두 사냥꾼이기 때문이다. 그리고 왜 그들은 모두 자신을 보전론자라고 부르는가? 그 까닭은 그들이 찾아헤매는 야생의 것들은 쉽게 잡히지 않고 잘 빠져나가며, 그래서 법률이나 예산 책정, 지역 계획, 행정조직 개편 혹은 그들이 효험이 있다고 믿는 그밖의 수단 등 어떤 마법을 통해 그것들을 제자리에 못박아 두려고 하기 때문이다.

일반적으로 레크리에이션은 경제적 자원으로 일컬어진다. 상원 위원회는 공중이 레크리에이션을 위해 얼마나 많은 돈을 지출하는지를 경외스러운 숫자를 통해 우리에게 일깨워준다. 레크리에이션에는 정말로 경제적 측면이 있다—낚시터의 오두막 한 채, 심지어 늪지의 오리사냥 자리 하나도 이웃 농장만큼 값이 나갈 수 있다.

레크리에이션에는 윤리적 측면도 있다. 손상되지 않은 공간을 차지하려는 경쟁 속에서 많은 행동 규범과 십계명들이 발전한다. 우리는 '야외활동 매너'라는 말을 듣는다. 우리는 젊은이들에게 원칙을 주입시키고 있다. 우리는 '[진정한] 스포츠맨은 누구인가?'라는 정의를 인쇄하여, 이 신조의 전파를 위해 1달러를 기부하는 사람들에게 나눠주고 벽에 걸어두게 한다.

그러나 이런 경제적, 윤리적 현상은 그것을 있게 한 힘의 결과이지 원인이 아니라는 것은 분명하다. 우리는 자연과의 접촉에서 즐거움을 얻기 때문에 자연과 가까이 하려고 한다. 오페라와 마찬가지로 레크리에이션에서도 경제 조직이 편의를 만들어내고 유지한다. 오페라에서처럼 전문가들은 그것들을 만들어내고 유지함으로써 생계를 꾸려나간다. 그러나 그렇다고 해서 오페라나 레크리에이션의 근본 동기, 곧 존재 이유가 경제적인 것이라고 말한다면, 이는 틀린 것이다. 늪 가장자리에 숨어 있는 오리 사냥꾼과 무대에 선 오페라 가수는 차림새는 다르지만 똑같은 일을 하고 있다. 둘 모두 과거에는 일상 생활에 내재했던 드라마를 놀이 삼아 재연하고 있는 것이다. 요컨대 양자는 미학적 활동이다.

야외 레크리에이션에 관한 공공 정책을 놓고 논란이 벌어지고 있다. 똑같이 선량한 시민들이 레크리에이션이란 무엇이며, 그 자원 토대의 보전을 위해 어떻게 해야 하는가에 대해 상반된 견해를 갖고 있다. 그래서 똑같이 레크리에이션을 내세워, 원생지대 보전협회는 벽지의 도로 건설을 막으려고 노력하고, 상공회의소는 그것을 확장하려고 애쓴다. 사냥감 사육자는 '엽총 사냥'을 내세워 매를 죽이고, 조류 애호가는 '쌍안경 사냥'을 내세워 매를 보호한다. 이처럼 서로 대립하는 집단들은 보통 상대를 추하고 짧은 명칭으로 부르는데, 사실상 저마다 레크리에이션 과정의 다른 구성 요소에 관심을 쏟는 것일 뿐이다. 이 요소들은 성질이나 특성에서 크게 다르다. 특정한 정책은 한 요소에서 보면 옳고, 다른 요소에서 보면 잘못일 수 있다.

그러므로 이쯤에서 레크리에이션 구성 요소들을 분리하여 각각의 성질이나 특성을 검토해보는 것이 좋을 듯하다.

먼저 가장 단순하고 가장 분명한 것부터 살펴보자. 그것은 야외 행락객이 추구하고 발견하고 획득해서 가져가버리는 물질적 대상이다. 여기에는 짐승이나 물고기 같은 야생 수확물과 머리, 가죽, 사진, 표본 같은 성취의 상징 혹은 증거들이 속한다.

이 모든 것은 하나의 전리품으로 간주된다. 이것들이 주는 즐거움은 그것의 획득뿐만 아니라 그것의 추구 과정에도 있으며, 아니 있어야만 한다. 전리품은 그것이 새알이든 송어 요리 한 접시든 버섯 한 바구니든 곰 사진이든 눌린 야생화 표본이든 산 정상의 기념 돌무더기에 숨겨진 쪽지든 모두가 하나의 증명서다. 그것의 소유자가 어딘가에 갔었고 어떤 일을 했다는 것을 증명한다—즉, 그가 정복하거나 선수를 치거나 제것으로 만드는, 예로부터 인간이 쌓아온 업적에 있어서 재주나 끈덕짐 또는 식견을 발휘했음을 보여준다. 전리품에 부여되는 이런 의미들은 보통 그것의 물질적 가치를 크게 넘어선다.

그러나 대량-추구에 대한 전리품들의 반응은 각기 다르다. 사냥감과 물고기는 증식이나 관리를 통해 산출량을 늘림으로써 사냥꾼 한 사람에게 더 많은 양을, 아니면 같은 양을 더 많은 사냥꾼들에게 제공할 수 있다. 지난 10년 사이에 '야생생물 관리'라는 전문직이 생겨났다. 이십여 개 대학에서 그 기술을 가르치고, 더 많고 더 좋은 야생 동물을 수확하기 위해 연구하고 있다. 그러나 어떤 한계를 넘어서면 이 같은 수확 증대 노력은 수확 체감의 법칙에 지배된다. 사냥감이나 물고기의 지나친 관리는 전리품을 인공화함으로써 그것의 단위 가치를 저하시킨다.

가령 부화장에서 기른 송어를 남획으로 송어가 고갈된 하천에 풀어놓았다고 생각해보자. 그 하천은 송어를 자연 생산하지 못한다. 물이 오염되었거나, 아니면 삼림 벌채와 가축 방목으로 인해 수온이 높아졌거나 토사로 메워졌다. 어느 누구도 그 송어가 로키산맥 고지대의 관리되지 않는 하천에서 잡히는 순수한 야생 송어와 같은 가치를 지닌다고 주장하지는 않을 것이다. 그것 역시 기술이 있어야만 잡을 수 있다고 할지라도 그것의 미학적 의미는 낮다. (한 전문가에 따르면, 그런 송어는 부화장 사육으로 인해 간이 퇴화되어 오래 살지 못한다고 한다.) 그러나 현재 남획으로 송어가 고갈된 몇몇 주는 거의 전적으로 이런 인공 송어에 의존하고 있다.

인공화의 정도는 천차만별이지만 대량-소비가 늘어남에 따라 전체 보전 기술이 인공화를 지향하고 있으며, 이에 따라 전리품의 가치는 전반적으로 저하되고 있다.

비용이 들고 인공적이며 다소는 무기력한 송어를 보호하기 위해 자연보전위원회는 송어 부화장에 몰려드는 모든 왜가리와 제비갈매기를, 그리고 송어 방류 하천에 서식하는 모든 비오리와 수달들을 제거하지 않을 수 없다고 생각하고 있다. 아마도 낚시꾼들은 한 종류의 야생 생물이 다른 종류의 생물을 위해 치러야 하는 이같은 희생에서 아무런 손실도 느끼지 않겠지만, 조류학자들은 금세 대못이라도 물어 끊을 것 같다. 사실상 인공적 관리는 아마 더 높은 차원일 또 다른 레크리에이션을 희생시키면서 낚시를 살려왔다. 이런 점에서 인공적 관리는 모든 사람의 공유 자본에 대한 배당금을 오직 일부 시민에게만 지급해온 셈이다. 생물학적으로 위험천만한 이같은 일들이 사냥감 관리에서 일반적으로 자행되고 있다. 야생동물 수확 통계를 오래 전부터 만들어온 유럽에는 포식자와 사냥감의 '교환 비율'까지 정해져 있다. 가령 독일 작센 지방에서는 엽조 일곱 마리당 매 한 마리를 사냥할 수 있으며, 세 마리의 작은 사냥감에 대해 어떤 종류의 포식자 한 마리를 사냥할 수 있다.

대체로 야생 동물의 인공적 관리는 식물 생육에 피해를 준다—사슴에 의한 삼림 피해가 그 예다. 이런 일들이 독일 북부, 펜실바니아 북동부, 그랜드캐년 북쪽의 카이밥 고원 및 수십 개의 다른 덜 알려진 지역에서 벌어지고 있다. 이들 지역에서는 천적의 제거와 함께 사슴들이 지나치게 늘어났고, 결국 사슴의 먹이 식물들의 생존과 번식이 불가능해졌다. 유럽의 너도밤나무와 단풍나무와 주목, 미국 동부의 주목[1]과 노송나무 그리고 서부의 산마호가니와 암벽장미 등이 인공화된 사슴으로 인해 절멸 위기에 놓인 먹이 식물들이다. 야생화에서 임목(林木)에 이르기까지 식물군을 이루는 종과 개체수가 점점 줄어들고 있으며, 이와 함께 사슴은 영양부족으로 제대로 자라지 못한다. 중세시대 성의 벽에 걸려 있는 것과 같은 거대한 수사슴은 이제 숲에서 사라졌다.

영국의 황야에서는 반시(半翅)[2]와 꿩의 인공적 관리 과정에서 결과적으로 과보호된 토끼들로 인해 나무들의 번식이 방해받고 있다. 수십 곳의 열대지방 섬에서는 고기와 스포츠를 위해 들여온 염소들로 인해 식물 및 동물군이 파괴되었다. 천적이 없어진 포유동물과 이들의 먹이 식물이 고갈된 서식지가 서로 주고받는 피해를 계산하기는 쉽지 않을 것이다. 생태학적으로 잘못된 관리가 빚어내는 이같은 곤경에 빠져 있는 농작물 수확은 단지 끝없는 보상과 철조망을 통해서만 유지되고 있다.

그렇다면 대량-소비는 사냥감과 물고기 같은 유기체 전리품의 질을 저하시키고 사냥 대상이 아닌 동물과 자연 식생 그리고 농작물 같은 다른 자원에 피해를 입히기 쉽다고 일반적으로 말할 수 있다.

사진 같은 '간접적' 전리품의 수확에서는 이러한 질 저하나 피해가 뚜렷하지 않다. 대체로 말하면, 매일 수십 명의 관광객이 한 풍경의 사진을 찍는다고 해서 그 풍경이 손상되지는 않으며, 설사 백 명이 그런다고 해도 어떤 다른 자원도 피해를 입지는 않는다. 카메라 산업은 야생 자연에 기생하는 수많은 것 가운데 그것을 해치지 않는 매우 드문 예의 하나이다.

따라서 전리품으로 추구되는 두 종류의 물질적 대상은 대량-소비에 대한 반응이 근본적으로 다르다는 결론을 얻을 수 있다.

이제 레크리에이션의 보다 미묘하고 복잡한 다른 구성 요소, 즉 '자연 속의 고립감'에 대해 살펴보자. 이것이 일부 사람들에게는 대단히 높이 평가되는 희소 가치의 획득이라는 것은 원생지대를 둘러싼 논쟁에서 분명하게 드러난다. 원생지대 보호론자들은 국립공원과 국유림을 관장하는 도로 건설부서와 타협하여, 도로가 없는 지역을 공식적으로 남겨두기로 합의했다. 즉, 개방된 야생지대 12개에 하나 꼴로 '원생지대'를 공식 지정할 수 있고, 이 지대에는 가장자리까지만 도로를 만든다는 것이었다. 원생지대로 지정되면 특별한 곳으로 선전되며, 실제로도 그렇다. 그리고 오래지 않아 그곳 오솔길들은 사람들로 북적대고, 민간식림치수단에게 일거리를 제공하기 위한 미화 작업이 전개되며, 혹은 뜻하지 않은 화재로 소방차가 들어올 도로를 만들게 되어 결국 두 쪽으로 쪼개지기도 한다. 선전을 통해 사람들이 몰려들면서 가이드와 마부들의 품삯이 오르기도 하며, 그 때문에 원생지대 정책은 비민주적이라고 생각하는 사람들도 생겨난다. 또는 '야생적'이라는 공식 꼬리표가 붙은 벽지를 처음에는 생소하게 생각하고 구경만 하던 지방 상공회의소도 관광객들의 돈에 맛을 들이게 된다. 그러면 원생지대든 아니든 더 많은 위락지를 원하게 된다.

요컨대 야생적 장소의 바로 그 희소성이 선전과 판매촉진이라는 사회 관행과 맞물려, 그러한 곳들이 더욱 희소해지는 것을 막으려는 모든 계획적인 노력을 물거품으로 돌리기 쉽다.

대량-소비가 적막함을 향유할 기회를 직접적으로 줄인다는 것은 의심의 여지 없이 분명하다. 그리고 우리가 도로, 야영장, 등산로, 화장실 등을 레크리에이션 자원의 '개발'이라고 말한다면, 이는 적막함의 향유라는 면에서 틀린 얘기라는 것도 더 이상의 논의가 필요 없이 분명하다. 대중을 위한 그런 시설들은(개발의 의미가 무엇인가 보태거나 창조하는 것이라면) 아무 것도 개발하지 않는다. 오히려 이미 묽어진 국에 물만 타는 격이다.

여기서 고립감이라는 요소와 '신선한 공기와 [여행에 의한] 환경의 변화'라고 말할 수 있는, 단순하지만 매우 독특한 요소를 대비해보자. 대량-소비는 후자의 가치를 파괴하지도 희석시키지도 않는다. 국립공원의 천번째 입장객도 첫번째 입장객과 거의 같은 공기를 마실 수 있고, 월요일 사무실에 앉아 있는 것과는 전혀 다름을 똑같이 느낄 수 있다. 심지어는 무리지어 야외에 나갈 때 이같은 차이를 더 크게 느낄 수 있다고 생각하는 사람도 있을지 모른다. 그렇다면 신선한 공기와 환경의 변화라는 요소는 사진이라는 전리품과 같다고 말할 수 있다—그것은 손상됨이 없이 대량-소비를 견뎌낸다.

이제 또 다른 구성 요소를 살펴보자. 땅과 그 위에서 사는 생명체들이 나름의 독특한 형태를 이루게 하고(진화), 그것들이 자신의 생활을 유지하게 하는(생태) 자연 과정의 인식이 그것이다. 이른바 '자연 탐구'는 비록 신의 선민(選民)*의 등뼈를 오싹하게 하지만, 대중이 이러한 인식을 향해 더듬어 나아가는 첫걸음이다.

인식의 두드러진 특징은 어떤 자원도 소비하거나 그 질을 저하시키지 않는다는 점이다. 가령 매가 먹이를 덮치는 것은 어떤 사람에게는 진화의 드라마로 인식된다. 하지만 다른 사람에게는 단지 프라이팬에 올릴 사냥감에 대한 위협일 뿐이다. 진화의 드라마는 뒤이은 수많은 목격자들에게 전율을 선사할 수 있다. 그러나 위협은 오직 한 사람에게만 그럴 뿐이다—그는 엽총으로 답하기 때문이다.

인식을 고무하는 것이 레크리에이션 사업의 진실로 창조적인 유일한 부분이다.

이 사실은 중요하다. 인식이 '삶의 질'을 향상시킬 수 있는 힘은 깊이

* 여기서는 창조설 신봉자를 의미함.

이해되지 못하고 있다. 다니엘 분*이 처음으로 '검은 피로 물든 땅'**의 숲과 프레리에 발을 디뎠을 때, 그는 '문밖의 미국'의 정수를 자신의 영지(領地)로 만들었다. 분이 그곳을 그렇게 부르지는 않았지만, 그가 발견한 것은 우리가 지금 찾고자 하는 바로 그것이다. 덧붙여, 우리가 여기서 다루는 것은 사물이지 이름이 아니다.

그러나 레크리에이션은 야외 그 자체가 아니라 야외에 대한 우리의 반응이다. 다니엘 분의 반응은, 그가 본 사물의 질뿐만 아니라 그것을 볼 때 함께 한 마음의 눈의 질에도 의존했다. 생태학은 이 마음의 눈에 변화를 가져왔다. 생태학을 통해서 분에게는 단지 사실에 불과했던 것들의 기원과 기능이 밝혀졌다. 또한 그에게는 속성에 불과했던 것들의 메커니즘이 드러났다. 우리에게는 이같은 변화를 측정할 척도가 없다. 그러나 오늘날의 유능한 생태학자들과 비교할 때, 분은 사물의 표면만을 보았을 뿐이라고 말해도 틀림은 없을 것이다. 동물 및 식물 공동체***의 엄청난 복잡성—다니엘 분 시대에 처녀로서 만개했던, 미국이라는 유기체의 본질적인 아름다움 —은 오늘날 미스터 배빗****에게 그러하듯이 다니엘 분에게는 볼 수도 이해할 수도 없는 것이었다. 미국 레크리에이션 자원의 진정한 개발은 오직 하나, 미국인들의 인식 능력의 개발이다. 우리가 개발이라는 이름으로 치장하는 다른 모든 활동은 기껏해야 희석 과정을 늦추거나 감추려는 시도일

---

* Daniel Boone(1734-1820): 켄터키주 탐험과 정착촌 건설에 큰 역할을 한 개척자.

** the dark and bloody ground: 켄터키주의 별칭. 개척 초기 인디언과의 전투에서 유래되었음.

*** 혹은 군집(community).

**** Mr. Babbitt: 미국 작가 싱클레어 루이스(Sinclair Lewis)의 소설에 나오는 주인공으로, 여기서는 독선적이고 속물적인 중산층 실업가 일반을 지칭함.

뿐이다.

그렇다고 배빗이 자신의 나라를 '볼' 수 있으려면 먼저 생태학 박사 학위를 취득해야 한다고 성급하게 결론을 내려서는 안 된다. 오히려 박사는 장의사처럼 자신이 집전하는 성사(聖事)에 무감각해질 수 있다. 모든 진정한 마음의 보물과 마찬가지로, 인식은 그 질의 손상 없이 무한히 작은 단위로 쪼개질 수 있다. 도시 한 귀퉁이의 잡초밭도 붉은삼목[3]숲과 똑같은 교훈을 준다. 남태평양을 탐험하는 과학자들이 보지 못할 수도 있는 것을 농부들은 자신의 방목지에서 볼 수도 있다. 요컨대 인식은 학위나 돈으로 획득할 수 있는 것이 아니다. 그것은 야외는 물론 집에서도 자라며, 그것을 조금 가진 사람도 많이 가진 사람만큼 훌륭하게 활용할 수 있다. 인식을 얻기 위해서라면, 너도 나도 식의 레크리에이션은 쓸모도 필요도 없다.

마지막으로, '농관리(農管理)적 의식'이라는 다섯번째 요소가 있다. 손이 아니라 투표권을 통해 보전 활동을 하는 행락객들은 이것을 알지 못한다. 이것은 인식이 있는 어떤 사람에 의해 어떤 관리 기술이 토지에 적용될 때에만 구현된다. 말하자면, 이것의 향유는 너무나 가난해서 돈으로 레크리에이션을 살 수 없는 토지 보유자와 예리한 눈과 생태학적 의식을 가진 토지 관리자들의 몫이다. 돈으로 경치를 사는 관광객들은 결코 이것을 얻지 못한다. 사냥터지기로 주정부나 아랫사람을 고용한 스포츠맨 역시 그렇다. 위락지의 민간 운영을 공공 운영으로 전환하려고 하는 정부는 자신이 시민에게 제공하려고 애쓰는 것의 상당 부분을 부지불식간에 현장 공무원들에게 주어버리고 있다. 논리적으로 생각하면, 우리 삼림 공무원들과 사냥감 관리인들은 야생 농관리자로서 우리의 임무에 대해 보수를 받는 대신 돈을 내야 하는지도 모르겠다.

작물 생산 과정에서 구현되는 농관리적 의식은 수확 자체만큼이나 중요할 수 있다는 사실은 농업에서는 어느 정도 인식되고 있지만 보전 분야에서는 그렇지 못하다. 미국 스포츠맨들은 스코틀랜드의 사냥터와 독일 삼림에서의 집약적인 사냥감 관리에 대해 어느 정도의 존경심을 지니고 있는데, 어떤 점에서 그같은 존경심은 옳은 것이다. 그러나 그들은 유럽의 토지 보유자들이 수확 과정에서 체득한 농관리적 의식을 전적으로 간과하고 있다. 우리에겐 아직 그런 것이 없다. 이것은 중요하다. 우리가 보조금 지급을 통해 농부들의 삼림조성을 유인하거나 입장료 수입을 통해 그들의 사냥감 사육을 유인해야 한다고 결론을 내린다면, 야생 농관리의 즐거움은 농부에게나 우리 자신에게 아직 생소한 것이라는 점을 자인하는 것에 지나지 않는다.

과학에는 이런 말이 있다. 개체 발생은 계통 발생을 반복한다. 이것이 의미하는 바는 각 개체의 발생은 그 유(類)의 진화사를 반복한다는 것이다. 이것은 물질적 현상뿐만 아니라 정신적 현상에도 적용된다. 전리품 사냥꾼은 다시 태어난 원시인이다. 전리품 사냥은 유(類)의 젊음이건 개인의 젊음이건 간에, 전혀 사죄할 것이 없는 젊음의 특권이다.

현대의 상황에서 우려되는 존재는 야생의 자연을 홀로 대할 수 있는 능력과 인식 및 농관리적 능력이 발육부전이거나 아니면 상실되었을지도 모르는, 전혀 성숙할 줄 모르는 전리품 사냥꾼이다. 그는 자신의 뒤뜰도 관찰할 줄 모르면서 떼지어 대륙을 누비고 야외 활동의 만족을 소비할 뿐 창조하지는 않는, 자동차로 무장한 개미다. 그를 위하여, 레크리에이션 기술자는 자신이 공공서비스를 공급하고 있다는 맹신 속에서 원생지대를 희석하고 그 전리품을 인공화하고 있다.

전리품-행락객은 자신도 모르는 사이에 자신의 파멸을 재촉하는 이상한 버릇을 갖고 있다. 그는 즐기기 위해서는 소유하고 침입하고 전유(專有)해야만 하는 사람이다. 따라서 자신이 직접 볼 수 없는 원생지대는 아무런 가치도 없다. 이용되지 않는 오지는 사회에 아무런 기여도 하지 못한다는 보편적인 가정도 이에서 비롯된다. 상상력 결핍증의 이런 사람들에게 지도 위에 공백으로 남은 땅은 쓸모없는 황무지다. 다른 사람들에게는 가장 가치있는 땅이지만 말이다. (내 몫의 알래스카는 내가 그곳에 결코 가지 않을 것이기 때문에 내게 무가치한 것일까? 나는 내게 북극 초원과 유콘 강의 기러기 초원, 코디액곰[4] 그리고 매킨리[5] 너머의 면양 초원을 보여줄 도로가 필요할까?)

요컨대 발육부전의 야외 레크리에이션은 자신의 자원 기반을 소모한다. 그러나 높은 차원의 레크리에이션은 땅이나 생명체에 거의 아무런 손상도 끼치지 않으면서 적어도 어느 정도 만족을 창조한다. 레크리에이션 과정의 질적 파산을 가져올 수 있는 것이 바로 인식의 성숙이 병행되지 않는 교통 수단의 확산이다. 레크리에이션 개발은 아름다운 시골로 도로를 뚫는 일이 아니라 아직도 차가운 인간의 마음 속에 감수성을 심어주는 일이다.

미국 문화와 야생 동식물

원시 민족들의 문화는 종종 야생 동식물을 토대로 한다. 가령 평원 인디언들은 들소를 잡아먹었을 뿐만 아니라, 들소는 그들의 건축과 의복, 언어, 예술 그리고 종교에 절대적인 영향을 미쳤다.

문명 민족의 경우 문화의 토대는 다른 것으로 옮겨가지만, 그럼에도 불구하고 그 문화에는 야생의 뿌리가 일부 간직되어 있다. 나는 여기서 이 야생적 뿌리의 가치를 논의하고자 한다.

어느 누구도 문화의 무게를 달거나 크기를 잴 수는 없으므로, 나는 그런 일로 시간을 낭비하지는 않겠다. 생각하는 사람이라면 야생 세계와의 접촉을 부활시키는 스포츠, 관습 그리고 경험에는 문화적 가치가 있다는 것을 인정하리라는 점을 지적하는 것으로 충분할 것이다. 내가 감히 말하려는 것은, 이들 가치에는 세 가지 유형이 있다는 것이다.

첫째, 국가의 고유한 기원과 진화를 일깨워주는, 즉 역사 의식을 자극하는 경험이라면 어떤 것이라도 가치가 있다. 그런 의식이 가장 좋은 의미에서의 '국가주의'다. 달리 붙일 간단한 명칭이 없기 때문에 나는 이것을 ―우리의 경우에 ―'개척정신 가치'*라고 부르려 한다. 예를

* split-rail value: split-rail은 통나무의 껍질쪽 판자(죽더끼)로 가로장을 댄 매우 엉성한 울타리인데, 본문에서는 개척시대의 상징으로 쓰였다.

들어 한 보이스카우트 소년이 옛날 다니엘 분이 그랬던 것처럼 무두질한 라쿤 가죽 모자를 쓰고 길 아래 버드나무 덤불을 개간하러 간다고 하자. 그 소년은 미국 역사를 재현하고 있는 것이다. 소년은 문화적으로 그만큼은, 검은 피로 물든 현재의 진짜 모습을 직시할 준비가 되어 있는 것이다. 다시 농가의 한 소년이 사향뒤쥐 냄새를 풍기며 교실에 들어선다고 하자. 소년은 아침식사 전에 덫을 살펴보았다. 이 소년은 옛날 모피 사업의 낭만을 재현하고 있는 것이다. 이렇듯 개인뿐만 아니라 사회에 있어서도 개체 발생은 계통 발생을 반복한다.

둘째, 우리가 토양-식물-동물-인간이라는 먹이사슬에 의존하고 있다는 사실과 생물상의 근본 구조를 일깨워주는 경험이라면 어떤 것이라도 가치가 있다. 문명은 온갖 도구와 매개자들을 통해 이 기본적인 인간-땅 관계를 어지럽게 흩뜨려놓았기 때문에 그것에 대한 의식이 점점 더 희미해지고 있다. 우리는 무엇이 공업을 뒷받침하는지는 잊어버리고, 공업이 우리를 지탱해준다고 믿고 있다. 교육이 흙에서 멀어지는 것이 아니라 흙을 지향하던 시대가 있었다. 아기를 감싸줄 토끼 가죽을 집으로 가져온다는 내용의 자장가는 일찍이 인간이 가족을 먹이고 입히기 위해 사냥했다는 사실을 상기시켜주는 많은 민간 전승의 문화적 유산 가운데 하나다.

셋째, 한데 뭉뚱그려 '스포츠맨십'이라고 부르는 윤리적 절제를 훈련하는 경험이라면 어떤 것이라도 가치가 있다. 우리의 야생동물 사냥 도구는 우리 자신들보다도 더 빨리 발전하고 있는데, 스포츠맨십이란 이같은 장비들의 사용을 스스로 억제하는 것이다. 그것은 야생동물 사냥에서 기술의 구실을 크게 하고 장비의 역할을 줄이는 것을 목표로 한다.

야생동물 사냥 윤리의 독특한 미덕은, 보통 사냥꾼에게는 그의 행동에 갈채를 보내거나 비난을 퍼부을 어떤 관객도 없다는 것이다. 그가 어떤 행동을 하든, 그것은 한 무리 관중의 명령이 아니라 그 자신의 양심의 명령에 의해 이루어진다. 이 사실의 중요함은 아무리 강조해도 지나치지 않을 것이다.

윤리 규범의 자발적 준수는 스포츠맨의 자존감(自尊感)을 고양시킨다. 그리고 규범의 고의적 무시는 그를 퇴보시키며 타락시킨다는 것을 잊어서는 안 된다. 예를 들어 모든 스포츠 규범의 공통 요소는 헛된 살생을 하지 말라는 것이다. 그러나 지금 위스콘신 사슴 사냥꾼들의 합법적인 수사슴 사냥 과정에서, 포획되는 수사슴 두 마리에 적어도 한 마리 꼴로 암사슴이나 새끼 사슴 혹은 어린 수사슴이 사살되어 숲에 버려진다는 것은 분명한 사실이다. 달리 말하면, 사냥꾼들의 대략 절반이 한 마리의 합법적인 사슴을 잡을 때까지 아무 사슴이나 쏜다는 얘기다. 불법적으로 사살된 사슴들은 쓰러진 곳에 그대로 버려진다. 이런 식의 사슴 사냥은 아무런 사회적 가치도 없을 뿐만 아니라 다른 경우의 윤리적 타락을 위한 실제 훈련이기도 하다.

그렇다면 개척정신 경험과 인간-땅 관계의 경험은 제로 또는 플러스 가치를 갖지만, 윤리적 경험은 마이너스 가치도 가질 수 있는 것 같다.

이것이 대략적으로 살펴본, 우리의 야생적 뿌리가 빨아올릴 수 있는 세 종류의 문화적 자양분이다. 그러나 문화가 당연히 이것들을 흡수하는 것은 아니다. 가치의 흡수는 결코 자동적으로 이루어지지 않는다. 단지 건강한 문화만이 가치를 흡수하여 성장할 수 있다. 과연 우리의 지금과 같은 야외 레크리에이션에서 문화가 자양분을 얻을 수 있을까?

야외 스포츠에서 개척정신 가치의 정수라고 할 수 있는 두 가지 의식이 개척 시대에 탄생했다. 하나는 '간소한 차림으로'라는 것이고, 다른 하나는 '사슴 한 마리에 총알 하나'라는 것이다. 개척자들은 간소한 차림일 수밖에 없었다. 그리고 마구잡이 사냥에 필수적인 운송 수단과 돈, 무기가 없었기 때문에 경제적이고 정밀한 사냥을 했다. 그렇다면 당초에 이 두 의식은 우리에게 강요된 것이었음이 분명하다. 우리는 부득이한 일을 불평 없이 했을 뿐이다.

그러나 뒤에 이 두 가지 의식은 스포츠맨십, 즉 스포츠 행위의 자율적 규제를 위한 규범으로 진화했다. 이 의식들을 토대로 자립과 대담, 삼림 기술, 사격술 같은 지극히 미국적인 전통이 만들어졌다. 이것들은 만질 수는 없지만, 추상적인 것은 아니다. 시어도어 루스벨트는 많은 전리품을 포획했다는 점이 아니라, 이 무형의 미국 전통을 어떤 초등학생도 이해할 수 있는 글로 표현했다는 점에서 위대한 스포츠맨이었다. 더 솜씨있고 정확한 표현은 스튜어트 에드워드 화이트[6]의 초기 저술 속에 나타난다. 이런 인물들은 문화적 가치를 인식함으로써 또한 그 성장 패턴을 만듦으로써 그것을 창조했다고 해도 크게 잘못된 말이 아니다.

그 다음에 장비업자, 이른바 스포츠용품업자들이 등장했다. 그들은 미국 야외 스포츠맨들을 무수한 장비로 치장했다. 이 모든 장비는 자립과 대담, 삼림기술, 사격술의 보조물로서 제공되지만, 실제로는 대체물의 구실을 하는 경우가 너무나 흔하다. 장비들은 호주머니를 가득 채우고 목과 혁대에도 주렁주렁 매달린다. 그러고도 남은 것들은 자동차 트렁크와 트레일러에 채워진다. 야외장비마다 점점 더 가벼워지고 흔히는 더 좋아지지만, 한 사람이 의존하는 장비의 전체 무게는 더 커진다. 장비 시장 규모는 천문학적 수치에 이르고, 그것이 '야생 동식물의 경제적 가치'를 대변하는 것인 양 엄숙하게 발표된다. 그러나 문화적 가치는 어찌 되었는가?

하나의 극단적인 예로, 유인장비 뒤의 철제 보트에 앉아 있는 오리사냥꾼을 생각해보자. 그는 소형 모터보트를 이용하여 힘들이지 않고 숨는 곳에 도착했다. 옆에는 찬바람이 불 때 몸을 녹여줄 휴대용 히터가 준비되어 있다. 그는 공장에서 만든 음향기로 지나가는 새 떼에게 말을 걸면서, 유혹적인 소리이길 바란다. 어떻게 하는지는 축음기를 통해 집에서 익혔다. 음향기임에도 불구하고 유혹은 적중한다. 한 떼의 오리가 원을 그리며 날아든다. 두 번 원을 그리기 전에 쏘아야만 한다. 이 늪지에 북적대는, 비슷한 장비를 갖춘 다른 사냥꾼들이 먼저 쏠지도 모르기 때문이다. 그는 70야드 거리를 두고 발포한다. 왜냐하면 그의 복열식 엽총의 조리개는 무한대에 맞춰져 있고, 선전에 따르면 슈퍼-제트 총탄은 사정거리가 멀기 때문이다. 오리떼가 사방으로 흩어진다.

불구가 된 두 마리가 비늘처럼 떨어져 어딘가 다른 곳에서 죽는다. 이 스포츠맨은 문화적 가치를 흡수하고 있는가? 아니면 그저 밍크에게 먹이를 주는 것일까? 이웃 사냥꾼은 75야드 거리를 두고 발포한다. 그렇게라도 하지 않으면 그가 총 한 번 쏘아볼 수 있겠는가? 이것이 요즈음의 전형적인 오리 사냥 모습이다. 이런 오리 사냥이 모든 공공 사냥터와 많은 클럽 사냥터에서 일반적으로 저질러지고 있다. '간소한 차림'의 의식과 '총알 하나'의 전통은 어디로갔는가?

그 대답은 결코 간단하지 않다. 루스벨트도 현대식 엽총을 경멸하지는 않았다. 화이트도 가벼운 마음으로 알루미늄 그릇, 실크 텐트, 건조식품 따위를 사용했다. 그렇긴 해도 그들은 기계적인 보조물들을, 그것들에 이용당하지 않으면서 적당히 사용했다.

나는 감히 중용이 무엇인지, 적당한 장비와 과도한 장비를 구분짓는 경계가 어디인지를 안다고 하지는 않겠다. 그러나 장비의 기원과 그 장비의 문화적 영향 사이에는 밀접한 관계가 있다는 것은 분명한 것 같다. 가령 집에서 만든 스포츠 및 야외활동 보조물들은 흔히 인간-땅 드라마를 파괴하기는커녕 고취시킨다. 자신이 직접 만든 플라이로 송어를 낚은 사람은 한 가지가 아니라 두 가지 일을 멋지게 해낸 것이다. 나 자신도 공장에서 만든 많은 장비들을 사용한다. 그러나 어떤 한계가 있음에 틀림없다. 그것을 넘어서면 돈으로 산 보조물들은 스포츠의 문화적 가치를 오히려 파괴한다.

모든 스포츠가 오리 사냥 수준으로 타락한 것은 아니다. 미국 전통의 수호자들이 아직 남아 있다. 아마도 활과 화살을 사용하자는 운동과 매사냥의 부활이 반동의 시작이 아닐까 한다. 그러나 전체적 경향은 문화적 가치, 특히 개척정신 가치와 윤리적 절제의 위축을 수반하면서 더욱 더 기계화로 흐르고 있음이 분명하다.

나는 미국 스포츠맨들이 혼란을 겪고 있다는 생각이 든다. 그들은 자신들에게 어떤 일이 일어나고 있는지 이해하지 못하고 있다. 더 크고 더 좋은 장비는 산업에 유익하다. 그런데 왜 야외 레크리에이션에는 그렇지 않다는 것인가? 그들은 야외 레크리에이션은 본질상 원시적이며 격세 유전적인 것이고, 그 가치는 [산업문명 대(對) 자연의] 대비-가치이고, 과도한 기계화는 공장을 숲이나 늪으로 옮김으로써 그 대비를 파괴한다는 것을 아직 생각하지 못하고 있다.

스포츠맨들에게는 무엇이 잘못 되었는지 얘기해줄 지도자가 없다. 스포츠 간행물도 스포츠를 대변하지 못하며, 장비업자들의 광고판으로 전락한 지 오래다. 야생 동식물 관리들은 사냥감 생산에 바쁜 나머지 사냥의 문화적 가치에 대해 깊이 생각해볼 겨를이 없다. 크세노폰[7]에서 시어도어 루스벨트에 이르기까지 모든 사람들이 스포츠에는 가치가 있다고 말했기 때문에, 이 가치는 결코 파괴되지 않는 것으로 간주되고 있다.

화약과 무관한 스포츠 분야들에서는 기계화의 영향이 다양하게 나타났다. 현대식 쌍안경과 카메라, 알루미늄 새-고리 등은 분명히 조류학의 문화적 가치를 손상시키지 않았다. 낚시는 배 꼬리에 다는 모터와 알루미늄 카누를 제외하면, 사냥만큼 심하게 기계화된 것 같지는 않다. 그러나 자동차가 보급되면서 원생지대 여행 스포츠는 거의 파괴되었다. 찾아갈 만한 원생지대들은 단지 티끌만한 크기로 남았을 뿐이다.

변경 삼림지대에서 사냥개로 하는 여우 사냥은 부분적으로 기계화되었지만 해가 없어 보이는 드문 예다. 그것은 가장 순수한 형태의 스포츠 가운데 하나다. 그것에는 진정한 개척정신의 풍취가 있다. 그리고 최고의 인간-땅 드라마가 있다. 여우는 사살하지 않고 놓아준다. 그러므로 윤리적 절제 또한 존재한다. 그러나 우리는 지금 포드 자동차를 타고 여우를 뒤쫓는다! 사냥 나팔 소리와 싸구려 자동차의 경적 소리가 뒤범벅이다! 그렇지만 그 누구도 기계 여우사냥개를 발명하거나 사냥개 코에 엽총을 달지는 않을 것 같다. 또 축음기나 다른 손쉽고 빠른 수단으로 개 훈련법을 가르칠 것 같지도 않다. 내 생각에, 장비업자들은 사냥개를 어떻게 해보는 데는 한계에 이른 것 같다.

스포츠의 모든 해악을 오로지 스포츠 보조물 발명가들의 탓으로 돌릴 수는 없다. 선전자들은 아이디어를 짜내는데, 이 아이디어라는 것은 좀처럼 실물만큼 정직하지 않다. 두 가지 모두 쓸모없을 수도 있지만 말이다. 선전자들 중 한 무리에 대해서는 특별한 언급이 필요하다. '갈 곳을 안내하는' 부서다. 좋은 사냥터나 낚시터의 소재에 관한 지식은 지극히 개인적인 자산이다. 그것은 개인적인 특별한 호의로서 주거나 빌려주는, 낚싯대나 사냥개 혹은 엽총 같은 것이다. 그러나 내 생각에, 이런 지식을 하나의 간행물 판촉수단으로서 스포츠 칼럼 시장에 팔고

다니는 것은 다른 문제이다. 그것을 누구든 모두에게 무료 공공 '서비스'로서 제공하는 것은, 내겐 전혀 다른 문제로 보인다. 심지어는 '보전' 부서들조차 어디에 가면 고기가 잘 무는지, 어디에 가면 오리떼가 식사를 위해 과감히 내려앉는지를 누구에게나 알려주고 있다.

조직적으로 행해지는 이 모든 무차별적 정보 공개는 야외 스포츠의 본질적으로 개인적인 요소의 하나를 비개인화하기 쉽다. 나는 어디까지가 적당하고 어디부터는 지나친가 하는 경계에 대해서는 알지 못한다. 그러나 '갈 곳을 안내하는' 서비스는 분별의 선을 넘어섰다고 확신한다.

사냥이나 낚시가 유익하다면, '갈 곳을 안내하는' 서비스는 바라는 만큼 많은 스포츠맨을 끌어들이기에 충분하다. 그러나 유익하지 않다면, 선전자들은 보다 강력한 수단에 의지해야만 한다. 그 한 예가 낚시 제비뽑기인데, 부화장에서 기른 물고기 몇 마리에 번호표를 달아서 풀어놓고 우승 번호의 물고기를 낚은 낚시꾼에게 상을 준다. 과학 기술과 도박장 기술의 이 기묘한 결합이 이미 물고기가 고갈된 많은 호수에서 남획이 자행되도록 보장하고, 많은 지역 상공회의소에 넘치는 자만감을 선사하고 있다.

전문적인 야생 동식물 관리인들이 자신들은 이런 일들과 무관하다고 생각해도 소용없다. 생산 기술자와 판매원*들은 한솥밥을 먹는다. 책임은 양쪽 모두에게 있다.

야생 동식물 관리인들은 환경을 조작함으로써 야생에서 사냥감을 사육하고, 그럼으로써 사냥을 포획 차원에서 수확 차원으로 변화시키려고 한다. 만약 이같은 변화가 일어난다면, 그것은 문화적 가치에 어

---

* '생산 기술자'는 야생 동식물 관리인을, '판매원'은 갈 곳을 안내하는 사람들을 의미한다.

떤 영향을 미칠 것인가? 개척정신의 풍미와 자유 사냥이 역사적으로 결합되어 있다는 것은 인정해야 한다. 다니엘 분은 야생 동식물 수확은 말할 것도 없고 농작물 수확도 좀처럼 참지 못했다. 아마도 이 외멜빵 바지 스포츠맨이 '수확'이라는 사고로 개종하기를 완강히 거부했던 것은 그의 개척정신 유산의 발현이었을 것이다. 수확이라는 관념이 저항을 받는다면, 그 까닭은 그것이 개척정신 전통의 한 가지 구성 요소인 자유 사냥과 양립할 수 없기 때문일 것이다.

기계화는 그것이 파괴하는 개척정신 가치의 아무런 문화적 대체물도 제공하지 못한다. 적어도 내게는 그렇게 보인다. 그러나 [야생 사냥감] 수확이나 관리는 야생 농관리(農管理)라는, 내게는 최소한 동등한 가치를 지니는 대체물을 제공한다. 야생 사냥감 수확을 위한 토지 관리 경험은 다른 모든 형태의 농업과 동등한 가치를 지닌다. 즉, 그것은 인간-땅 관계를 상기시켜준다. 더욱이 그것에는 윤리적 절제도 내포되어 있다. 즉, 포식자를 통제하지 않는 사냥감 관리는 높은 차원의 윤리적 절제를 요구한다. 그렇다면 사냥감 수확은 한 가지 가치 ―개척정신―는 위축시키지만 다른 두 가치는 고양시킨다는 결론을 얻을 수 있다.

야외 스포츠를 매우 활발하게 진행되는 기계화와 완전히 정적인 전통의 충돌의 장으로 간주한다면, 문화적 가치의 전망은 진정 어둡다. 그러나 우리의 스포츠 관념이 장비 목록이 늘어나는 것처럼 그렇게 활발하게 성장하지 못할 까닭이 어디에 있는가? 아마도 문화적 가치를 구원하는 길은 적극적인 사회운동을 펼치는 데 있을 것이다. 나 자신은 때가 무르익었다고 생각한다. 스포츠맨은 스스로 미래를 결정할 수 있다.

예를 들어 지난 십 년에 걸쳐 전혀 새로운 형태의 스포츠가 나타났다. 그것은 야생 동식물을 파괴하지 않고, 장비를 이용하되 그 노예가 되지는 않으며, 금렵 구역 따위가 필요없고, 단위 면적당 스포츠맨 수용능력을 엄청나게 증대시킨다. 그것에는 포획량 제한도 금렵 기간도 없다. 선생은 필요하지만 감시인은 필요없다. 그것은 최고의 문화적 가치를 지니는 새로운 삼림 기술을 요구한다. 이 스포츠는 바로 야생 동식물 탐구다.

야생 동식물 탐구는 매우 전문적인 활동으로 출발했다. 물론 지금도 보다 까다롭고 힘든 탐구 주제는 전문가들의 손에 맡겨져야 하겠지만, 모든 수준의 아마추어에게 적합한 주제도 얼마든지 있다. 기계 발명 분야에서는 이미 오래전부터 아마추어들의 탐구가 활발했다. 이제 생물학 분야에서도 아마추어 탐구라는 스포츠-가치가 탄생하고 있다.

아마추어 조류학자인 마가렛 모스 나이스는 자신의 뒤뜰에서 노래참새[8]를연구했다. 그녀는 조류 행동 분야에서 세계적인 권위자가 되었으며, 새들의 사회 조직을 연구하는 많은 전문가보다 앞질러 생각하고 앞질러 연구했다. 은행가인 찰스 브롤리는 재미 삼아 독수리에 고리를 달아주었다. 그는 그때까지 알려지지 않았던 새로운 사실을 발견했다. 즉, 일부 독수리는 겨울철에 남부에서 둥지를 튼 다음 북부 삼림으로 휴가를 떠난다는 것이다. 매니토바 프레리의 밀농사꾼인 노먼 크리들과 스튜어트 크리들은 자신들 농장의 동식물군을 연구하여 국지 식물학에서 야생 동식물 사이클에 이르는 모든 것에 대한 권위를 인정받게 되었다. 뉴멕시코 산악 지대의 목동인 엘리엇 바커는 베일에 싸인 고양이, 즉 퓨마에 관한 최고의 책 두 권 중 하나를 저술했다. 이들이 주제넘은 일을 했다고 말해서는 안된다. 그들은 최고의 즐거움은 알려지지 않은 것을 관찰하고 탐구하는 데 있다는 것을 진정으로 깨달은 사람들이다.

현재 대부분의 아마추어가 갖고 있는 조류학, 포유동물학, 식물학 지식은 각 분야의 아마추어들에게 가능한(그리고 열려 있는) 것에 비하면 유치원 수준밖에 안된다. 그 이유의 하나는(야생 동식물 교육을 포함하여) 생물학 교육의 전체 구조가 전문가들의 독점적 탐구의 영속화를 지향하고 있기 때문이다. 아마추어들에게는 단지 전문가들이 이미 알고 있는 사실을 확증하는 것에 불과한 겉치레의 발견 여행만이 할당될 뿐이다. 젊은이들에게 일깨워줘야 할 것은, 자유롭게 바다를 항해할 수 있는 배 한 척이 그들 자신의 정신적 조선소에서 만들어지고 있다는 사실이다.

나는 야생 동식물 탐구 스포츠를 장려하는 일이야말로 야생 동식물 관리 전문가들에 지워진 가장 중요한 임무라고 생각한다. 야생 동식물들은 지금은 불과 몇몇 생태학자들에게만 보이지만, 전체 인류 활동에 잠재적으로 중요한 또 다른 가치를 갖고 있다.

우리는 이제 동물 집단에는, 각 개체가 인식하지는 못하지만 그 발현에 일조하는 어떤 행동 양식이 있다는 것을 알고 있다. 가령 토끼는 토끼 사이클을 모르지만 그것의 매체이다.

개체들을 따로따로 떼어놓고 관찰하거나 단기간 살펴보아서는 이런 행동 양식을 파악할 수 없다. 한 마리의 토끼를 아무리 세밀하게 관찰해도 사이클에 대해서는 아무 것도 알 수 없다. 사이클이란 개념은 수십 년에 걸쳐 집단을 철저하게 관찰해야만 얻을 수 있다.

여기서 이런 불길한 의문이 생긴다. 인간 집단에도 우리가 알지 못하는, 그러나 우리가 그 발현에 기여하는 어떤 행동 양식이 있을까? 폭도와 전쟁, 사회 불안과 혁명 등은 그런 것의 단편일까?

많은 역사가와 철학자들은 인간의 집단 행동을 개개인의 의지에 의한 행동의 집합적 결과로서 설명하기를 고집한다. 외교의 전체 주제는 정치 집단은 존경할 만한 개인의 특성을 지니고 있다고 가정한다. 한

편, 일부 경제학자들은 전체 사회를 과정들을 위한 노리개로 보고 있는데, 대체로 우리는 이 과정들을 그것들이 진행되고 난 다음에야 비로소 알 수 있을 뿐이다.

인간의 사회적 과정은 토끼의 그것보다 더 높은 수준의 의지를 내포한다고 가정하는 것은 합리적이다. 그러나 하나의 종으로서의 우리 인간에게도 집단행동 양식이 있으며, 다만 환경이 그것을 불러일으킨 적이 없기 때문에 전혀 알려지지 않았다고 가정하는 것 또한 무리가 없다. 우리에게는 우리가 그 의미를 잘못 해석해온 다른 것들이 있을지도 모른다.

인간의 집단 행동의 근본에 대한 이같은 의문 때문에 인간의 유일한 상사체(相似體)인 고등 동물들에 대해 특별한 관심과 가치가 부여되고 있다. 이들 동물의 문화적 가치를 강조해온 대표적인 사람으로는 어링턴(Errington)을 꼽을 수 있다. 수 세기 동안 우리는 이 풍부한 지식의

도서관을 이용할 수 없었는데, 그것을 어디서 어떻게 찾아야 할지 몰랐기 때문이다. 이제 생태학은 우리 자신의 문제들과 닮은 것들을 동물 집단에서 찾으라고 가르치고 있다. 생물상의 작은 부분이 어떻게 작동하는가를 앎으로써 우리는 전체 메커니즘이 어떻게 작동하는지를 추정할 수 있다. 이런 깊은 의미들을 인식하고, 그것들을 정확하게 평가하는 능력이 미래의 삼림 기술이 될 것이다.

요약하면, 야생 동식물은 일찍이 우리를 부양했고, 우리의 문화를 만들었다. 지금도 우리에게 여가의 즐거움을 선사한다. 그러나 우리는 현대의 기계를 통해 이 즐거움을 얻으려 하고, 그럼으로써 그것의 일부 가치를 파괴하고 있다. 이 즐거움을 현대의 지성을 통해 거둔다면 즐거움뿐만 아니라 지혜 또한 얻을 수 있을 것이다.

원생지대

야생의 자연은 문명이라고 하는 인공물을 만들어내는 원료로 이용되어왔다.

야생의 자연은 결코 균질의 원료가 아니었다. 그것은 매우 다양했으며, 따라서 그것으로 만들어지는 인공물도 매우 다양하다. 최종 산물의 이 차이들을 문화라고 한다. 세계 문화가 매우 다채로운 것은 그것들을 탄생시킨 야생 세계가 그만큼 다양하기 때문이다.

인류 역사에서 처음으로 두 가지 큰 변화가 일어나고 있다. 하나는 거주에 보다 적합한 지구 곳곳에서 원생지대가 점차 사라지고 있다는 것이고, 다른 하나는 현대 운송수단 및 산업화를 통해 전세계적으로 문화의 혼융(混融)이 일어나고 있다는 것이다. 그 어느 것도 막을 수 없으며, 아마도 막아서는 안 될 것이다. 그러나 지금의 변화를 다소 조정함으로써 그렇지 않으면 상실해버리고 말 특정 가치를 보전할 수 있지 않을까 하는 의문이 제기된다.

땀에 젖어 일하고 있는 노동자에게 모루 위에 놓인 원자재는 이겨내야 하는 적이다. 개척자들에게는 원생지대가 그랬다.

그러나 잠시나마 자신의 세상을 철학적인 눈으로 바라볼 수 있는 휴식중의 노동자에게 같은 원자재는 사랑하고 소중히 해야 할 그 무엇으로 비친다. 그의 삶에 정의(定意)와 의미를 부여하기 때문이다. 이 글은 훗날 자신들의 문화적 유산의 기원을 보고 느끼고 혹은 탐구하기를 바랄지도 모를 사람들을 위해 마치 박물관 소장품처럼 일부 잔여 원생지대를 보전하자는 호소이다.

잔여 원생지대

미국의 건설 바탕이 된 다양한 원생지대의 많은 부분이 이미 사라졌다. 그러므로 모든 실제 [보전] 사업에서 보전해야 할 단위 지역은 그 규모와 야생성의 정도에서 천차만별일 수밖에 없다.

어느 누구도 꽃의 바다가 개척자들의 말 등자[9]까지 출렁이던 키큰-풀 프레리를 다시 볼 수 없을 것이다. 그저 우리는 프레리 식물들이 종으로서 명맥을 유지할 수 있는 작은 땅을 여기저기서 찾아보는 것이 현명할 것이다. 프레리 식물은 수백 종에 달했고, 많은 것은 눈에 띄게 아름다웠다. 그 대부분은 그들의 영토를 차지한 인간들이 전혀 알지 못하는 것들이다.

그러나 카베사 데 바카[10]가 들소의 배 아래로 지평선을 보았던 키작은-풀 프레리는 비록 양과 소 그리고 건지(乾地) 농사를 짓는 농부들에 의해 심하게 훼손되기는 했지만 몇몇 곳에 약 1만 에이커 크기로 아직 남아 있다. 포티-나이너*들이 주의회 의사당 벽에 기념으로 남을 가치가 있다면, 그들의 굉장했던 이주 무대도 몇몇 국립 프레리 보전구역으로 지정하여 기념할 가치가 있지 않을까?

해안 프레리는 플로리다와 텍사스에 한 곳씩 남아 있지만, 유정과 양파 밭, 감귤 농장이 드릴과 불도저로 완전무장하고 다가오고 있다. 해

---

* forty-niner: 1848년 1월 캘리포니아에서 금광이 발견된 뒤 짧은 기간에(특히 1849년) 골드러시에 들떠 캘리포니아로 몰려간 수천 명의 사람들.

안 프레리의 종말도 멀지 않았다.

어느 누구도 오대호 연안의 처녀 프레리도 호안 삼림 평원도 그리고 거대한 활엽수림도 살아서는 다시 볼 수 없을 것이다. 그것들이 몇 에이커의 조각들로라도 남는다면 만족해야 할 것이다. 다만 1천 에이커에 달하는 단풍나무-솔송나무 혼합림은 아직 몇 곳 남아 있다. 그리고 애팔래치아 활엽수림, 남부 활엽수 습림, 삼나무 습림, 아디론댁[11]가문비나무 삼림도 비슷한 정도로 남아 있다. 그러나 이들 자투리 가운데 벌채될 염려가 없는 곳은 거의 없으며, 관광도로 건설로부터 안전한 곳은 더더욱 없다.

원생지대 가운데 가장 빠르게 축소되고 있는 것 중 하나가 해안과 호안(湖岸)이다. 별장과 관광도로 때문에 태평양과 대서양의 원생 해안은 거의 사라졌다. 지금 슈피리어호는 오대호의 원생 호안 가운데 마지막 남은 큰 호안을 잃어가고 있다. 어떤 다른 부류의 원생지대도 해안 및 호안만큼 역사와 긴밀하게 얽혀 있고, 또 완전한 소멸에 다가선 것은 없다.

로키산맥 동쪽의 북미 전역에서 공식 원생지대로 지정·보호되는 대규모 지역은 오직 한 군데, 미네소타와 온타리오에 걸쳐 있는 퀘티코-슈피리어 국제공원이다. 호수와 강이 모자이크를 이루고 카누 타기를 즐길 수 있는 장려한 이곳은 대부분 캐나다 영토에 속해 있고 또 캐나다가 원한다면 얼마든지 확장될 수 있지만, 그 통합성이 최근의 두 가지 사태로 위협받고 있다. 하나는 수상비행기를 이용하는 낚시 리조트의 증가이고, 다른 하나는 그곳의 미네소타 쪽 끝 지대가 모두 국유림으로 지정되어야 하는지 아니면 일부는 주유림(州有林)으로 지정되어야 하는지에 대한 관할권 논쟁이다. 이 지역은 [보전론자들의] 힘을 가두어놓는 저수지가 된 셈인데, 원생지대 보호론자들 사이의 이 유감

스러운 내부 분열은 반대파 사람들에게 더욱 힘을 보태주는 결과를 빚게 될지도 모른다.

로키산맥 자락의 주들에서는 각기 10만 에이커에서 50만 에이커에 이르는 국유림 20여 곳이 원생지대로 지정되어 도로와 호텔의 건설 및 기타 유해한 토지 이용 행위가 금지되어 있다. 국립공원에서도 같은 원칙이 인정되고 있지만, 구체적인 경계는 정해져 있지 않다. 전체적으로 보아, 이들 연방 소유 토지가 원생지대 정책의 중추를 이루지만, 보고서에 씌어 있는 것처럼 안전하지는 못하다. 새로운 관광도로 건설을 위한 지역사회의 압력이 여기서 조금, 저기서 조금씩 삼림을 잠식하고 있다. 산불 통제를 위해 도로 연장이 필요하다는 압력은 끊이지 않으며, 이 도로들은 서서히 고속도로로 바뀐다. 지난날 일거리가 없던 민간식림치수단은 종종 쓸모도 없는 새 도로의 건설을 부추겼다. 2차대전 동안에는 군대 수요에 기인한 목재 부족이 합법 또는 불법적인 많은 도로 건설을 자극했다. 그리고 지금은 산악 지역 곳곳에 스키장과 호텔이 다투어 들어서고 있는데, 종종 앞서 원생지대로 지정된 곳에서도 이런 일이 벌어진다.

가장 교활한 원생지대 잠식 가운데 하나는 포식자 통제를 통해 이루어진다. 그 과정은 이렇다. 대형 사냥감을 관리하기 위해 원생지대에서 늑대와 퓨마 등을 제거한다. 이에 따라 대형 사냥감—대체로 사슴이나 엘크—이 과잉 번식한다. 잉여 사냥감을 거두어들이려면 사냥꾼들을 유인해야 하지만 오늘날 사냥꾼들은 자동차 없이는 움직이려 하지 않는다. 따라서 잉여 사냥감에 접근할 수 있는 도로를 만들어야 한다. 원생지대는 이 과정의 반복을 통해서 쪼개져왔고, 이것은 지금도 계속되고 있다.

로키산맥 원생지대 체계는 남서부의 노간주나무 지대에서부터 '오리건이 펼쳐지는 끝없는 삼림'에 이르기까지 광범위한 형태의 숲을 포함하고 있다. 그러나 사막 지역은 제외되었는데, 아마도 '풍경'의 정의를 호수나 소나무에만 국한시키는 미성숙한 미학 때문이 아닐까 한다.

캐나다와 알래스카에는 지금도 광활한 처녀지가 곳곳에 남아 있다.

이름 없는 사람들이 이름 없는 강변을 따라 헤매고
낯선 골짜기에서 아무도 모르게 홀로 죽어가는 곳.

이 지역들 중 대표적인 곳들은 보전될 수 있으며, 또 그래야만 한다. 많은 지역은 경제적 이용 가치가 하찮거나 전혀 없다. 당연히 보전을 위한 구체적인 계획은 불필요하다는 주장도 있을 것이다. 어찌 되었건 그런 지역은 충분한 크기로 살아남을 것이라는 주장이다. 그러나 최근의 모든 역사는 이런 달콤한 가정이 거짓임을 드러내고 있다. 야생적인 장소는 존속한다고 하더라도, 그곳의 동물군은 어떻게 되는가? 삼림 순록,[12] 몇몇 종의 산양, 순수한 혈통의 삼림 들소, 툰드라 회색곰, 민물 물개 그리고 고래 등은 현재에도 위험에 처해 있다. 독특한 동물들이 사라진 야생 지역이 무슨 소용이 있겠는가? 최근에 설립된 북극 연구소는 북극 황야를 산업화하기 시작했는데, 얼마든지 원생지대로서는 가치가 없는 곳으로 만들어버릴 수 있을 것이다. 북극 지방조차 종말을 눈앞에 두고 있다.

캐나다와 알래스카가 그나마 남은 기회를 어느 정도까지 살릴 수 있을지는 아무도 모른다. 보통 개척자들은 개척을 영속화시키려는 어떠한 노력도 비웃는다.

레크리에이션을 위한 원생지대

생존 수단을 얻기 위한 인간들 사이의 육체적 투쟁은 장구한 세월 동안 하나의 경제적 사실이었다. 그러한 것으로서의 투쟁이 사라지자 인간은 본능적으로 그것을 운동경기와 오락의 형태로 보전하게 되었다.

인간과 짐승 사이의 육체적 투쟁도 마찬가지로 경제적 사실이었으며, 지금 스포츠 사냥과 낚시로서 보전되어 있다.

공공 원생지대는 무엇보다도 개척을 위한 이동 및 생존에 이용되었던 보다 남성적이고 원시적인 기술을 스포츠의 형태로 영속시키기 위한 수단이다.

이들 기술 가운데 일부는 보편화되어 있다. 보다 세세한 사항은 미국적 상황에 맞게 변용되었지만, 기술 자체는 세계에 널리 퍼져 있다. 사냥과 낚시 그리고 배낭 도보 여행 등이 그런 예다.

그러나 이것들 가운데 두 가지는 히코리나무만큼이나 미국적이다. 이것들은 다른 나라에서도 모방되고 있지만 완전한 발전은 전적으로 이 대륙에서 이루어졌다. 그 하나는 카누 여행이며, 나머지 하나는[대상(隊商)처럼] 줄줄이 짐승에 짐을 싣고 다니는 여행이다. 둘 모두 급속히 쇠퇴하고 있다. 허드슨만 인디언들도 지금은 모터보트를 가지고 있으며, 산악 안내인들도 자동차를 갖고 있다. 만약 내가 사공이나 마부로서 생계를 꾸려가야 한다면 나 역시 틀림없이 그렇게 할 것이다. 왜냐하면 그것은 너무나 고된 일이기 때문이다. 그러나 기계화된 대체물과 경쟁해야만 할 때, 원생지대 여행을 스포츠로 즐기는 우리는 좌절하지 않을 수 없다. 모터보트 소음 속에 짐을 실어 나르는 것이나, 여름 호텔 풀밭에서 당신의 종을 단 암말을 쫓아내는 것은 멋적은 일이다. 차라리 집에 머무는 편이 더 낫다.

원생지대는 무엇보다도 원시적 방식의 여행, 특히 카누와 대상 식 여행을 위한 성스러운 장소다.

아마도 혹자는 이런 원시적 기술의 보전이 중요한지에 대해 논쟁하고 싶어할 것이다. 나는 여기에 대해 왈가왈부하지 않겠다. 당신이 뼛속 깊이 그것을 알고 있는 사람이거나, 아니면 너무나 늙어버린 사람이거나 둘 중 하나일 것이기 때문이다.

유럽식 사냥과 낚시에는, 미국에서는 원생지대가 있기 때문에 보전되고 있는 것들이 대체로 빠져 있다. 유럽인들은 피할 수만 있다면 숲에서 야영이나 취사를 하지 않으며, 자신의 일을 스스로 하지도 않는다. 허드렛일은 몰이꾼이나 하인의 몫이며, 사냥은 개척보다는 소풍에 가깝다. 기술의 검증은 거의 사냥감이나 물고기의 실제 포획에만 국한된다.

골프장이나 관광단지와 비교하면, 원생지대는 레크리에이션 수용능력이 작기 때문에 원생지대 스포츠는 '비민주적'이라고 비판하는 사람들이 있다. 이같은 주장의 기본적인 잘못은 대량 생산에 대항하기 위한 목적을 지닌 것에 대량 생산의 철학을 적용하려는 데 있다. 레크리에이션의 가치는 숫자의 문제가 아니다. 레크리에이션의 가치는 그 경험의 강렬함과 그것이 일상 생활과 구분되고 대조되는 정도에 정비례한다. 이런 기준에서 볼 때, 기계화된 야외 행락은 기껏해야 맥빠지는 일이다.

기계화된 레크리에이션은 이미 숲과 산악의 10분의 9를 장악하고 있다. 소수를 진정으로 존중한다면, 나머지 10분의 1은 원생지대로 남겨져야 한다.

과학을 위한 원생지대

유기체의 가장 중요한 특징은 건강이라고 하는 내적 자기-회복 능력이다.

자기-회복 과정이 인간의 간섭과 통제를 받아온 유기체가 두 가지 있다. 하나는 인간 자신이고(의학과 공중 보건에 의해) 다른 하나는 토지다(농업과 보전에 의해).

토지의 건강을 관리하려는 노력은 별로 성공적이지 못했다. 토양이 산출력을 잃어버리거나 또는 유실되는 양이 생성되는 양보다 더 많을 때 그리고 수계(水系)에 비정상적인 홍수나 가뭄이 계속될 때, 그 토지는 병든 토지라는 것은 지금은 일반화된 지식이다.

토지의 다른 교란 상태들은 각기 하나의 사실로서 인식될 뿐, 아직 토지 질병의 증후로서 받아들여지지는 않고 있다. 보호 노력에도 불구하고 뚜렷한 이유 없이 어떤 동식물 종이 사라지는 현상, 통제 노력에도 불구하고 어떤 동식물 종이 해로운 수준까지 대량 번식하는 현상 등은 달리 더욱 명쾌하게 설명할 수 있는 방법이 없는 한, 토지 유기체의 질병 증후로서 받아들여져야 한다. 이 두 가지 현상은 정상적인 진화적 사건으로 보아 넘기기에는 너무나 빈번히 발생하고 있다.

이같은 토지 질병들에 대한 우리의 인식 수준이 어느 정도인가는 그 치료가 여전히 국부적인 차원에 머물러 있다는 사실에 반영되어 있다. 우리는 토양의 산출력이 저하되면 비료를 쏟아붓거나 또는 처음부터 그 토양을 만들어온 야생 동식물도 산출력 유지에 마찬가지로 중요할 수 있다는 사실은 생각하지 못하고 기껏해야 작물이나 가축의 종류만 바꿀 뿐이다. 예를 들면 최근에 발견된 사실로서, 그 이유는 알 수 없지만 담배 농사는 야생 돼지풀이 미리 조건을 갖추어놓은 토양에서 잘 된다는 것이다. 이같은 뜻밖의 의존 고리가 자연에 보편적으로 있을 수 있다는 것을 우리는 깨닫지 못하고 있다.

프레리 도그[13]나 땅다람쥐 혹은 생쥐들이 해로운 수준까지 늘어나면 우리는 독물로 소탕한다. 그러나 우리는 그것들의 폭증 원인을 찾기 위해 그것들 이외의 것으로 눈을 돌리지는 않는다. 우리는 동물 문제는 그 원인이 동물에 있다고 생각한다. 최근의 과학적 증거에 따르면, 식물 군집의 교란이 설치류 폭증의 실제 원인이라고 한다. 그러나 아쉽게도 이런 단서에 대한 깊은 탐구는 거의 이루어지지 않고 있다.

많은 조림지에서는 원래 통나무가 서너 개 나오는 큰 나무가 자라던 토양에서 통나무 한두 개 짜리 작은 나무만이 생산되고 있다. 왜 그런가? 생각하는 육림가들은 그 원인이 대체로 나무 자체가 아니라 토양의 미세-식물군에 있으며, 이 토양-식물군을 회복시키려면 그것을 파괴하는 데 걸린 시간보다 더 많은 세월이 소요될 수도 있다는 것을 알고 있다.

많은 보전 처방들은 명백히 피상적이다. 홍수 통제 댐은 홍수의 원인과 무관하다. 사방(砂防)댐 및 계단식 구조물도 침식 원인과 관계가 없다. 사냥감과 물고기의 공급을 유지시키기 위한 보호구역이나 부화장은 왜 공급이 자연적으로 유지되지 못하는가를 설명하지 않는다.

증거의 추세를 볼 때, 대개 토지의 경우도 인체와 마찬가지로 증후가 나타나는 기관과 원인을 제공하는 기관이 서로 다를 수 있다. 지금의 이른바 보전이라고 하는 활동들은 대부분 생물계가 겪고 있는 고통을 국부적으로 경감하는 것에 지나지 않는다. 이런 것들은 필요하기는 하지만 결코 치료와 혼동되어서는 안 된다. 토지 의료 기술은 활발히 실천되고 있지만, 토지 건강 과학은 아직 탄생하지도 않았다.

토지 건강 과학에는 무엇보다도 정상 상태에 대한 기초 자료, 즉 건강한 토지가 하나의 유기체로서 어떻게 자신을 유지해가는가에 관한 지식이 필요하다.

우리는 두 가지 준거를 얻을 수 있다. 하나는 토지의 생리적 현상이 수세기 동안의 인간 점유에도 불구하고 대체로 정상으로 유지되고 있는 곳에서 찾을 수 있다. 내가 알고 있는 그런 곳은 북동 유럽 오직 한 군데밖에 없다. 우리들은 결국 이 지역을 연구하게 될 것이다.

다른 그리고 가장 완벽한 준거는 원생지대이다. 고생물학은 원생지대가 장구한 세월 동안 자신을 유지해왔음을 보여주는 풍부한 증거를 제공한다. 그곳에 서식하는 종들은 소멸되는 경우가 거의 없었고, 과잉 번식하지도 않았다. 기상과 수작용(水作用)을 통해 토양 생성량이 유실량 이상으로 유지되었다. 그렇다면 원생지대는 토지-건강 연구를 위한 실험실로서 엄청난 중요성을 지니고 있는 셈이다.

우리는 아마존에서 몬태나의 생리 현상을 탐구할 수는 없다. 이용되고 있는 토지와 이용되지 않은 토지의 비교 연구를 위해서는 모든 생태계에 각각의 고유한 원생지대가 있어야 한다. 물론 체계의 균형이 무너질 만큼 무너진 원생지대를 구원하기에는 너무 늦었으며, 남아 있는 자투리 지역도 너무나 협소해 모든 면에서 정상 상태를 유지할 수는 없다. 100만 에이커에 달하는 국립공원도 그곳의 포식자들을 유지하거나 가축이 옮기는 질병을 차단하기에는 충분히 넓지 못하다. 가령 옐로스톤 국립공원에는 늑대와 퓨마가 사라져서 엘크 떼가 특히 겨울철에 지역 식물군을 황폐화하는 결과를 초래했다. 동시에 회색곰과 산양 수도 줄고 있는데, 산양 감소는 질병 때문이다.

심지어 가장 방대한 원생지대에서도 부분적인 교란이 일어나지만, 위버(J. E. Weaver)가 왜 프레리 식물들은 그것들을 밀어낸 농작물보다 가뭄에 더 강한가를 알아내는 데는 단지 몇 에이커의 야생지대로 족했다. 위버는 농작물들은 땅 속의 한 층에만 집중적으로 뿌리를 내리고 다른 층은 무시함으로써 적자를 누적시키는 데 반하여, 프레리 식물들은 모든 층에 뿌리를 분산시킴으로서 하나의 '팀웍'을 구사한다는 것을 알아냈다. 위버의 연구로부터 경작법의 중요한 원칙이 탄생했다.

토그레디액(Togrediak)이 왜 옛 경작지에서 자라는 소나무는 벌채가 없었던 삼림 토양의 소나무만큼 크게 자라지도 바람을 견디지도 못하는가를 알아내는 데도 몇 에이커의 야생지대로 충분했다. 삼림 토양에서 자라는 소나무의 뿌리는 지하의 옛 뿌리 통로를 통해 뻗어나가며, 그래서 더 깊이 파고든다.

우리에게 병든 토지와 대조할 수 있는 야생지대가 없는 한, 토지 건강을 위한 우리의 노력이 얼마나 효과적인지는 많은 경우 전혀 알 수 없다. 가령 초기 남서부 여행자들 대부분은 그곳의 산악 강물이 원래는 맑았다고 말하지만, 우연히 그들이 강물이 맑은 계절에 그 강들을 보았을지도 모르기 때문에 확신할 수가 없다. 사방 기술자들은 인디언에 대한 두려움 때문에 결코 경작되거나 방목된 적이 없는 멕시코 치와와 주의 시에라마드레 지역에 있는 [미국 남서부 강과] 아주 비슷한 강들의 경우, 최악의 상황일 때는 우유빛을 띠지만 그렇다고 해서 송어 낚시가 불가능할 정도로 탁하지는 않다는 것을 알게 될 때까지 거의 아무런 기초 자료도 갖지 못했다. 이 강들에는 이끼가 강둑 위에서 물가까지 자라고 있다. 이 강들과 짝을 이루는 애리조나와 뉴멕시코 쪽의 강들 대부분은 가장자리가 둥근 돌들로 덮여 있을 뿐 이끼와 흙은 물론 나무도 거의 없다. 하나의 국제 연구소를 만들어 국경 양편의 병든 토지의 치유를 위한 하나의 준거로서 시에라마드레 원생지대의 보전 및 탐구 활동을 수행하는 것은 고려할 가치가 매우 높은 협력 사업일 것이다.

요컨대 크든 작든 모든 확보 가능한 원생지대는 토지 과학의 준거로서의 가치를 가진다. 레크리에이션이 원생지대의 유일한 용도는 결코 아니며, 가장 중요한 용도도 아니다.

야생 생물을 위한 원생지대

국립공원은 대형 육식동물의 보전 수단으로 충분하지 않다. 위기에 처한 회색곰의 상황과 공원에서 이미 늑대가 사라졌다는 사실이 바로 그 증거이다. 국립공원은 산양에게도 충분하지 않다. 대부분의 산양 떼는 그 수가 감소하고 있다.

이렇게 된 이유가 분명한 경우도 있고 모호한 경우도 있다. 국립공원은 확실히 늑대처럼 넓은 영역이 필요한 종들에게는 너무 협소하다. 또 그 이유는 알려져 있지 않지만, 많은 동물 종들이 따로따로 떨어진 고립 집단으로는 번성할 수 없는 것 같다.

원생지대 동물들의 활동 영역을 넓힐 수 있는 가장 실천 가능한 방법은 보통 국립공원을 둘러싸고 있는 국유림 가운데 야생 보전 상태가 양호한 구역을 위기에 처한 종들의 보호지대로 활용하는 것이다. 이런 조치가 없었던 결과가 회색곰의 사례에 비극적으로 나타나고 있다.

1909년 내가 처음으로 서부에 발을 디뎠을 때만 해도 모든 주요 산악지대에는 회색곰이 있었지만, 몇 달을 여행해도 보전 관리들의 모습은 볼 수 없었다. 지금은 '모든 수풀 그늘에' 어떤 부류의 보전 관리가 있다. 그러나 야생동식물 관리 행정이 비대해지는 것과 함께 우리의 가장 멋진 포유류는 계속해서 캐나다 국경 쪽으로 밀려나고 있다. 공식적으로 미국 영토 내에 남아 있다고 보고된 6천 마리의 회색곰 가운데 5천 마리는 알래스카에 있다. 회색곰이 한 마리라도 남아 있는 주는 다섯 개밖에 안된다. 회색곰이 캐나다와 알래스카에 남아 있다면 그것으로 충분하지 않느냐는 무언의 가정이 있는 듯하다.

그러나 내게는 결코 충분하지 않다. 알래스카 곰은 별개의 종이다. 회색곰을 알래스카로 추방하는 것은 행복을 천국으로 쫓아내는 것과 다를 바 없다. 어느 누구도 그럴 수는 없다.

회색곰을 구하려면 도로와 가축이 전혀 없거나 아니면 가축에 의한 피해가 그 안에서 자체적으로 상쇄될 수 있는 연속된 넓은 지대들이 필요하다. 흩어져 있는 목장들을 사들이는 것이 그런 지대들을 만들 수 있는 유일한 길이다.

그러나 토지 매입 및 교환 권한이 막대함에도 불구하고, 보전담당 부서들은 이를 위해 거의 아무 것도 한 것이 없다. 내가 듣기로 삼림청이 몬태나에 회색곰 보호구역을 한 곳 설정했다고 하지만, 유타 주의 한 산악 지대에서는 그곳이 그 주에 살아남은 회색곰들의 유일한 서식지임에도 불구하고 삼림청이 실제로는 면양 산업을 장려하고 있는 것으로 알고 있다.

항구적인 회색곰 보호지대와 항구적인 원생 보전지대는 물론 한 가지 문제의 두 가지 이름이다. 양자에 대한 열정에는 장기적인 보전 안목과 역사적 시각이 요구된다. 오직 진화의 화려한 행렬을 감상할 수 있는 사람들만이 그것의 공연장인 원생지대나 그것의 걸출한 업적인 회색곰의 가치를 제대로 평가할 수 있다. 그러나 만약 교육이 진정으로 교육다워진다면, 머지않아 옛 서부의 유물들이 새로운 것들에 의미와 가치를 더한다는 것을 이해하는 사람들이 점점 더 많아질 것이다. 아직 태어나지 않은 젊은이들이 루이스 클락 탐험대[14]의 길을 따라 미주리 강을 상앗대질로 거슬러 오르고, 험준한 산악을 넘을 것이다. 그리고 각 세대는 차례로 물을 것이다. "그 거대한 곰은 어디에 있지요?" 보전론자들이 한눈 파는 사이에 그 곰은 멸종해버렸다고 대답해야 한다면 서글픈 일이 아닐 수 없다.

원생지대의 옹호자

원생지대는 줄어들 수는 있어도 늘어나지는 않는 자원이다. 우리는 원생지대가 지속적으로 레크리에이션이나 과학 혹은 야생 동식물을 위해서 이용될 수 있도록 이런 지대의 침해 행위를 저지하거나 제한할 수는 있다. 그러나 엄밀한 의미에서 새로운 원생지대의 창조는 불가능하다.

따라서 모든 원생지대 보전 계획은 퇴각을 최소화하려는 일종의 지연 작전인 셈이다. 1935년 '미국에 남아 있는 원생지대를 구하려는 단 하나의 목적에서' 원생지대보전협회가 설립되었다.

그러나 그런 협회를 만드는 것만으로는 충분하지 않다. 모든 보전 관계당국에 원생지대 옹호자들이 산재되어 있지 않는 한, 이러한 협회는 때늦지 않게 대응 조치를 취할 수 있을 만큼 새로운 침해 행위를 빨리 파악할 수 없을지 모른다. 여기에 더하여 원생지대를 옹호하는 적극적인 시민들이 전국에 걸쳐서 경계를 늦추지 말아야 하며, 유사시 행동에 나설 준비가 되어 있어야만 한다.

현재 원생지대가 카르파티아산맥[15]과 시베리아까지 후퇴한 유럽에서는 모든 생각하는 보전론자들이 그 상실을 안타까워한다. 심지어는 어떤 다른 문명 국가보다도 보전용 토지 확보의 여유가 거의 없는 영국에서도 몇몇 좁은 구역의 준야생 지대나마 구하고자 하는, 뒤늦긴 했지만 활발한 움직임이 진행되고 있다.

원생지대의 문화적 가치를 파악할 수 있는 능력은 요컨대 지적 겸손에 딸린 문제이다. 토지에서의 뿌리를 상실한, 생각이 얕은 현대인들은 자신은 이미 무엇이 중요한지를 알고 있다고 생각한다. 그런 사람들은 정치적 혹은 경제적 천년 제국을 운운한다. 모든 역사는 언제나 같은 출발점에서 시작되는, 항구적인 가치 기준을 찾는 인간의 끊임없는 여행으로 이루어진다는 것을 아는 사람들은 학자들뿐이다. 왜 가공되지 않은 원생지대가 인간사에 정의(定意)와 의미를 부여하는지를 이해하는 사람들도 오직 학자들뿐이다.

토지 윤리

신과 다를 바 없는 오디세우스가 트로이 전쟁에서 돌아왔을 때, 그는 열두 명의 젊은 여자 노예들을 자신이 집을 비운 동안 부정을 범했다는 의심에서 모두 한 가닥 밧줄에 목을 매달아 죽였다.

이 행위의 정당성에는 아무런 문제가 없었다. 이 여자들은 재산이었다. 당시 재산의 처분은, 지금도 그렇듯이 편의의 문제일 뿐 옳고 그름을 따질 것이 아니었다.

옳고 그름의 관념이 오디세우스 시대의 그리스에 없었던 것은 아니다. 오디세우스의 검은 뱃머리의 군함이 마침내 검붉은 바다를 가르며 집으로 향할 때까지 긴 세월 동안 그의 아내가 지킨 정절을 생각해보라. 당시의 윤리 구조는 부인들은 포함하였으나 아직 노예들에게까지 확대되지는 않았다. 그 뒤 3천년 동안 윤리적 판단기준은 많은 행동 영역으로 확장되었으며, 이와 함께 편의만으로 판단되는 행동 영역은 줄어들었다.

윤리의 발전

이와 같은 윤리의 확장은 지금까지 철학자들만의 탐구 대상이었지만 실제로는 생태학적 진화의 한 과정이다. 윤리의 발전은 철학 용어뿐만 아니라 생태학 용어로도 기술할 수 있다. 생태학적으로 윤리란 생존 경쟁에서 행동의 자유를 제한하는 것이다. 철학적으로 윤리란 사회적 행위와 반사회적 행위를 구분짓는 것이다. 이는 하나의 대상에 대한 두 가지 정의일 뿐이다. 윤리는 상호 의존적인 개인 혹은 집단이 협동의 방식을 발전시키는 성향에서 비롯한다.

생태학자들은 이러한 협동 방식을 공생이라고 한다. 정치라든가 경제는 원래의 만인의 만인에 대한 경쟁이 윤리적 내용을 포함한 협동 체제로 부분적으로 대체된 진보된 형태의 공생이다.

협동 체제는 인구 밀도의 증가 및 도구의 효율 향상과 더불어 더욱 복잡해졌다. 가령 마스토돈* 시대에 몽둥이와 돌멩이의 반사회적 사용을 규정하는 것이 자동차 시대에 총알이나 광고판의 반사회적 사용을 규정하는 것보다 더 쉬웠다.

최초의 윤리는 개인간의 관계를 다루었다. 모세의 십계명이 한 예이다. 뒤에 개인과 사회의 관계가 덧붙여졌다. 황금률**은 개인을 사회에 통합하려는 규범이며, 민주주의는 사회 조직을 개인에 통합하려는 노력이다.

그러나 아직까지 인간과 '토지 및 그 위에서 살아가는 동식물'과의 관계를 다루는 윤리는 없다. 토지는 오디세우스의 여자 노예들과 마찬가지로 아직 재산이다. 토지와의 관계는 지금도 오로지 경제적인 것으로, 특권을 수반할 뿐 의무는 갖지 않는다.

윤리가 인류 환경의 이 세번째 영역으로 확장되는 것은, 내가 그 증

---

* mastodon: 점신세(漸新世)에서 갱신세(更新世)까지 존재했던 코끼리의 일종. 어깨까지의 높이가 2.1~2.9미터에 이르렀다.

** '네가 대접받기를 원하는 대로 다른 사람을 대접하라.'(마태복음 7장 12절).

거를 옳게 해석했다면 진화론적 가능성*이며 또한 생태학적 필연성**이다. 이것이 윤리 발전의 세번째 단계다. 앞의 두 단계는 이미 전개되었다. 에스겔(Ezekiel)과 이사야(Isaiah) 시대 이래 많은 사상가들이 토지 약탈은 편의적인 것도, 정당한 것도 아니라고 주장해왔다. 그러나 사회는 아직까지 그들의 주장을 수용하지 않고 있다. 나는 현재의 보전 운동은 그 수용을 향한 첫걸음이라고 생각한다.

생태학적 상황은 너무 생경하고 복잡하거나 혹은 그것에 대한 반응이 너무 늦게 나타나기 때문에 보통의 개인은 사회 편의가 어디를 지향해야 하는지를 인식할 수 없다. 윤리는 바로 이런 생태학적 상황에 대처하려는 일종의 [공동체적] 지도 양식(mode of guidance)으로 간주할 수 있다. 동물적 본능은 그같은 상황에 대처하려는 개체적 지도 양식이다. 윤리는 아마도 발달중인 일종의 공동체적 본능일 것이다.

공동체의 개념

지금까지 진화된 모든 윤리는 하나의 공통된 전제를 지니고 있다. 즉, 개인은 상호 의존적인 부분들로 이루어진 공동체의 한 구성원이라는 것이다. 개인의 본능은 그에게 그 공동체 내에서 자기 자리를 차지하기 위해 경쟁하라고 촉구한다. 그러나 그의 윤리는 그에게 협동도 하라고 촉구한다(아마도 경쟁할 자리가 있게 하기 위해서일 것이다).

토지 윤리는 단순히 이 공동체의 범위를 토양, 물, 식물과 동물, 곧 포괄하여 토지를 포함하도록 확장하는 것이다.

---

* evolutionary possibility: 윤리가 진화하는 것이라면 앞으로의 윤리는 '토지 윤리'를 향해 나아가게 될 가능성이 있다는 것.

** ecological necessity: (후술되는) 토지 공동체 혹은 생명 공동체가 살아남으려면 '토지 윤리' 외에는 다른 길이 없다는 것.

이것은 손쉬운 일처럼 들린다. 우리는 이미 자유로운 자들의 땅과 용감한 자들의 고향에 대한 우리의 사랑과 의무를 노래하지 않는가? 그렇다. 그러나 우리는 정확히 무엇을, 그리고 누구를 사랑하는가? 분명히 흙은 아니다. 우리는 어쩔줄 모르고 흙을 하류로 흘려보내고 있다. 분명히 물은 아니다. 우리는 물은 터빈을 돌리고, 배를 띄우고, 오물을 실어가는 것 외에는 아무 것도 하지 않는다고 생각한다. 분명 식물은 아니다. 우리는 눈 한번 깜박하지 않고 전체 군집을 절멸시킨다. 분명 동물도 아니다. 우리는 이미 가장 몸집이 크고 가장 아름다운 많은 종의 동물을 몰살시켜왔다. 물론 토지 윤리가 이들 '자원'의 변경과 관리 및 사용을 막을 수는 없다. 그러나 토지 윤리는 그들도 존속할 권리가 있음을, 그리고 좁은 구역이나마 자연 상태로 존속할 권리가 있음을 천명한다.

간단히 말해서 토지 윤리는 인류의 역할을 토지 공동체의 정복자에서 그것의 평범한 구성원이자 시민으로 변화시킨다. 토지 윤리는 인류의 동료 구성원에 대한 존중, 그리고 공동체 자체에 대한 존중을 필연적으로 수반한다.

인류 역사를 통해서 우리는 정복자의 역할은 궁극적으로 자멸한다는 것을 배웠다(나는 그랬기를 바란다). 왜 그런가? 정복자의 역할에는, 그가 무엇이 공동체를 움직이게 하고, 공동체 생활에서 무엇과 누가 소중하고, 무엇과 누가 무가치한가를 권위를 통해 잘 알고 있다는 암묵적 가정이 내재되어 있기 때문이다. 언제나 정복자는 그 중 어느 것도 알지 못하는 것으로 판명되는데, 이것이 그의 정복이 궁극적으로 자멸하는 까닭이다.

생명 공동체(biotic community)에도 비슷한 상황이 존재한다. 아브라함은 땅이 무엇을 위한 것인가를 정확히 알고 있었다. 땅은 그의 입에 젖과 꿀을 떨어뜨리기 위해 있었다. 그러나 현대에 이르러 이 가정에 대한 확신의 정도는 교육 수준에 반비례한다.

오늘날 보통 시민들은 과학은 무엇이 공동체를 움직이게 하는지를 잘 안다고 믿는다. 하지만 과학자들은 자신들이 그렇지 못하다고 확신한다. 과학자들은 생명 메커니즘은 대단히 복잡하기 때문에 결코 그 움직임을 완전히 이해할 수 없다는 것을 안다.

인간은 사실상 생명 공동체의 한 구성원에 지나지 않는다는 것은 역사를 생태학적으로 해석해보면 알 수 있다. 지금까지 인간의 활동으로서만 설명되어온 많은 역사적 사건들은 실제로는 사람과 땅의 생명적 상호작용이었다. 땅의 특성은 그 위에서 살았던 인간들의 특성만큼이나 강력하게 역사적 사실들에 영향을 주었다.

예를 들어 미시시피 계곡의 정착 과정을 살펴보자. 독립전쟁 이후 몇 년간 원주민 인디언, 프랑스와 영국 상인들, 미국 정착민 등 세 집단이 이 지역을 놓고 쟁탈전을 벌였다. 결국 켄터키의 캐인-랜드*로 식민지 개척자들이 몰려들어갔는데, 역사학자들은 디트로이트의 영국인들이 기우뚱거리던 저울의 인디언 쪽에 조금만 더 무게를 얹어주었다면 어떤 일이 일어났을까 하고 상상하고 있다. 이제 그 캐인-랜드가 개척자들의 소, 쟁기, 불, 도끼 등으로 상징되는 힘들의 결합 아래 정복된 이후, 새포아풀**지역으로 탈바꿈했다는 사실을 되새겨볼 필요가 있다. 만약 이 '검은 피로 물든 땅'에 고유한 식물 천이(遷移)가 이러한 힘들의 영향으로 인해 우리에게 쓸모없는 사초나 관목 혹은 잡초를 가져다주었다면, 어떤 일이 일어났을까? 개척자들은 끝까지 버텼을까? 오하이

---

* cane-land: 대나무 비슷한 볏과의 키큰 식물들이 촘촘히 자라는 땅.

** bluegrass: 새포아풀속 유럽 원산의 여러해살이 풀로(특히 켄터키에서) 목초로 이용된다.

오, 인디애나, 일리노이 그리고 미주리 지방으로의 인구 이동이 일어났을까? 루이지애나 매입은 어땠을까? 범대륙적 신생 주 연합은 일어났을까? 남북전쟁은?

켄터키는 역사 드라마의 한 구절이었다. 우리는 보통 이 드라마에서 인간 배우가 무엇을 하려 했는지에 대해서는 듣고 있지만, 그의 성공 혹은 실패는 대체로 그가 행사하는 특정한 힘의 충격에 대해 특정 토양이 어떻게 대응했는가에 달려 있었다는 사실에 대해서는 별로 듣지 못하고 있다. 켄터키의 경우 우리는 심지어 새포아풀이 어디에서 왔는지, 즉 토착종인지 아니면 유럽에서 흘러들어온 종인지조차 모르고 있다.

역시 용감하고 영민하고 끈기 있던 사람들이 개척한 남서부 지역에 대해 뒤늦게 알게 된 사실을 캐인-랜드의 경우와 비교해보자. 이곳에서도 인간 정착으로 인한 충격이 토지에 가해졌지만, 여기에는 가혹하리 만치 토지를 혹사시켜도 견뎌내는 새포아풀이나 그밖의 식물들이 없었다. 이곳은 가축 방목이 시작된 뒤 점점 더 쓸모없는 풀과 덤불 그리고 잡초 밭으로 바뀌더니 결국에는 불안정 평형 상태에 이르렀다. 한 종의 식물이 쇠퇴할 때마다 토양 침식이 야기되었다. 침식이 늘어날 때마다 식물의 쇠퇴가 촉진되었다. 오늘날 그 결과는 식물과 토양뿐만 아니라 그것에 의지하는 동물군의 점진적이고도 상호적인 쇠퇴로 나타나고 있다. 초기 정착자들은 이것을 예측하지 못했다. 심지어 뉴멕시코의 습지에서는 일부 사람들이 도랑을 파서 이것을 재촉하기도 했다.

이 상호적인 쇠퇴 과정은 너무나 미묘하게 전개되어왔기 때문에 지역 주민들 가운데 이것을 감지하고 있는 사람이 거의 없을 정도다. 이 파괴된 풍경이 오색찬란하고 매혹적이라고 생각하는 관광객들은 더더

욱 알아채지 못한다.(실제로 그 풍경은 아름답다. 그러나 그것은 1848년*풍경과는 아주 다르다)

이곳은 과거에도 한때 '개발'된 적이 있었지만 전혀 다른 결과를 낳았었다. 신대륙 발견 이전 시대에 푸에블로 인디언**은 남서부 지방에 정착해 있었다. 그러나 그들에게는 방목 가축이 없었다. 그들의 문명은 사라졌지만, 그것은 그들의 땅이 파괴되었기 때문은 아니다.

인도 사람들은 소를 풀밭으로 데려가지 않고 풀을 소에게로 운반하는 간단한 방법을 통해 토지를 파괴하지 않고도 풀밭을 만들 수 없는 곳에 정착할 수 있었다. (이것이 깊은 지혜의 결과였는지 아니면 우연한 행운이었는지에 대해서는 잘 모르겠지만)

요컨대 식물 천이가 역사의 진로를 결정했다. 개척자들은 단지 좋든 나쁘든 어떤 천이가 그 땅에 내재되어 있는가를 보여주었을 따름이다. 역사가 이런 시각에서 교육되고 있는가? 공동체로서의 토지 개념이 진정으로 우리의 지적 삶에 깊이 스며든다면, 그렇게 될 것이다.

생태학적 도덕 의식

보전이란 땅과 사람의 조화를 추구하는 것이다. 보전을 외치기 시작한 지 거의 한 세기가 되었지만 그것은 아직도 거북 걸음을 하고 있다. 그 진전은 고작 편지지 장식 인쇄 문구나 각종 집회의 미사여구 수준에 머물러 있다. 미개척지에서는 여전히 한 걸음 나아가기 위해 두 걸음 물러서고 있다.

---

* 레오폴드가 이 수필을 쓰기 100년 전. 레오폴드는 이 수필을 쓰고 몇달 후 사망했다.

** Pueblo Indian: 미국 애리조나 및 뉴멕시코에서 선사시대부터 살아온 원주민 부족의 하나로, 이들이 거주하는 특수한 형태의 취락을 '푸에블로'라고 한다.

이럴 때마다 으레 나오는 말이 '보전 교육의 강화'다. 이에 시비를 걸 사람은 없겠지만, 단지 교육의 양을 늘리는 것으로 충분할까? 그 내용에 부족한 점은 없는 것일까?

현재의 교육 내용을 간단하게 잘 요약하여 말하는 것은 쉬운 일이 아니지만, 내가 이해하는 바로는 그 내용이란 기본적으로 이런 것이다. 법을 준수하고 공정하게 투표하고 몇몇 조직에 가입하며, 당신 자신의 땅에 이익이 되는 보전을 실천하라. 나머지는 정부가 맡을 것이다.

이 원칙은 어떤 가치있는 일을 성취하기 위한 것으로서는 너무나 쉽지 않을까? 이 원칙은 아무런 옳고 그름도 정의하지 않고, 아무런 의무도 제시하지 않고, 아무런 희생도 요구하지 않으며, 현대 가치 철학에 아무런 변화도 주지못한다. 토지 이용과 관련하여, 이것은 단지 계몽된 이기주의를 촉구할 뿐이다. 그런 교육이 우리를 얼마나 변화시킬 수 있을 것인가? 한 가지 예를 살펴봄으로써 부분적인 답을 얻을 수 있을 것이다.

1930년대에 이르러 생태학적 장님을 뺀 모든 사람들은 위스콘신 남서부의 표토가 바다로 유실되고 있다는 사실을 알게 되었다. 1933년 정부는 농부들에게 5년 동안 특정한 대처 사업을 실천할 경우 필요한 기자재와 민간식림치수단 노동력을 제공하겠다고 제의했다. 이 제안은 광범위하게 수용되었지만 계약 기간 5년이 끝나자 그 실천은 거의 망각되고 말았다. 농부들은 자신들에게 즉각적이고 가시적인 경제적 이득을 주는 사업만을 계속했을 뿐이다.

그 결과 농부들 스스로 규칙을 제정하게 하면 아마도 문제의 심각성을 좀더 빨리 이해하게 될 것이라는 의견이 제시되었다. 이에 따라 1937년 위스콘신 주의회는 토양보전구역법을 제정했다. 이 법의 골자는 농부들에게 이런 제안을 하는 것이었다. 우리, 즉 공공(公共)은 만약 당신들이 자신의 토지 이용 규칙을 만든다면 당신들에게 무료 기술 서비스를 제공하고 특수 기계류를 빌려줄 것이다. 모든 군은 자체의 규칙을 제정할 수 있고, 그것은 법으로서의 효력을 가질 것이다. 이 제안은 거의 모든 군에서 즉각 수용되었다. 그러나 10년이 지났지만 어떤 군도 아직 단일 규칙을 제정하지 못하고 있다. 그 결과 대상(帶狀) 재배[16]와 방목장 복구, 토양의 석회 투여 사업 등에서는 뚜렷한 진전이 있었지만, 가축으로부터 숲을 보호하기 위한 울타리 조성이나 급경사 지대의 경작 혹은 방목 금지에서는 전혀 성과가 없었다. 간단히 말하면 농부들은 어찌 되었든 자신에게 이익이 되는 사업만을 선택적으로 실천했을 뿐, 지역사회에는 이롭지만 자신에게는 이로울지 아닐지 불확실한 사업은 무시해버렸던 것이다.

왜 아무런 규칙도 만들지 못했느냐고 물으면, 지역사회는 아직 준비가 덜 되었다는 대답이 돌아온다. 교육이 규칙 제정에 선행되어야 한다는 것이다.

그러나 실제 진행중인 교육은 토지에 대한, 이기심에 기인한 의무를 넘어서는 의무에 대해서는 입을 다물고 있다. 그 결과 우리는 교육은 전보다 많이 하지만 토양이나 건강한 숲은 더욱 줄고 있고, 홍수도 1937년처럼 빈발하고 있다.

이 상황에서 당혹스러운 점은 도로, 학교, 교회, 야구팀 같은 지역사회 개발 사업의 경우에는 사람들이 이기심을 초월하는 어떤 의무를 당연한 것으로 받아들인다는 것이다. 그러나 치수(治水) 체계를 개선하거나 농촌 풍경의 아름다움과 다양성을 보전하는 일에 대해서는 어떤 의무도 당연한 것으로 받아들이지 않으며, 아직 진지하게 논의조차 하지 않고 있다. 토지 이용 윤리는 일세기 전 사회 윤리가 그랬던 것처럼 아직까지 전적으로 경제적 이기주의에 의해 지배되고 있다.

요약하면, 우리는 농부들에게 자기 토양을 보전하기 위해 자신이 쉽게 실천할 수 있는 일을 하라고 요구했다. 농부들은 정말 그렇게 했는데, 문제는 오직 그것만을 했다는 것이다. 75퍼센트 경사지의 숲을 벌채하고, 여기에 소떼를 끌어오고 그래서 그곳의 자갈과 토양이 강우와 함께 마을 개천으로 쏟아져 들어가게 하는 농부도 여전히 사회의 존경받는(아니면 적어도 버젓한) 구성원이다. 만약 이 농부가 자신의 밭에 석회를 뿌리고 대상 재배를 실천하고 있다면, 그는 여전히 토양보전구역에 제공되는 모든 특혜와 이익을 누릴 수 있다. 토양보전구역 제도는 사회 체제의 훌륭한 한 부분이지만, 별로 효과를 거두지 못하고 있다. 그 까닭은 우리가 농부들에게 그들의 진정한 의무의 범위를 일러주기에는 너무나 소극적이었고 너무나 눈앞의 성공에 매달렸기 때문이다. 도덕 의식 없는 의무는 아무런 의미가 없다. 우리가 부닥친 문제는 사회의 도덕 의식을 인간으로부터 토지로 확장하는 일이다.

우리의 지적 관심과 충성심, 애정, 신념 등의 내적 변화가 없이 어떤 중요한 윤리 변화도 이루어진 적이 없다. 보전이 지금껏 인간 행동의 이런 토대들을 다루지 못했다는 증거는 철학과 종교가 아직까지 보전에 대해 아무 말이 없다는 사실로부터 분명히 확인할 수 있다. 우리는 보전을 쉬운 것으로 만들기 위해, 결국 그것을 하찮은 것으로 만들어 버렸다.

토지 윤리의 대체물

역사의 논리가 빵을 달라는데 우리는 돌을 내민다면,* 우리는 돌이 얼마나 빵과 비슷한지를 애써서 설명해야 한다. 나는 여기서 토지 윤리

---

* '빵을 달라는데 돌을 줄 사람이 어디 있으며…'(마태복음 7장 9절).

를 대신할 몇 개의 돌에 대해 말하려 한다.

오로지 경제적 동기에 바탕을 둔 보전 체계의 근본 약점의 하나는 토지 공동체의 구성원 대부분은 아무런 경제적 가치도 갖지 않는다는 것이다. 야생화와 명금(鳴禽)이 그런 예다. 2만 2천 종의 위스콘신 토착 고등 동식물 가운데 매매되거나 사육되거나 먹히거나 또는 달리 경제적으로 이용될 수 있는 것들이 5퍼센트를 넘어설지 어쩔지 확실하지 않다. 그러나 이 모든 생물들은 생명 공동체의 구성원이며, (내가 믿는 것처럼) 생명 공동체의 안정은 그 통합성에 의존한다면, 그들에게는 존속할 자격이 있다.

만약 이런 경제적 가치가 없는 생물 중 어느 것이 멸종 위기에 처해 있는데, 공교롭게도 그것이 우리가 사랑하는 것이라면 우리는 어떤 구실을 만들어서라도 그것에 경제적 중요성을 부여한다. 금세기 초 명금류는 사라지고 있는 것으로 추정되었다. 당시 조류학자들은 만약 새가 멸종되어 곤충들을 잡아먹지 못하면 곤충들이 우리를 먹어치우게 될 것이라는, 참으로 믿기 어려운 증거를 내세우며 새들의 구조에 나섰다. 타당한 증거가 되기 위해서는 우선 경제적인 증거가 되어야 했기 때문이다.

오늘날 그런 이야기들을 읽어보면 가슴이 아프다. 아직 우리에게는 토지 윤리가 없다. 그러나 우리는 적어도 우리에게 주는 경제적 이익이 있든 없든 생명적 권리(biotic right)로서 새들도 존속하여야 한다고 인정하는 수준에는 다가가 있다.

포식성 포유류와 맹금류 그리고 물고기를 잡아먹는 새들을 둘러싸고도 비슷한 상황이 벌어졌다. 지난날 생물학자들은 이런 생물들이 허약한 것들을 잡아먹음으로써 사냥감 무리의 전체적 건강을 보전하며, 농부들을 위해 설치류를 통제하고, 혹은 '쓸모없는' 종만 잡아먹는다는 증거를 지나칠 정도로 들먹였다. 여기서도 마찬가지로 그 증거는 경제적인 것이어야만 타당했다. 포식자 역시 공동체의 구성원이며, 어떠한 이익 집단도 자신의 편익 —실제의 것이든 가공의 것이든 —을 위해서 이것들을 절멸시킬 권리는 갖고 있지 않다는 보다 솔직한 이야기가 나오기 시작한 것은 근래의 일일 뿐이다. 불행하게도 이 진보적인 견해는 아직까지 논의 수준에 머물러 있다. 실제로는 포식자 박멸이 즐겁게 계속되고 있다. 연방 의회와 보전국 그리고 많은 주의회의 명령에 따라 회색 이리[17]의 멸종이 눈앞에 닥쳤음을 생각해보라.

몇몇 종의 나무는 성장이 너무 늦거나 재목으로서 너무 값이 안 나가기 때문에 경제학적 사고 방식에 물든 육림가들의 '관심의 대상'에서 밀려났다. 진퍼리노송나무, 낙엽송, 드린실편백,[18] 너도밤나무, 솔송나무 등이 그런 예다. 삼림학이 생태학적 측면에서 보다 발전된 유럽에서는 비상업적 수종이라고 하더라도 토착 삼림 공동체의 엄연한 구성원이고, 응당 구성원으로서 보전되어야 한다고 인식되고 있다. 더욱이 몇몇 종은(너도밤나무같이) 토양 비옥도를 향상시키는 소중한 기능을 지니고 있는 것으로 밝혀졌다. 숲과 이를 구성하는 수종과 지표 식물군 및 동물군 사이의 상호 의존은 당연한 것으로 받아들여지고 있다.

경제적 가치의 결핍은 때로는 어떤 종(種)이나 군(群)뿐만 아니라 생명 공동체 전체에도 부여되는 특성이다. 늪과 수렁, 사구(砂丘), 사막 등이 그 예다. 이런 경우 우리는 정부가 알아서 그곳을 야생생물 보호구역이나 기념물 혹은 공원 등으로 지정하여 보전하도록 내맡긴다. 문제의 어려움은 흔히 이런 공동체 안에 좀더 값어치 있는 개인 소유 토지가 흩어져 있다는 것이다. 아무리해도 정부는 이들 사유지를 모두 사들일 수도 통제할 수도 없다. 그래서 결국 넓은 지역에 걸쳐 일부 공동체가 궁극적으로 사라지도록 내버려두어왔다. 만약 땅 주인이 생태학적 의식이 있는 사람이라면, 그는 자신의 농장과 지역사회에 다양성과 아름다움을 더해주는 그같은 지역의 상당 부분을 보호하고 있다는 자부심을 가질 텐데 말이다.

때로는 이런 '불모지'가 이윤을 창출하지 못한다는 가정이 잘못된 것으로 드러나기도 하지만, 대부분 그 공동체가 완전히 망가지고 난 다음이다. 지금 사향뒤쥐 늪지대에 다시 물을 대느라고 야단법석인데, 이는 좋은 예다.

미국의 보전 활동에는 민간 토지 소유자가 하지 못하는 모든 필요한 일들은 정부에 떠맡기는 경향이 뚜렷하다. 정부에 의한 소유, 운영, 보조금 혹은 규제 제도가 삼림 관리, 방목지 관리, 토양 및 유역(流域) 관리, 공원 및 원생지대 보전, 어로 관리 그리고 철새 관리 사업 등에 널리 적용되고 있으며, 앞으로 더욱 그럴 것이다. 이와 같은 정부의 역할

증대는 대부분 타당하며 논리적이기도 하거니와 몇몇 경우에는 불가피하기도 하다. 내가 이같은 정부 활동에 반대하지 않는다는 것은 나 자신 생애의 대부분을 그런 일을 하면서 보내왔다는 사실을 생각해보면 알 수 있을 것이다. 그러나 그럼에도 불구하고 이런 물음을 던지지 않을 수 없다. 정부 활동의 최대 범위는 어디까지인가? 그것이 궁극적 효과를 얻을 때까지 조세 기반은 떠받쳐줄 것인가? 정부의 보전 활동은 얼마나 커지면 마치 마스토돈처럼 자신의 크기 때문에 오히려 비능률을 초래하게 될까? 그 답은 —만약 그런 것이 있다면 —하나의 토지 윤리, 즉 민간토지 소유자에게 보다 많은 의무를 부과하는 다른 어떤 힘에 있을 것 같다.

산업적 토지 소유자나 이용자, 특히 제재업자나 목축업자들은 정부의 토지 소유 및 규제 확대에 대해 곧잘 볼멘 소리를 낸다. 그러나(주목할 만한 예외가 있기는 하지만) 유일한 가시적 대안을 실천하려는, 곧 자신의 땅을 자발적으로 보전하려는 생각은 거의 없어 보인다.

오늘날 민간 토지 소유자에게 공동체의 선을 위해 어떤 이익 없는 일을 해달라고 요구하면, 그는 돈을 달라고 손을 내밀면서만 동의한다. 만약 그 일이 그에게 비용 부담을 지우는 일이라면, 그의 행위는 공정하고 타당하다. 그러나 단지 장기적인 안목이나 열린 마음, 아니면 시간만을 요구하는 일이라면 적어도 논란의 여지가 있다. 최근 토지 이용 관련 보조금이 급증한 것은 대부분 보전 교육을 위한 정부 기관들, 이를테면 토지 관리 부서와 농과대학 및 농촌지도소의 탓으로 돌려야 한다. 내가 아는 바로는, 이런 기관에서는 토지에 대한 어떤 윤리적 의무도 가르치고 있지 않다.

요약하면, 오직 경제적 자기 이익에만 바탕을 둔 보전 체계는 한쪽으로 기울어져 있다. 그것은 상업적 가치는 없지만(우리가 알고 있는 한) 토지 공동체의 건강한 기능을 위해서는 없어서는 안 되는 많은 요소들을 무시하고, 그래서 결국 절멸시켜버리는 경향이 있다. 내 생각에, 이 체계는 생명계 시계의 경제적인 부품들은 비경제적인 부품들 없이도 잘 돌아갈 것이라고 잘못 믿고 있다. 그것은 정부가 해내기에는 궁극적으로 너무나 거대하거나 너무나 복잡하거나 또는 너무나 광범위하게 흩어져 있는 많은 기능을 정부에게 내맡기는 경향이 있다.

민간 소유자에게 윤리적 의무를 부과하는 것만이 이러한 상황을 바로잡는 가시적인 길이다.

토지 피라미드

토지에 대한 우리의 경제적 관계를 보완하고 지도하는 윤리는 하나의 생명 메커니즘으로서의 토지 이미지의 존재를 전제한다. 우리는 단지 우리가 보거나 느끼거나 이해하거나 사랑하거나 아니면 믿는 것에 대해서만 윤리적일 수 있다.

보전 교육에서 일반적으로 수용되고 있는 토지의 이미지는 '자연의 평형'이라는 것이다. 여기서 상세히 설명하기에는 너무나 장황한 이유에서, 이 수사적 표현은 우리가 토지 메커니즘에 대해 너무나도 아는 것이 없다는 사실을 정확히 얘기해주지 못한다. 이보다 훨씬 진실에 가까운 이미지는 생태학에서 수용되고 있는 것, 즉 생명 피라미드다. 나는 먼저 이 피라미드를 토지의 상징으로 묘사할 것이며, 뒤에 토지 이용의 맥락에서 그것이 갖는 몇몇 의미를 살펴볼 것이다.

식물은 태양에서 에너지를 흡수한다. 이 에너지는 생물상이라 불리는 회로를 통해 흐르는데, 생물상은 여러 개의 층으로 구성된 피라미드로 묘사할 수 있다. 그 바닥 층은 토양이다. 토양 위에는 식물 층이, 식물 위에는 곤충 층이, 곤충 위에는 조류와 설치류 층이…, 이런 식으로 여러

동물군을 거쳐 대형 육식동물로 이루어진 꼭대기 층에 이른다.

같은 층에 속하는 종들은 기원이나 모양새가 아니라 먹는 것이 서로 같다. 연속하는 각 층은 먹이 그리고 종종 다른 서비스를 밑의 층들에게 의존하고, 또한 먹이나 서비스를 위의 층들에 제공한다. 상위 층으로 갈수록 각 층에 속하는 생물의 개체 수는 줄어든다. 따라서 모든 육식 동물 한 마리에 대하여 수백 개체의 먹이, 수천 개체의 먹이의 먹이, 수백만 개체의 곤충, 그리고 셀 수 없을 만큼 많은 식물이 있다. 이 체계가 피라미드 형태를 갖는 것은 이처럼 꼭대기에서 밑바닥으로 내려가면서 개체 수가 증가하기 때문이다. 인간은 잡식성인 곰, 라쿤, 다람쥐 등과 함께 하나의 중간층에 속한다.

먹이와 다른 서비스의 선(線)적 의존 관계를 먹이사슬이라고 한다. 토양 - 참나무 - 사슴 - 인디언은 지금 거의 토양 - 옥수수 - 젖소 - 농부로 대체되어버린 하나의 사슬이다. 우리 자신을 포함한 각각의 종은 많은 사슬의 한 고리다. 사슴은 참나무 외에도 백 가지의 식물을 먹으며, 젖소도 옥수수 외에 백가지의 식물을 먹는다. 그렇다면 사슴과 젖소는 백 가지 사슬의 고리인 셈이다. 이 피라미드는 너무나 복잡해서 마치 무질서한 것처럼 보이는 사슬들의 뒤엉킴이지만, 그 체계가 안정되어 있다는 것은 그것이 매우 잘 짜여진 구조라는 것을 입증한다. 그것의 작동은 다양한 구성 요소들의 협동과 경쟁에 의존한다.

최초에 생명 피라미드는 낮게 퍼진 모양이었다. 먹이사슬은 짧고 단순했다. 진화가 층에 층을, 고리에 고리를 더해왔다. 인간은 이 피라미드의 높이와 복잡성을 증대시킨 수많은 동식물 가운데 하나이다. 과학은 우리에게 많은 불확실한 것을 주었지만 적어도 단 하나의 확실한 것을 주었는데, 그것은 진화가 생물상을 더욱 정교하고 다양한 형태로 변모시켜나간다는 것이다.

그렇다면 토지가 단지 흙은 아니다. 토지는 토양, 식물 및 동물이라는 회로를 통해 흐르는 에너지가 솟아나는 샘이다. 먹이사슬은 에너지를 상방(上方)으로 전달하는 살아 있는 통로다. 죽음과 부패는 에너지를 토양으로 돌려보낸다. 이 회로는 폐쇄되어 있지 않다. 일부 에너지는 부패 과정에서 흩어져 사라지고, 일부는 공기로부터 취해져 더해지며, 일부는 토양과 토탄 그리고 오랜 세월 동안 존속하는 숲 등에 저장된다. 그러나 이것은 천천히 증식되는 생명의 순환 기금과 같은 간단(間斷)없는 회로다. 언제나 물에 씻겨내려가 순손실이 발생하지만, 그 양은 보통 미미하며 또한 암석의 풍화 작용을 통해 벌충된다. 유실물은 바다에 침전하며, 지질학적 시간의 경과 속에 다시 융기하여 새로운 토지와 새로운 피라미드를 형성하게 된다.

에너지의 상방 이동의 속도와 특성은, 마치 수액(樹液)의 상방 이동이 나무의 복잡한 세포 조직에 의존하는 것과 똑같이 동물 및 식물 공동체의 복잡한 구조에 의존한다. 이 복잡성이 없다면 정상적인 에너지 순환은 아마 일어나지 않을 것이다. 여기서 구조는 각 공동체 구성 종들의 특유의 성질 및 기능뿐만 아니라 숫자도 의미한다. 토지의 복잡한 구조와 에너지 단위로서의 그 원활한 기능 사이의 이같은 상호 의존은 토지 피라미드의 가장 기본적인 특성의 하나이다.

이 회로의 어떤 한 부분에서 변화가 일어나면 다른 많은 부분도 여기에 자신을 적응시켜야만 한다. 변화가 반드시 에너지 흐름을 방해하거나 뒤바꿔놓지는 않는다. 진화는 오랜 세월에 걸친 일련의 자기-유도적 변화들인데, 이들 변화를 통해 에너지 흐름의 메커니즘은 더욱 정교해졌고, 그 회로는 더욱 길어졌다. 그러나 진화적 변화는 대체로 느리고 국지적이다. 하지만 인간은 도구의 발명을 통해 전례 없이 격렬하고 빠르고 광역적인 변화들을 일으킬 수 있게 되었다.

그 가운데 하나가 식물군 및 동물군의 구성의 변화이다. 대형 포식자들이 피라미드 정상에서 축출되고 있다. 먹이사슬은 역사상 처음으로 길어지기는커녕 오히려 짧아지고 있다. 다른 땅에서 들어온 길들인 종들이 야생 종들을 대신하고, 야생 종들은 새로운 서식지로 쫓겨나고 있다. 이같은 전세계적 차원의 동물군 및 식물군 합병 과정에서, 어떤 종들은 새로운 서식지로 침입해 해충이나 질병의 원인이 되고, 어떤 종들은 절멸되고 있다. 이런 결과들은 좀처럼 의도하거나 예상했던 것이 아니다. 그것들은 피라미드 구조에 예측할 수 없으며 종종 그 과정마저도 추적할 수 없는 재조정이 일어나고 있음을 의미한다. 이런 의미에서 농학은 대체로 새로운 병충해 출현과 그 방제 기술 개발 사이의 경쟁이라고 말할 수 있다.

또 다른 변화는 동식물을 통한 에너지의 흐름과 이것의 토양으로의 환원 과정을 교란시키고 있다. 토양의 산출력은 에너지를 받아들이고 저장하며 방출하는 토양의 능력이다. 농업은 토양을 착취하거나 지나치게 급격히 지표 식물을 자생종에서 재배종으로 대체함으로써 에너지 흐름 경로를 교란시키거나 비축 에너지를 고갈시킨다. 비축 에너지, 즉 품고 있던 유기물을 빼앗긴 토양은 생성되는 속도보다 더 빨리 유실된다. 이것이 침식이다.

물 역시 토양과 마찬가지로 에너지 회로의 한 부분이다. 산업 활동은 물을 오염시키거나 댐 건설 등을 통해 그 흐름을 방해함으로써 에너지 순환을 유지시키는 데 필요한 동식물들을 몰아낼 수 있다.

교통은 또 다른 근본적 변화를 가져온다. 어떤 지역에서 길러진 동식물은 이제 다른 지역에서 소비되고 그곳 토양으로 환원된다. 교통은 한 지역의 암석과 대기에 비축된 에너지를 추출하여 다른 곳에서 소비한다. 그래서 우리는 구아노[19]해조(海鳥)가 적도 반대편 바다의 물고기로부터 거두어들인 질소로 우리의 정원을 기름지게 한다. 이렇게 전에는 국지적이며 자기-충족적이던 회로가 전세계적인 규모로 병합되고 있다.

인간의 거주를 위해 피라미드를 변화시키는 과정은 비축 에너지를 방출시키며, 이는 개척 시기에 종종 동식물 —야생의 것이든 길들여진 것이든—의 거짓된 일시적 풍요를 가져오기도 한다. 이같은 생명 자본(biotic capital)의 방출은 인간이 생태계에 가한 폭력의 대가를 감추거나 유예하는 경향이 있다.

에너지 회로로서의 토지에 대한 이같은 개략적인 설명은 세 가지 기본 개념을 내포하고 있다.

(1) 토지가 단지 흙은 아니다.

(2) 토착 동식물들은 에너지 회로를 개방 체계로 유지했다. 다른 동식물들은 그럴 수도 있고 그렇지 않을 수도 있다.

(3) 인간이 야기한 변화는 진화적 변화와는 차원이 다르며, 의도했거나 예측했던 것보다 훨씬 더 광범위한 영향을 미친다.

이 개념들은 집합적으로 두 가지의 기본적인 질문을 낳는다. 토지는 자기 자신을 새로운 질서에 적응시킬 수 있는가? 보다 덜 폭력적인 방법을 통해 원하는 변화를 이룰 수 있는가?

폭력적인 전환을 견뎌내는 능력은 생물상에 따라 다른 것 같다. 가령 현재 서유럽은 옛날에 시저가 그곳에서 보았던 것과는 전혀 다른 피라미드를 갖추고 있다. 일부 대형 동물은 사라졌다. 습림(濕林)은 목초지나 경작지로 변했다. 많은 새로운 동식물들이 도입되었고, 그 일부는 야생으로 돌아가 유해 생물이 되었다. 나머지 토착종들도 그 분포나 개체수에서 큰 변화를 겪었다. 그러나 토양은 여전히 그곳에 있고 외부에서 들여온 영양물질의 도움으로 여전히 비옥하다. 물도 평소대로 흐른다. 새로운 구조는 제 기능을 하고 있는 듯하며, 존속할 것 같다. 그 회로의 뚜렷한 단절이나 교란은 보이지 않는다.

그렇다면 서유럽은 저항력이 있는 생물상을 갖고 있는 것이다. 그 내부 과정은 튼튼하고 탄력적이며, 압력에 견디는 힘이 크다. 변화가 아무리 격렬한 것이라고 하더라도 서유럽 피라미드는 지금까지 인간과 대부분의 토착 동식물이 살 수 있는 환경을 유지시켜주는 어떤 새로운 생활양식을 발전시켜왔다.

일본은 해체 없이 급격한 전환을 이룬 또 하나의 예인 것 같다.

대부분의 다른 문명화된 지역들과 아직 문명이 거의 닿지 않은 일부 지역에서는 초기 증후에서부터 심각한 황폐화에 이르기까지 다양한 단계의 해체가 나타나고 있다. 소아시아와 북아프리카는 기후가 변했기 때문에 정확한 진단을 할 수 없는데, 이 기후 변화는 황폐화의 원인이었을 수도 있고 결과였을 수도 있다. 미국의 경우 해체 정도는 지역에 따라 다르다. 남서부와 오자크[20]지역, 남부 일부 지역에서 가장 심하고, 뉴잉글랜드와 북서부 지역에서 가장 덜하다. 해체가 깊게 진전되지 않은 지역에서는 지금이라도 토지 이용을 개선한다면 그 과정을 저지할 수 있을 것이다. 멕시코와 남미, 남아프리카 그리고 호주의 일부 지역에서는 격렬하고 가속적인 황폐화가 진행중인데, 나로서는 그 앞날을 예측할 수 없다.

이처럼 거의 전세계 토지에서 일어나고 있는 해체 현상은 결코 완전한 해체나 죽음에 이르지 않는다는 점을 빼면 동물의 질병과 비슷한 것 같다. 토지는 회복된다. 그러나 그것은 복잡성이 조금 파괴된 상태일 때 그렇고, 또한 회복되더라도 인간 및 동식물의 부양 능력은 줄어든다. 현재 '기회의 땅'으로 간주되고 있는 많은 지역들은 실제로는 이미 약탈적 농업에 의존하고 있다. 즉, 이 지역들은 자신의 지속되어온 부양 능력을 이미 넘어섰다. 남미 대부분은 이런 의미에서 인구 과잉 지역이다.

건조한 지역에서 우리는 새 땅을 개간함으로써 황폐화의 진행을 상쇄시키려고 하지만 흔히 개간 사업의 예상 수명이 짧다는 것은 안타깝지만 분명하다. 미국 서부 지역의 경우 가장 성공적인 사업조차 한 세기를 넘기지 못할 것이다.

역사와 생태학의 증거를 종합해볼 때, 하나의 일반 명제가 성립할 것 같다. 즉, 인간에 의해 야기된 변화가 덜 격렬할수록 피라미드가 성공적으로 재구성될 가능성은 더욱 높아진다는 것이다. 한편 그 격렬함의 정도는 인구 밀도에 따라 달라진다. 인구 밀도가 높으면 요구되는 변화도 더 격렬하다. 이런 점에서, 만약 인구 밀도를 어떻게든 제한할 수만 있다면, 북미는 유럽보다 영속할 수 있는 가능성이 더 높은 지역이다.

이 명제는 약간의 인구 밀도 상승이 인간의 삶을 풍요롭게 만들었기 때문에 인구 밀도가 무한히 상승하면 인간의 삶 역시 무한히 풍요로와질 것이라고 하는 우리 시대의 보편적 믿음과 정면으로 대치된다. 생태학적으로 볼 때, 인구밀도와 무한 풍요는 양립할 수 없다. 밀도를 높임으로써 얻는 이익은 모두 수확 체감의 법칙에 종속된다.

인간과 토지를 위한 방정식이 어떤 것이든, 우리는 아직은 그것의 모든 항을 알고 있는 것 같지 않다. 미네랄 및 비타민 영양학 분야의 최근 발견들은 에너지의 상방 회로에 뜻밖의 의존 관계가 있음을 밝혀냈다. 즉, 극미량의 특정 물질이 토양이 식물에 대해 지니는 가치와 식물이 동물에 대해 지니는 가치를 결정한다는 것이다. 하방 회로의 경우는 어떤가? 지금 우리가 그 보전을 심미적 사치로만 생각하고 있는 멸종중인 종들의 경우는 어떤가? 이들은 토양 형성에 기여해왔다. 그렇다면 이들이 어떤 예기치 못한 점에서 토양 유지에 반드시 필요한 존재일지도 모르지 않는가? 위버(Weaver) 교수는 황진(黃塵) 지대에서 유실되고 있는 토양을 다시 고정시키기 위해 프레리 야생화를 이용하자고 제안하고 있다. 언젠가 학과 콘도르, 수달과 회색곰이 어떤 목적으로 이용될 수 있는지 누가 알겠는가?

토지의 건강, 그리고 A-B의 분열

그렇다면 토지 윤리는 생태학적 도덕 의식의 존재를 반영하며, 다시 생태학적 도덕 의식은 토지의 건강에 대한 개인의 책임의 확신을 반영한다는 결론을 얻을 수 있다. 건강이란 토지의 자기-회복 능력이다. 보전이란 이 능력을 이해하고 유지시키기 위한 우리의 노력이다.

보전론자들은 견해 차이로 악명이 높다. 피상적으로 보면 이러한 견해 차이는 단순한 혼돈으로 비친다. 그러나 좀더 자세히 들여다보면 두 집단으로의 분열을 많은 전문 영역에서 공통적으로 찾아볼 수 있다. 각 영역에서 한 집단(A)은 토지를 흙으로 그 기능을 상품 생산으로 간주하며, 다른 집단(B)은 토지를 생물상으로 그 기능을 보다 광범한 어떤 것으로 간주한다. 다만 얼마나 광범한가는 그들도 인정하듯이 불확실하며, 통일된 의견이 없다.

나 자신의 영역인 삼림학 분야에서 집단 A는 섬유소를 기본적인 삼림 상품으로 보고, 육림을 배추 기르듯이 하는 데 아주 만족한다. 이들은 [인간이 토지에 가하는] 폭력에 대해 아무런 거부감도 느끼지 않는다. 그들의 이데올로기는 농경제적이다. 반면에 집단 B는 삼림학은 자연 종(種)도 다루며, 인공 환경의 조성보다는 자연 환경의 관리에 초

점을 두기 때문에 농경제학과는 근본적으로 다른 것으로 본다. 그들은 자신들의 원칙에 따라 자연적 재생산을 선호한다. 그들은 밤나무 같은 종들의 절멸이나 스트로부스소나무 같은 종들의 심각한 감소를 경제적 이유뿐만 아니라 생물학적 이유에서도 우려한다. 그들은 야생 동식물 보전, 레크리에이션 제공, 수자원 함양, 원생지대 보전 등 삼림의 이차적 기능 전체에 대하여 관심을 갖는다. 내 생각에, 집단 B에는 생태학적 도덕 의식이 발현되고 있다.

야생 동식물 관리 분야에서도 유사한 분열을 찾아볼 수 있다. 집단 A에게 기본 상품은 스포츠와 고기이며, 생산의 척도는 꿩이나 송어의 포획량이다. 인공 번식은 ―그 단가가 그리 높지 않다면 ―잠정적으로나 항구적으로도 문제될 것이 없다. 한편 집단 B는 전영역에 걸친 이차적인 생물학적 문제에 관심을 갖는다. 인공적 사냥감 증식 때문에 포식자가 치르는 희생은 얼마인가? 외래 종에 더 크게 의존해야 하는가? 어떻게 초원뇌조처럼 이미 사냥이 불가능할 정도로 수가 줄고 있는 종을 '관리'를 통해 회복시킬 수 있다는 것인가? 어떻게 흑고니[21]나 미국흰두루미 같은 멸종 위기의 종을 '관리'를 통해 회복시킬 수 있다는 것인가? '관리 이론'들이 야생화에게까지 확장·적용될 수 있는가? 여기에 다시 삼림학에서와 똑같은 A-B 분열이 있음이 내겐 분명하다.

농업이라는 보다 광범한 영역에 대해서 나는 왈가왈부할 자격이 별로 없다고 생각하지만, 여기에도 유사한 분열이 있는 것 같다. 생태학이 탄생하기 이전부터 과학적 영농은 이미 활발히 발전하고 있었기 때문에, 농업에서 생태학적 개념이 쉽게 수용되지 않을 것이라는 점은 충분히 예상할 수 있다. 게다가 농부는 자신의 기술의 본질이 바로 그런 것이기 때문에, 육림가나 야생 동식물 관리자들보다 더욱 급격히 생물상을 바꾸어야만 한다. 그렇지만 농업 분야에도 많은 불만이 있는

데, 이것들은 궁극적으로 '생명 농법'이라는 새로운 비전을 지향한다.

아마도 이러한 불만 가운데 가장 중요한 것은 농작물의 식량 가치를 돈이나 무게로 잴 수는 없고, 또한 비옥한 토양에서 생산된 것이 양적으로 뿐만 아니라 질적으로도 우수할 수 있다는 주장일 것이다. 우리는 척박해진 토양에 외부에서 도입한 비료를 쏟아부음으로써 수확량을 늘릴 수는 있지만, 그렇다고 해서 반드시 작물의 식량 가치도 증대되는 것은 아니다. 이같은 의식에서 뻗어나갈 수 있는 궁극의 가지들은 헤아릴 수 없이 많으므로 그에 대한 설명은 더 유능한 사람에게 넘기고자 한다.

자칭 '유기 농법'이라는 불만은 약간의 예찬론적인 특징을 지니고 있기는 하지만, 그 지향은 생명적인 것이며 특히 토양, 식물군 및 동물군을 강조하고 있다는 점에서 그렇다.

토지 이용의 다른 영역과 마찬가지로 농업의 경우에도 생태학적 기본 원리는 대중에게 거의 알려져 있지 않다. 가령 지식인 가운데 최근 수십 년간의 경이로운 기술 진보는 우물이 아니라 펌프의 개량에 있었다는 것을 아는 사람은 거의 없다. 모든 곳에서 이러한 기술의 진보는 산출력 수위(水位)의 지속적인 저하를 가까스로 상쇄해왔을 뿐이다.

이 모든 분열에서 우리는 동일한 기본적 역설이 반복되는 것을 본다. 즉, 정복자로서의 인간 대 생명 공동체 시민으로서의 인간, 자신의 칼을 가는 과학 대 자신의 우주를 탐구하는 과학, 노예이자 하인으로서의 토지 대 집합적 유기체로서의 토지…. 이제 로빈슨(Robinson)의 트리스트람*에 대한 충고가 지질학적 시간 속의 한 종으로서의 호모 사피엔스에게도 당연히 던져져야 한다.

---

* Tristram: 아서(Arthur) 왕의 원탁의 기사단 중 한 사람.

원하건 원하지 않건
트리스트람, 그대는 왕이다.
그대는 이 세상을 떠나는
시간의 시련을 견뎌낸 몇 안되는 것들의 하나이므로
그들이 사라지면, 그곳은 과거의 그곳이 아니다.
그대가 남기는 것에 흔적을 남기라.

전망

나는 토지에 대한 우리의 윤리 관계가 그것에 대한 사랑과 존중 그리고 흠모 없이, 또한 그것의 가치에 대한 높은 평가 없이 형성될 수 있다고는 생각하지 않는다. 물론 내가 말하는 가치란 단순한 경제적 가치보다 훨씬 광범한 것이다. 즉, 철학적 의미의 가치다.*

아마도 토지 윤리의 진화를 가로막는 가장 심각한 장애는 우리의 교육 및 경제 체제가 강렬한 토지 의식을 향해 나아가기는커녕 오히려 그것에서 멀어지고 있다는 사실일 것이다. 현대인의 참모습은 많은 매개자들과 헤아릴 수 없이 많은 물질적 도구들로 인해 토지와 격리되어 있다. 현대인들은 토지와 아무런 깊은 관계도 맺지 않고 있다. 그들에게 토지는 도시와 도시 사이의 작물이 자라는 공간일 뿐이다. 그들을 하루 동안 토지 위에 풀어놓아보라. 그 땅에 골프장도 '절경'도 없다면 그들은 아주 따분해 한다. 작물을 땅에 심어 기르지 않고 수경 재배할 수 있다면 그들에게는 그것도 아주 잘 어울릴 것이다. 또한 목재와 가죽, 양털 그리고 그밖의 자연적 토지 산물보다는 그것들의 합성 대체물이 그들에게는 더 잘 맞는다. 요컨대 토지란 이제 그들이 '너무 자라'

* 토지(혹은 토지 공동체)는 그 자체로서 인간의 목적을 초월한 본래적 가치를 지니고 있다는 것.

더 이상 맞지 않게 된 어떤 것이다.

토지 윤리에 대한 이와 거의 맞먹을 정도로 심각한 다른 장애는, 토지가 여전히 자신의 적이거나 또는 자신들을 노예 상태에 묶어두는 상전이라고 생각하는 농부들의 태도이다. 이론적으로 영농 기계화는 농부를 속박에서 해방시켜야 하지만, 실제로 그런지는 의문이다.

토지를 생태학적으로 이해하기 위해 필요한 것의 하나가 바로 생태학에 대한 이해이다. 이것은 결코 '교육'을 늘린다고 해서 저절로 늘어나지는 않는다. 사실상 많은 고등교육 과정에서 생태학적 개념은 의도적으로 회피되고 있는 것 같다. 생태학에 대한 이해가 반드시 생태학 이름이 붙은 교과 과정에서 시작되는 것은 아니다. 그것에는 지리학, 식물학, 농학, 역사학 혹은 경제학이라는 이름이 붙을 수도 있다. 그것은 그래야만 하지만, 그 이름이 무엇이건 간에 생태 교육은 거의 이루어지지 않고 있다. 소수나마 이같은 '현대적' 조류에 대항하는 사람들이 없다면 토지 윤리의 미래는 진정 어둡다.

윤리가 진화할 수 있도록 풀어주어야 할 빗장은 바로 이것이다. 바람직한 토지 이용을 오직 경제적 문제로만 생각하지 말라. 낱낱의 물음을 경제적으로 무엇이 유리한가 하는 관점뿐만 아니라 윤리적, 심미적으로 무엇이 옳은가의 관점에서도 검토하라. 생명 공동체의 통합성과 안정성 그리고 아름다움의 보전에 이바지한다면, 그것은 옳다. 그렇지 않다면 그르다.

물론 토지를 위해 할 수 있거나 할 수 없는 일의 범위가 경제적 실행 가능성에 의해 제한된다는 것은 두말할 필요조차 없다. 그것은 언제나 그래왔고 또 앞으로도 그럴 것이다. 경제 결정론자들이 지금껏 우리의 목을 조이는 데 이용해왔고, 또 지금 우리가 벗어던져야만 하는 그릇된 생각은 경제학이 '모든' 토지 이용을 결정한다는 믿음이다. 이것은 결코 진리가 아니다. 아마도 모든 토지 관계의 대부분을 차지할 수많은 행위와 태도는 토지 이용자들의 주머니 사정이 아니라 그들의 기호나 편애에 의해 결정된다. 모든 토지 관계의 대부분은 현금 투자보다는 시간, 미래에 대한 심려, 기술 및 신념의 투입에 의해 결정된다. 토지 이용자는 생각한다. 고로 존재한다.

나는 의도적으로 토지 윤리를 사회 진화의 산물로 소개했는데, 그 까닭은 윤리처럼 중요한 것은 지금까지 단 한 번도 '저술'로서 탄생한 적이 없기 때문이다. 단지 가장 피상적인 역사학도만이 모세가 십계명을 '저술했다'고 믿는다. 십계명은 사고하는 공동체의 마음 속에서 진화했으며, 모세는 어떤 '세미나'를 위해 그것의 잠정적 요지를 기술했을 뿐이다. 내가 '잠정적'이라는 표현을 쓰는 까닭은 진화란 결코 멈추지 않는 과정이기 때문이다.

토지 윤리의 진화는 감정적 과정일 뿐만 아니라 지적 과정이기도 하다. 보전은 선한 의도들로 덮어씌워져 있지만, 이 의도들은 무익하고 심지어는 위험하기도 한 것으로 드러나는데, 그 까닭은 그것들에는 토지 자체와 경제적 토지 이용 모두에 대한 엄밀한 이해가 결여되었기 때문이다. 나는 윤리의 영역이 개인으로부터 공동체로 확장됨에 따라 그것의 지적 내용이 증가하는 것은 자명한 이치라고 생각한다.

어떤 윤리이건 실제적 적용 방식은 똑같다. 옳은 행동은 사회적으로 용인하고 그릇된 행동은 배척하면 된다.

대체로 보아, 현재 우리가 당면한 문제는 태도와 수단의 문제이다. 지금 우리는 알함브라 궁전[22]을 굴착기로 개수하면서 우리의 작업량을 자랑한다. 우리는 어쨌든 장점이 많은 굴착기를 결코 포기하지는 않을 것이다. 그러나 그것의 현명한 사용을 위해서 우리에게는 보다 섬세하고 보다 객관적인 판단기준이 필요하다.

옮긴이 주

1부 모래 군의 열두 달

1) muskrat: 몸길이 30센티 정도의 북미산 수생 설치류로 사향 냄새를 풍긴다. 역시 약 30센티에 달하는 노처럼 생긴 꼬리를 이용해 헤엄을 잘 친다. 잔잔한 강, 늪, 호수, 연못 주변에서 둑에 굴을 파거나 근처 식물을 모아서 조그만 둔덕을 만들어 그 속에서 산다. 잡식성이지만 주로 풀을 먹는다. 모피는 상업적 가치가 크다.
2) meadow mouse: 주로 북반구 온대 풀밭이나 들판에 사는 꼬리가 짧은 다수의 쥐 종류의 총칭. 본문에 등장하는 들쥐는 풀을 땅 속에 저장하였다가 그것을 먹으며 겨울을 난다.
3) rough-legged hawk: 북반구산 독수리과 말똥가리속의 큰 매로서 주로 작은 설치류를 잡아먹는다.
4) prairie clover: 콩과 페탈로스테몬(Petalostemon)속 초본의 총칭. 흰색, 자주색 혹은 붉은색의 꽃이 이삭 모양으로 핀다. 주로 북미 서부의 초원에 분포한다.
5) dust-bowl: 미국의 흙모래 폭풍이 심한 건조지대. 특히 1930년대에 흙모래 폭풍의 피해를 받은 미국 중남부 지방.
6) 오래 묵지 않아 완전히 탄화되지 않은 식물의 유해가 진흙과 함께 섞인 것. 석탄의 일종으로 발열량이 적으며, 비료나 연탄의 원료로 쓰이기도 한다.
7) starling: 북유럽, 아시아, 아프리카 원산 찌르레기과 조류의 총칭. 본문의 찌르레기는 유럽에서 도입된 (별)찌르레기이다. 1890년 100마리의 찌르레기를 뉴욕 센트럴파크에 풀어놓았는데, 그 적응력과 번식력이 대단하여 삽시간에 북미—특히 미국 동북부—에 퍼져 골칫거리가 되고 있다. 몸길이 약 21센티이며, 깃털은 흰 반점이 산재한 광택성 녹색 및 자주색이다.
8) saw-fly: 잎벌과 벌의 총칭. 종류가 많고 암컷은 톱 모양의 산란관으로 나무조직 내에 알을 낳는다.
9) passenger pigeon(여행비둘기 혹은 철비둘기): 비둘기과에 속하는 북미 동부지역 원산의 철새. 걸프만 지역에서 겨울을 나고 여름에 캐나다 지방에서 번식했다. 19세기 초까지만 해도 봄철 수백만 마리의 철비둘기가 무리를 지어 북쪽으로 이동했으며 그 때는 하늘을 어둡게 할 정도였다. 초기 서부 정착자들에게 이 철비둘기는 무궁무진한 고기, 지방, 깃털 공급원이었으나 남획으로 멸종되었다. 마지막 철비둘기는 1914년 신시네티 동물원에서 죽었다.

10) prairie chicken: 북미 초원에 사는 꿩과의 큰 초원뇌조와 작은 초원뇌조의 총칭. 수컷의 몸 길이는 전자는 약 47센티이며 후자는 약 40센티이다. 북미 전역에서 서식했으나 지금은 희귀조가 되었다. 두 종 모두 수컷의 목 부분에 깃털이 없는 주머니가 있으며 구애 행위를 할 때 이를 반복적으로 수축 팽창시켜 떨리는 소리를 낸다.

11) bluebird: 북미산 개똥지빠귀과 유리울새속의 작은 명금류(鳴禽: 잘 지저귀며 그 소리가 아름다운 새). 목은 홍갈색, 등은 하늘색, 배는 흰색이며 몸길이는 약 18센티이다. 본문의 블루버드는 미국 동부산으로 철새다.

12) Stephen Moulton Babcock(1843-1931): 미국 농화학자로 1890년 신속하고 간편한 우유품질검사법—우유 및 유제품의 버터성 지방분 함유량 측정법으로, 일명 배브콕 검사 Babcock test—을 고안하였다.

13) rust: 곰팡이로 인해 잎이나 줄기에 돌기물이 생기는 식물의 질병.

14) blue-winged teal: 북미에서 가장 작은 담수 물오리로 철새다. 몸길이는 약 35센티이며 수컷은 날개가 옅은 파랑색이다.

15) elk: 수컷 키가 약 1.5미터, 몸무게 약 350킬로그램에 이르는 북미산 대형 사슴.

16) cardinal: 북미의 아름다운 명금으로 텃새이고 몸길이는 약 22센티이다. 수컷은 부리 아래의 검은 반점을 빼면 몸 전체가 주홍색이다.

17) chipmunk: 적갈색 바탕에 희고 검은 긴 줄무늬와 털복숭이 꼬리가 있는 다람쥐로 우리나라에서 흔히 보는 다람쥐와 거의 흡사하다

18) cottontail: 솜털 같은 짧은 꼬리가 있는 북미산 야생 토끼.

19) coot: 북미산 뜸부기의 일종. 몸길이는 약 40센티이고 흰 부리를 제외한 몸의 나머지 부분은 검정색이다.

20) pasqueflower: 서양 할미꽃. 사우스다코타의 주화(州花)로 부활절 무렵에 자주색 꽃이 핀다.

21) 원문에는 redwing으로 되어 있으나 redwing은 유럽산 개똥지빠귀의 일종이며 비슷한 이름의 북미산 새는 red-winged blackbird(붉은죽지찌르레기)이다. 수컷의 날개 만곡부에는 가장자리에 노랑색 테를 두른 붉은 반점이 있으며 나머지 몸색깔은 검정이다. 북미대륙 전체에서 발견되는 가장 흔한 새에 속한다.

22) ruffed grouse: 북미에서 가장 흔한 뇌조로 목둘레에 고리 모양으로 검은 깃털이 나 있다. 수컷은 날개로 공기를 쳐서 마치 북치는 소리나 발동기 시동 소리 같은 것을 낸다.

23) Blue Mounds: 매디슨 서쪽 약 20킬로미터 지점에 있는 산. 현재 주립공원이다.

24) hickory: 북미산의 호두과 페칸속 나무의 총칭. 약 30미터로 자란다. 호두 같은 열매가 달리고 값비싼 재목으로 쓰인다.

25) woodcock: 북미 동부 원산의 새로 몸길이는 28센티 정도다. 번식기 수컷의 구애 행위로 유명하며 주로 지렁이를 먹고 산다.
26) meadowlark: 북미산 종달새의 일종. 몸길이 약 23센티이며 곤충과 지렁이를 주로 먹고 산다.
27) upland plover: 초지에 사는 북미 동부산의 큰 도요새.
28) whitethroat: 목에 흰 반점이 있고 볏에 흑백의 얼룩얼룩한 줄무늬가 있는 북미산 참새의 일종.
29) 모기와 비슷하나 모기보다 훨씬 크고 다리가 긴 곤충. 꾸정모기라고도 한다.
30) fly: 제물낚시. 깃털로 모기나 파리 같은 작은 곤충 모양으로 만든 낚시바늘.
31) jackpine: 캐나다 및 미국 북부의 메마른 바위땅이나 거의 불모의 땅에서 나는 소나무의 일종.
32) robin: 미국산 개똥지빠귀 중에서 가장 크고 가장 흔한 종 가운데 하나로 철새다. 주로 가옥 근처에 산다. 몸길이는 약 25센티이다.
33) oriole: 찌르레기과에 속하는 미국산의 작은 새로 중미와 멕시코에서 겨울을 나는 철새다. 수컷의 몸길이는 18~20센티이며 머리, 날개 및 꼬리 깃털은 회색 줄무늬가 있는 광택성의 검은색이고, 나머지 부분은 밝은 주황색이다. 꾀꼬리와 흡사하나 꾀꼬리 종류는 아니다.
34) indigo bunting: 북미와 중미에서 서식하는 멧새과의 작은 철새로 몸길이는 약 14센티이다. 수컷은 여름에 날개와 꼬리 끝을 제외한 몸 전체가 아름다운 남색을 띤다.
35) grosbeak: 참새과에 속하는 튼튼한 원추형 부리를 가진 새의 총칭.
36) thrasher: 꼬리가 남미와 북미의 개똥지빠귀 비슷한 새의 총칭.
37) warbler: 휘파람새과 솔새속 새의 총칭. 밝은 색의 작은 새로 곤충을 잡아먹는다.
38) vireo: 때까치 비슷한 11~14센티 크기의 작은 새의 총칭. 곤충을 잡아먹으며, 등은 황색을 띤 녹색 또는 회색이고, 배는 백색 또는 황색이다.
39) towhee: 북미산 멧새과 피필로(Pipilo)속의 꼬리가 긴 새의 총칭.
40) raccoon 혹은 coon: 미국 너구리.
41) alfalfa: 자주개자리. 청자색의 꽃이 피는 유럽산 콩과식물. 미국에서는 목초로 재배된다.
42) ragweed: 국화과에 속하는 몇몇 초본의 총칭. 가을에는 바람으로 운반되는 꽃가루 때문에 알레르기를 일으킨다.
43) catalpa: 미국 남부산 능소화과 개오동나무속 나무의 총칭. 그늘을 얻기 위한 관상용으로 많이 심으며 높이는 약 12미터다.
44) compass plant: 미국 중부 프레리 지방에서 자라는 국화과의 키가 큰 풀. 줄기

의 높이는 90센티에서 3미터에 이르며, 잎의 길이도 30센티에서 90센티에 이른다. 실피움은 학명.

45) bluestem: 미국 서부에서 소와 말의 사료로 재배되는 볏과 쇠풀속 목초의 총칭. 잎깍지가 푸르다.

46) goldfinch: 유럽산 홍방울새와 가까운 미국산의 몇몇 작은 새의 총칭. 몸길이는 약 13센티이며 명금이다. 여름에 수컷의 몸색깔은 머리 꼭대기와 꼬리의 깃털은 검은색, 날개 깃털은 흰 반점이 있는 검은색, 그리고 나머지 부분은 황금색을 띤다. 겨울철 몸색깔은 암수 모두 갈색이다.

47) killdeer: 북미산 물떼새속의 새이며 가슴 위쪽에 목걸이 같은 검은색 띠가 두 가닥 있다. 킬디어라는 이름은 이 새의 울음소리에서 왔다. 몸길이는 23~28센티이며 등부분은 갈색, 배 부분은 흰색이다. 잘 날고 잘 달린다.

48) Eleocharis: 방동사니과 바늘골속의 한해살이 풀로 습지에서 자란다.

49) mimulus: 현삼과 물꽈리아재비속 여러해살이 풀의 총칭으로 물가에서 자란다. 반점이 있는 꽃이 얼굴 모양을 닮은 향꽈리아재비 등이 포함된다.

50) dragon-head: 꿀풀과 용머리속 여러해살이 풀의 총칭.

51) Sagittaria: 택사과 볏풀속의 여러해살이 풀로 얕은 물에서 자란다.

52) cardinal flower: 선명한 붉은 색의 꽃이 피는 북미산의 도라지.

53) ironweed: 국화과 베르노니아(Vernonia)속의 몇몇 종의 식물의 총칭. 꽃은 원통 모양이며 주로 보라빛 혹은 붉은 빛을 띤다.

54) joe-pye: 국화과 등골나물속의 키가 큰 식물. 분홍색 또는 보라색 꽃이핀다.

55) barred owl: 가슴에 줄무늬가 있고, 배에도 암갈색의 줄무늬가 있는 북미 동부산 올빼미.

56) hermit thrush: 개똥지빠귀과에 속하는 북미의 작은 새. 플루트 소리와 비슷한 아름다운 소리를 낸다.

57) white-pine: 북미 동부산 소나무의 일종. 잎이 희읍스름하다.

58) fox sparrow: 북미산 참새의 일종으로 꽁지는 붉은 빛이 도는 녹색, 가슴과 배 부위는 회백색에 갈색 반점이 세로로 드문드문 박혀 있다.

59) junco: 피리새에 속하는 북미산의 작은 새. 열매를 깨서 씨를 파먹는다. 알래스카에서부터 동쪽으로는 뉴펀들랜드 및 뉴잉글랜드 지방에서 번식하며 멕시코 북부와 멕시코만 연안에서 겨울을 나는 철새다. 몸길이는 약 15센티이며 수컷은 등쪽은 암청회색, 배쪽은 흰색이며 꼬리 바깥쪽 깃털도 흰색이다. 암컷은 좀더 갈색을 띤다.

60) 역사적으로 '공중정원'(Hanging Garden)은 고대 바빌론의 성탑 테라스에서 공중에 걸려 있는 것처럼 만들어진 정원으로 고대 세계 7대 불가사의의 하나다.

61) Jersey tea: 프레리에 자생하는 키가 작은 식물.

62) 실제로는 알이 아니라 번데기이지만 보통 개미알이라고 부른다.

63) teal: 민물에 사는 작은 오리의 총칭. 분류학적 혈연관계가 아니라 새의 크기에 기초하여 불려지는 이름이다.

64) widgeon: 회색 머리에 흰 도가머리가 있으며, 눈에서 목덜미까지 암녹색 줄무늬가 있는 갈색의 북미산 야생 오리로서 몸길이는 약 45센티이다.

65) jay: 까마귀과 어치류의 총징. 까마귀보다 작고 화려하며 대부분의 종이 볏을 지니고 있다. 잡식성이며 대체로 숲에 사나 일부 종은 도시 같은 환경에도 적응한다. 울음소리가 요란하고 장난을 좋아한다. 북미에서 가장 흔한 종은 파랑어치(bluejay)이며 몸길이는 약 30센티에 달한다. 이 종은 볏이 없다.

66) partridge: 북미산 꿩과 엽조의 총칭.

67) blackberry: 익으면 검은색 또는 흑자색이 되는 나무딸기.

68) Lycopodium: 석송속 상록식물의 총칭으로 모양이나 크기는 솔이끼와 흡사하다.

69) sedge: 방동사니과 사초속의 여러해살이 풀의 총칭. 골풀 비슷하며 습지에서 자란다. 줄기 단면이 삼각형인 것이 특징이다. 종류가 대단히 많으나 주로 온대 및 냉대에 분포한다.

70) marshhawk: 수리매과의 맹금. 잿빛개구리매의 미국산 변종으로 습지나 목초지 등에서 볼 수 있고, 개구리나 뱀 따위를 잡아먹는다.

71) trailing arbutus: 월귤나무의 덩굴풀. 향기가 있으며 흰색 또는 붉은색 꽃이 핀다.

72) Indian pipe: 파이프 비슷한 모양의 꽃이 피는, 잎이 없는 부생(腐生)식물.

73) pyrola: 노루발과의 여러해살이 풀.

74) twin flower: 인동덩굴과 린네아속의 가느다란 상록의 포복식물. 실 모양의 꽃자루에 분홍색 또는 적자색의 꽃이 쌍을 이루며 핀다.

75) lady's-slipper: 개불알꽃으로 불리는 난초의 일종.

76) bittersweet: 노박덩굴속 덩굴식물의 총칭. 오렌지색의 열매를 맺는데, 벌어지면 붉은 막으로 싸인 씨가 나온다.

77) oyster-shell scale: 패각(貝殼) 모양의 껍질을 지닌 진디로서 각종 활엽수를 해친다.

78) barred owl: 북미 동부산 부엉이로 가슴에 줄무늬가 있고, 배에도 암갈색의 줄무늬가 있다.

79) prothonotary warbler: 미국 동부산의 명금. 머리 부위부터 가슴 전체는 오렌지색, 날개와 꼬리는 엷은 청회색이다.

80) goldenrod: 국화과 메역취속 식물의 총칭. 북미산은 미국 전역에서 흔히 자라며 키가 1.2미터 정도다. 가을에 줄기마다 노란 작은 꽃이 다발로 많이 핀다.
81) kinglet: 상모솔새속의 몇몇 작은 새의 총칭. 몸길이는 10센티 내외이며 곤충을 먹고 산다. 북미 북부의 산악지대에 살며 자기 영역을 주장하는 울음소리가 요란하다.
82) dewberry: 나무딸기의 일종으로 땅 위를 기는 길고 가는 줄기를 지녔다.
83) flowering spurge: 북미 동부산 대극속의 여러해살이 풀. 화려한 흰꽃이 무리지어 핀다.
84) sweet fern: 북미산 소귀나무속의 작은 관목. 잎이 양치류 모양이며 향기가 난다.
85) flycatcher: 미국산 타이란새과의 작은 새의 총칭. 활동적이고 행동이 매우 재빠르다.
86) sparrow hawk: 아메리카 황조롱이. 북미산의 작은 솔개로 메뚜기나 여치류, 작은 포유류 따위를 잡아먹는다.
87) screech owl: 북미산 올빼미속의 작은 부엉이의 총칭. 머리에 뿔 비슷한 깃털이 있다.
88) shrike: 때까치과의 육식성 명금의 총칭. 부리가 강하고 밑으로 굽어 있어서 곤충이나 작은 새 따위를 잡아먹는다.
89) midget saw-whetowl: 줄무늬가 있는 갈색 깃털의 작은 올빼미. 그 이름은 의성어에서 왔다.
90) pellet: 올빼미 등 맹금류가 토해낸 덩어리로 소화되지 않은 털, 깃털, 뼈 등이 둥글게 뭉쳐 있다.
91) nuthatch: 동고비과의 꼬리가 짧고 부리가 뾰족한 작은 새의 총칭. 나무 위를 옮겨다니면서 작은 나무열매나 곤충을 먹이로 한다.
92) tree sparrow: 멧새과의 작은 새로 겨울철에 미국에 많다. 가슴에 검은 반점이 하나 있다.

2부 이곳 저곳의 스케치

1) Baraboo Hills: 위스콘신 소크(Sauk)군 동쪽 위스콘신강에 둘러싸인 지역. 소크군은 매디슨 시가 속한 데인(Dane)군 북서쪽에 연접해 있다.
2) leatherleaf: 잎이 가죽질인 진달래과의 상록 관목. 북반구의 온대산.
3) podzol: 아한대의 침엽수림 지역에 분포하는 산성 토양. 표면은 부식층이며 그 밑에 침투수에 의해 표백된 회백색 층이 있고, 그 아래에는 토양에서 이동해온 유기물, 알루미늄, 철 등이 집적한 암갈색의 치밀한 층이 있다. 생산력이 낮다.

4) gley: 침수지 지표면 아래에 형성된 점착성 진흙 토양 혹은 그 토양층.
5) lupine: 콩과 루핀속 식물의 총칭. 종류가 대단히 많다. 강낭콩처럼 생긴 작은 꽃이 등나무 꽃처럼 다발을 이루어 하늘을 향해 곧게 선 형태로 핀다.
6) sandwort: 석죽과 벼룩이자리속 식물의 총칭. 대부분 모래땅에서 자란다.
7) Linaria: 현삼과 해란초속의 여러해살이 풀. 물가 모래땅에서 잘 자란다.
8) clay-colored sparrow: 멧새과에 속하는 작은 새의 일종. 등은 엷은 황갈색에 세로무늬가 있고 배는 회백색이다.
9) sandhill crane: 날개는 청회색이고 이마가 붉은 북미산 두루미.
10) cardamine: 십자화과 황새냉이속 식물의 총칭. 보통 잎은 깃털 모양이고 꽃은 흰색, 분홍색 또는 자주색이다.
11) sheep-sorrel: 마디풀과 참소루쟁이속의 잡초. 메마르고 건조한 땅에서 자라며, 잎은 방패 모양인데 신맛이 난다.
12) Antennaria: 국화과 백두산떡쑥속의 여러해살이 풀.
13) phlox: 꽃고빗과 플록스속 초본의 총칭. 어떤 종류는 화려한 색채의 꽃이 피며 관상용으로도 재배된다.
14) deermouse: 북미의 산 속에 사는 흰발쥐속 생쥐의 총칭. 발과 복부가 희다.
15) side-oats gramma: 볏과 보텔로우아(Bouteloua)속 초본식물.
16) bush clover: 콩과 싸리나무속 몇몇 종의 초본과 나무의 총칭.
17) wild bean: 땅 속에 묻힌 콩 모양의 열매가 식용이 되는 식물의 총칭. 땅콩 따위.
18) vetch: 누에콩속 초본의 총칭. 누에콩, 살갈퀴, 새완두 따위가 있다. 그 중 특히 사료용이나 토지개량을 위해 재배되는 살갈퀴를 지칭하는 경우가 많다.
19) lead-plant: 콩과 족제비싸리속의 관목. 잎과 가지에 잿빛 솜털이 빽빽이 붙어 있다. 북미 원산이며 납 광산 지방에 많다고 한다.
20) trefoil: 콩과 달구지풀속 몇몇 식물의 총칭. 클로버를 포함하며 잎은 클로버 잎 모양과 같다.
21) gopher: 북미 초원에서 사는 지상성(地上性) 다람쥐의 총칭.
22) Vannevar Bush(1890-1974): 미국의 전기 기술자이자 발명가로 제2차 세계대전 기간중 미국 군사과학 개발의 지도자였다.
23) duck hawk: 북미산의 매우 빠른 매.
24) Flambeau: 위스콘신 북서부지방 중앙을 남서 방향으로 횡단하여 미시시피강 본류에 합쳐지는 강으로 상류지역은 이 글의 배경인 플람보 주유림을 관통한다.
25) sugar maple: 위스콘신의 주목(州木). 경질목이며 가구 제작에 쓰인다. 단풍당(糖)의 주요 공급원이다.
26) yellow birch: 북미산 자작나무로 나무껍질이 회황색 혹은 은회색이다.

27) hemlock: 솔송나무속 나무의 총칭. 피라미드형으로 자라는 침엽 상록수로서 세계에 약 10종이 있으며, 그 중 4종이 북미 온대지방 원산이다.
28) coyote: 북미 서부의 초원에 사는 육식동물. 늑대와 매우 흡사하나 약간 작다.
29) white cedar: 미국 동부의 늪과 소택지에 무성하게 자라는 노송나무의 일종. 약 24미터까지 자란다.
30) muskellunge: 미국 오대호 지역과 동부 지역에 분포하는 민물 고기. 크기 2.4미터, 체중 45킬로그램까지 자라는 각광받는 대형 낚시 대상어(對象魚)다. 갈색 바탕에 검은 점무늬가 있다. 성질이 난폭하고 철저한 육식성이며 다른 물고기나 사향뒤쥐, 물오리 등을 잡아먹는다.
31) merganser: 부리가 굽어 있고, 그 끝이 톱니처럼 생긴 잠수성 새.
32) black duck: 미국 동북부 및 캐나다 등지에서 많이 서식하는 몸빛깔이 어두운 오리.
33) George Rogers Clark(1752-1818): 미국 군인이자 개척자로 독립전쟁 당시 미국 북서부 지역에서 활약한 독립군 지휘관이었다. 1778년 여름 175명의 원정대를 이끌고 일리노이 지역의 영국군 요새 두 곳을 공격하여 점령하였다.
34) Bang's disease: 소의 전염병.
35) quack-grass: 경작지에서 나는 해로운 포이풀과의 잡초.
36) 원문은 수상화(spike)로 되어 있다. 수상화란 한 개의 긴 꽃대에 여러 개의 꽃이 이삭 모양으로 핀 것을 말한다.
37) prairie puccoon: 적색 혹은 황색 물감을 만드는 북미산의 식물.
38) sow thistle: 국화과 방가지똥속 식물의 총칭. 잎은 엉겅퀴 비슷하며 꽃은 황색이다. 온 몸에서 유백색의 액이 나온다.
39) smartweed: 마디풀과 여뀌속 풀의 총칭. 잎은 맛이 맵다.
40) bunchberry: 층층나무과의 작은 여러해살이 풀. 주홍색 딸기가 다발로 열린다.
41) sage: 방향성과 쓴맛을 지닌 샐비어 비슷한 국화과 쑥속의 여러해살이 풀의 총칭. 솔잎 모양으로 깊이 째진 잎이 무성하다. 흔히 말하는 세이지는 미국 로키산맥 서쪽의 사막지방에 많으며 0.3미터에서 6미터까지 자란다. 잎은 은빛이 나며 가지가 많고 가지 끝에 작은 노란색 꽃이 다발로 핀다.
42) grama grass: 미국 서부 및 남부산 볏과 보텔로와(Bouteloua)속 초본식물의 총칭으로 목초로 쓰인다.
43) pinyon jay: 미국 서부의 산악지대에 사는 어두운 청색의 어치. 꼬리는 짧고 도가머리는 없다.
44) whitetail: 북미에서 가장 흔한 사슴으로 꼬리 안쪽이 희다.
45) robber-baron: 영국사에 등장하는 귀족으로 자신의 영지를 지나가는 여행객

들을 털었다고 한다.

46) grizzly: 북미 산악에 사는 크고 힘이 세며 사나운 곰. 털이 길고 색깔은 회갈색이다. 수컷은 약 135킬로그램, 암컷은 약 100킬로그램 정도 나간다.

47) marmot: 우드척(woodchuck) 혹은 그라운드 호그(ground hog) 같은 설치류. 몸은 통통하고 털이 많으며 다람쥐 비슷하다.

48) Francisco Vasquezde Coronado(1510-1554): 스페인 정복자로 1550년 군대를 이끌고 금을 찾아 미국 남서부 지역으로 출정했다가 많은 인디언 부락만을 발견했을 뿐 금은 찾지 못하고 1552년 멕시코로 돌아갔다.

49) Chihuahua: 멕시코 북부의 주. Sonora: 멕시코 서북부의 주.

50) whisky-jack(Canada jay 혹은 gray jay): 미국 북부 산악의 침엽수림 지대에 서식하는 어치의 일종으로 몸길이 30센티 내외이다. 어치 중 가장 수수한 회색을 띠며 도가머리도 없다. 이 새는 집, 야영지 등에서 과감히 먹을 것을 훔치는 겁이 없는 새로 유명하다.

51) Sierra Madre: 멕시코를 남북으로 횡단하여 과테말라로 이어지는 산맥.

52) flicker: 북미 전역에서 니카라과까지 서식하는 딱따구리의 일종. 파동치듯이 날며 몸길이는 약 30센티이다.

53) Hernando de Alarcón: 16세기 중반에 활약한 스페인 항해자이자 탐험가로 특히 캘리포니아 만과 콜로라도강 탐사로 유명하다. 그는 콜로라도강을 거슬러 깊숙이 탐험한 최초의 유럽인으로서 캘리포니아만과 콜로라도강 하류지역에 대해 최초로 상세한 지도를 남겼다.

54) mesquit(e): 미국 남서부 및 멕시코 원산 콩과의 관목으로 콩은 당분이 풍부하고, 사료로 이용된다.

55) Gambel quail: 소노라 사막에 서식하는 메추라기. 소노라 사막은 멕시코 북서부, 애리조나 남서부, 캘리포니아 남동부에 걸쳐 있다.

56) avocet: 미국 서부의 강어귀나 바닷가에 서식하는 새로 다리가 길고 발에 물갈퀴가 있으며, 가늘고 긴 부리가 위로 휘어져 있는 물떼새의 한 종류.

57) willet: 북미산의 몸집이 큰 도요새.

58) yellow-legs: 미국의 강어귀나 바닷가에서 사는 빽빽도요속의 다리가 노란 두 종류의 새.

59) jaguar: 미주 대륙에서 서식하는 고양이과 동물 가운데 가장 크고 힘이 센 동물. 주로 중미와 남미의 열대지방에서 서식하지만 일부는 미국 남부 및 아르헨티나 북부에서도 발견된다. 몸길이는 꼬리를 제외하고 112~185센티 정도이며, 꼬리는 45~75센티, 키는 어깨까지의 높이가 약 60센티에 이른다. 보통 황색 바탕에 장미 모양의 검은 점무늬가 있으나 몸 전체가 완전히 검은 것도 있다.

60) el tigre: 스페인어. 영어의 thetiger. 여기서는 재규어를 말한다.
61) Joseph Rudyard Kipling(1865-1936): 영국의 시인이자 소설가.
62) Amritsar: 인도 펀잡(Punjab)주 북서부에 있는 도시.
63) white-oak: 미국산 참나무의 하나. 나무껍질은 회백색이며 목질은 단단하고 오래간다. 코네티컷과 메릴랜드의 주목(州木)이다.
64) snow goose: 전체적으로 희고 날개 끝부분만 검은 북미산 기러기로 북극지방에서 번식한다.
65) tornillo: 미국 서남부산 콩과의 관목. 꼬투리가 뒤틀리며 가축 사료로 사용된다.
66) coffeeweed(혹은 chicory, blue dandelion, blueweed): 밝은 청색의 꽃이 피는 여러해살이 풀로 샐러드용으로 재배되며, 그 뿌리는 불에 말려서 커피 대용으로 한다.
67) calabazilla(멕시칸 스페인어로 calabacilla): 호박속의 덩굴식물로 포복성이며 모래땅에서 자란다. 꽃은 황색, 열매는 오렌지 모양이며 표면은 매끈매끈하다. 미국 남부 및 중부산.
68) buzzard: 캐나다 남부에서 남미 남부에 이르는 광활한 지역에 서식하는 콘도르의 일종. 날개를 편 길이가 3.2미터에 이른다. 대머리에 부리는 아래로 굽어 있으며 동물의 사체를 먹고 산다.
69) whooping crane: 북미산의 크고 흰 두루미. 그 이름은 이 새의 울음소리에서 왔다. 키는 약 1.5미터이며 날개를 편 길이는 2.3미터에 이른다. 다 자란 수컷의 몸무게는 약 7.5킬로그램이다. 털은 전체적으로 흰색이며 날개 끝은 검은 색이다. 원래 캐나다 중부에서 미국 서부를 거쳐 멕시코만에 이르는 넓은 지역에서 번식하였으나 1930년대에 불과 15마리로 줄어들어 멸종위기에 처했다. 현재는 인공번식과 각종 보호 노력으로 200마리 수준에 이르고 있다.
70) cantaloupe: 초록색 껍질에 흰 그물무늬가 있는 머스크멜론의 일종으로 속은 주황색이며 매우 달다
71) mescal: 미국 남서부 및 멕시코에 자생하는 용설란의 일종. 작고 가시가 없으며 삐죽삐죽한 공처럼 생겼다. 꽃, 줄기 및 열매에는 메스칼린이라는 환각제 성분이 들어 있으며, 인디언들이 종교의식 때 흥분제로 이용했다.
72) goshawk: 날개가 짧고 억센 구미산 매의 총칭. 전세계에 15종이 있으며 대부분 북반구 및 북아프리카에 서식한다. 미국 종은 몸길이 53~66센티, 날개를 편 길이는 102`~117센티에 이른다. 머리 위는 검은 색이고, 등쪽은 회청색, 배쪽은 옅은 황색 바탕에 미세한 회색줄무늬가 촘촘히 있다. 주로 작은 포유동물과 새를 잡아먹는다.
73) English sparrow(혹은 house sparrow): 작고 싸움질 잘하는 유럽산 참새로 해

충 구제를 위해 19세기에 미국에 도입되었다. 그러나 곡식과 채소를 대량으로 쪼아먹는 바람에 일부 지역에서는 오히려 유해물이 되었으며, 박멸 노력이 뒤따랐다. 민가 근처에 사는 텃새로 생김새는 우리나라 참새와 흡사하다.

74) chestnut blight: 밤나무 특히 미국밤나무의 병. 밤나무 줄기마름병균으로 병소(病巢)가 나무를 띠 모양으로 둘러싸서 마침내는 말라죽게 된다.

75) Dutch elm disease: 나무좀에 의해서 운반되는 자낭균으로 인해 생기는 병. 잎이 시들어 노래지며 끝내 떨어진다.

76) white-pineblisterrust: 북미산 스트로부스소나무에 많은 병. 봄철에 병균에 의해 줄기에 혹이 생긴다. 소나무 혹병균속의 한 암종(癌腫) 병균에 기인한다.

77) Bromus tectorum: 개귀리의 학명.

78) bunch grass: 포기가 무리져 나는 볏과 식물의 총칭으로 미국 전역에서 흔히 보이는 가축사료용 풀.

79) wheatgrass: 볏과의 밀 비슷한 식물. 미국 서부에서 소나 말의 사료로 쓴다.

80) Russian thistle: 명아주과 수송나물류의 잡초. 폭 60~90센티로 우거지고, 가지에는 가시가 많으며 작은 잎이 있다. 가을에 뿌리째 꺾여 바람에 날려서 큰 공 모양이 되어 들이나 프레리를 굴러다니며 씨를 흩뿌린다. 엉겅퀴(thistle)라는 이름을 가졌지만 엉겅퀴 종류는 아니다. 아시아에서 미국으로 건너간 귀화식물이다.

81) Manitoba: 캐나다 중부의 주(州)로 캐나다 프레리의 동쪽 끝에 해당한다. 남쪽은 미국 다코타 및 미네소타와 접하며 북동쪽은 허드슨만과 접한다.

82) Clandeboye: 매니토바의 주도(州都)인 위니팩에서 북동쪽으로 약 20킬로미터 지점에 있는 마을. 이 마을 정북쪽에는 거대한 빙식호인 위니팩호가 있으며, 주변은 늪지대다.

83) godwit: 흑꼬리도요속 대형 새의 총칭. 신세계 및 구세계의 바닷가에 서식한다. 긴 부리가 위로 약간 휘어 올라가 있다.

84) western grebe: 미국에서 번식하는 7종의 논병아리 중에서 가장 큰 종.

85) Forster's tern: 북미산 제비갈매기의 일종으로 프레리 지방이나 해안에서 번식한다.

86) Lake Agassiz: 기원전 8천년 경에 오늘날의 미네소타 북서부, 노스다코타 동부, 온타리오 남서부, 매니토바 남부를 덮었던 면적 약 11만 평방마일에 달하는 거대한 호수로, 물이 빠진 지금은 대부분 평원과 늪이 되었다. 현재의 매니토바 호수는 그 잔재이다.

87) redhead: 오리과의 잠수성의 새로 머리가 밝은 밤색이다.

88) Virginia rail: 미국산 흰눈썹뜸부기의 일종으로 늪이나 습원에 서식한다.

89) marsh wren: 늪에 사는 미국산 흰등굴뚝새의 총칭. 흰등굴뚝새와 작은 흰등

굴뚝새 두 종이 있다.

90) Battle of Hastings: 1066년 10월 14일에 벌어진 노르만 정복 때의 전투. 노르망디공 윌리엄 1세가 왕위를 요구하며 영국에 침입해 헤이스팅스에서 영국왕 헤롤드를 대패시켰다.

91) Athabasca: 캐나다 서부에 있는 호수와 강. 애서배스카호는 새스케체원(Saskatchewan)주 북서부와 앨버타(Alberta)주 북동부에 동서로 걸쳐 있는 둘레 약 332킬로미터의 호수이며, 애서배스카강은 앨버타 남서쪽 로키산맥에서 발원하여 북동쪽으로 1,232킬로미터를 흘러애서배스카호로 들어간다.

92) mud-minnow: 송어에 가까운 육식성의 작은 물고기.

3부 귀결

1) ground hemlock: 북미 동부산의 잎 끝이 뾰족하고 붉은 액과가 열리는 주목의 일종으로 가지가 지면으로 뻗는다.

2) 유럽산 꿩과 엽조를 통틀어 일컬음.

3) redwood: 미국 캘리포니아 원산의 높이 약 60~90미터에 이르는 삼목류의 교목으로, 주목(朱木) 비슷하며 캘리포니아의 주목(州木)이다. 세쿼이아(sequoia)라고도 한다.

4) Kodiak bear: 미국 알래스카와 캐나다 브리티시 콜롬비아의 태평양 연안에 서식하는 거대한 갈색 곰으로 키가 3미터에 이른다. 수컷의 몸무게는 440킬로그램 이상 나간다.

5) McKinley: 알래스카 중남부 알래스카 산맥에 있는 높이 6,194미터의 북미 최고봉.

6) Stewart Edward White(1873-1946): 미국의 소설가.

7) Xenophon(434?-355? B.C.): 그리스의 철학자이고 역사가이자 장군.

8) song sparrow: 북미산 멧새과의 명금으로 북미 전역에 서식하며 약 40의 아종(亞種)이 있다. 매우 자주—종종 한 시간에 300여 회나—소리를 낸다고 한다. 몸길이는 약 12~17센티이며, 등쪽은 갈색 바탕에 검은 줄무늬가 있고 배쪽은 흰색 혹은 담황색 바탕에 검은 혹은 갈색 줄무늬가 있다.

9) 말의 안장에 묶어 양쪽 옆구리로 늘어뜨려 말을 탄 사람이 두 발로 디딜 수 있게 만든 고리 모양의 마구.

10) Cabeza de Vaca(1490-1557?): 스페인의 아메리카 탐험가.

11) Adirondack Mountains: 미국 뉴욕주 북동부에 있는 산맥으로 북쪽은 캐나다 접경이며, 남쪽은 모호크강이다. 가문비나무, 소나무, 솔송나무 등이 울창하며

각종 야생동물이 풍부하다.

12) woodland caribou: 북미산 순록의 일종으로 과거에는 메인주에서 몬태나주까지에 걸쳐 널리 분포했으나 지금은 미국에서 거의 멸종되었다. 키는 어깨까지의 높이가 87~140센티, 몸무게는 60~318킬로그램에 이른다. 암수 모두 뿔이 있고 털은 회갈색이다.

13) prairie dog: 북미 프레리 지역에 서식하는 땅다람쥐 비슷한 설치류로 '타운'(town)이라는 공동체를 형성하며 무리지어 산다. 경우에 따라서는 수천 마리가 무리를 이루기도 한다. 땅 속에 수직으로 1~5미터 깊이의 굴을 파서 집으로 삼는다. 몸길이는 30센티 내외이며, 개짓는 소리 같은 경고음을 낸다. 이 소리 때문에 '도그'(개)라는 이름이 붙었다.

14) Lewisand Clark Expedition: 1803년 미국이 프랑스로부터 루이지애나를 사들인 직후, 이 땅(미시시피강 서부에서 로키산맥에 이르는 광활한 지역)을 조사하기 위해 토마스 제퍼슨 대통령의 지시에 따라 1804년부터 1806년까지 2년 4개월 동안 이루어진 탐험. 두 탐험 대장의 이름을 따서 루이스(Meriwether Lewis Clark) 클락(William Clark) 탐험이라 한다. 이 탐험대는 세인트루이스를 출발하여 미시시피강의 지류인 미주리강을 거슬러 올라가 로키산맥을 넘어 1805년 1월에 태평양에 도달했다가 이듬해 콜롬비아강을 거슬러 갔던 길을 되돌아왔다.

15) Carpathians: 체코슬로바키아 북부에서 루마니아 중부에 걸쳐 있는 산맥.

16) strip cropping: 구릉지 따위에서 침식작용을 최대로 방지하기 위해 보통 등고선을 따라 서로 다른 작물을 번갈아 띠 모양으로 심는 방법.

17) timber wolf 혹은 gray wolf: 늑대의 아종으로 과거에는 북미 삼림지대에 흔했으나 지금은 캐나다와 미국 북부의 깊은 삼림지대에서만 명맥을 유지하고 있다. 수컷의 몸길이는 꼬리를 포함하여 1.5미터이며 몸무게는 80킬로그램에 이른다. 몸색깔은 회색, 흑색 또는 흰색이다.

18) cypress: 측백나무과 드린실편백속 상록수의 총칭. 암록색이며 물고기의 비늘처럼 겹쳐진 잎이 있다. 종종 무덤가에 심는다. 그 가지는 애도의 상징으로 쓰인다.

19) guano: 해조의 배설물이 퇴적하여 덩어리가 된 것으로 양질의 비료로 쓰인다.

20) Ozark: 미국 미주리, 오클라호마, 아칸소 지방에 걸쳐 있는 산맥 및 고지대.

21) trumpeter swan: 북미산 백조과의 큰 새. 나팔처럼 울리는 울음소리를 낸다.

22) Alhambra: 스페인의 그라나다(Granada)시에 있는 이슬람 왕조의 궁전으로 1248~1354년에 축조되었다.

초판 옮긴이의 글

환경 문제를 공부하면서 오늘날의 생태 위기를 극복하려면 과학 기술의 발전이나 제도의 개선만으로는 무언가 부족하다고 느끼게 되었다. 자연과 환경에 대한 새로운 윤리의 정립이 절실한 것 같았다. 그것의 탐색 과정에서 7년 전 알도 레오폴드의 '토지 윤리'를 처음 접하게 되었고, 차츰 이것이 내가 찾는 것이라는 생각이 굳어졌다.

1995년, 심층생태학 환경철학자 조지 세션즈(George Sessions)의 추천을 받아, 1996년 여름부터 1997년 여름까지 1년간 미국 UNT(University of North Texas) 철학과에 객원교수로 초청되어 '토지 윤리'를 깊이 공부할 수 있는 기회를 얻었다. 그곳에서 레오폴드 철학의 세계적 대변자라고 할 수 있는 J. 베어드 켈리 콧(J. Baird Calli cott)을 만난 것은 또 하나의 행운이었다.

『모래 군의 열두 달』은 환경 문제를 고민하던 내게 가장 큰 감명과 영향을 준 책이다. 5~6년 전부터 이 책이 국내에 소개조차 제대로 되지 않았다는 점을 몹시 안타깝게 생각하게 된 나는 켈리콧의 권유와 적극적인 도움에 힘입어 조금씩 번역을 준비해왔다. 그 과정에서 몇 년간 내 학생들을 위한 주요 강의 교재로 이용하기도 했다.

이 책이 오늘날의 환경 운동과 사상에 끼친 영향을 생각한다면, 이

번역서는 내게 크나큰 영광이 아닐 수 없다. 글재주가 없는 탓에 레오폴드의 깊은 뜻이 독자들에게 제대로 전달될지 늘 불안하기는 하지만, 어떻든 우리말로 다소 어색하더라도 최대한 원저자의 의도를 그대로 전달하려 노력했다.

이 책이 출간되기까지 많은 분들의 도움이 있었다. 미국 캘리포니아의 조지 세션즈, UNT대학의 베어드 켈리콧, 유진 하그로브(Eugene C. Hargrove), 맥스 올슈레거(Max Oelschlaeger) 교수께 이 자리를 빌어서 감사의 말씀을 드린다.

특히 켈리콧 교수는 우리나라 독자들을 위해 레오폴드를 대신하여 한국어판 서문을 써주셨다. 이 책이 되어가는 과정에서 많은 조언과 도움을 주셨고, 또 언제나 내게 학자로서의 모범이 되어주신 서울대학교 환경대학원의 이정전 교수님과 단국대학교 김영모 교수님께도 존경과 감사의 말씀을 올린다.

내가 이 책을 통해 바라는 것은 독자들이 자연과 환경에 대해 다시 한 번 진지하게 생각해보는 계기가 되었으면 하는 것이다. 또한 "이 책을 읽고 자신의 감정과 소신에 어떤 반향이 일어남을 느끼는 독자가 있다면, 그런 감정과 소신을 바탕으로 앞으로 더 많은 것을 성취하게 되기를 바란다"는 레오폴드의 말도 전하고 싶다.

2000년 3월 25일
서울 한남동에서
송명규

알도 레오폴드의 생애와 『모래 군의 열두 달』

보전의 현장 일꾼이자 현장 생태학자이자 스포츠맨이자 박물학자인 랜드 알도 레오폴드(Rand Aldo Leopold)는 1887년 1월 11일 미국 아이오와주 미시시피 강변의 한 마을인 벌링턴에서 아버지 칼과 어머니 클라라의 3남 1녀 중 장남으로 태어났다. 레오폴드 가족은 늘 자연과 함께 살았으며, 또 그의 부모들은 그렇게 그를 키웠다. 특히 아버지 칼은 자식들에게 자연에 대한 관심을 심어주려고 노력했다. 칼은 자연에 대한 단순한 호기심 이상의 것을 물려주었다. 사냥 때나 소풍 때나 낚시 혹은 산보할 때 칼은 언제나 만능의 안내자가 되어주었고, 자연의 신비에 대한 해설자로서 또한 자연에 대한 윤리와 스포츠맨십의 실천자로서 언제나 자식들 곁에 있었다.

스포츠 사냥꾼으로서 칼은 자연 보전이 하나의 사회 운동으로 발흥하기 훨씬 오래 전부터 이미 자연에 대한 자발적 절제를 몸소 실천하였으며 이 점에서 모범을 보였다. 가령 사냥감 포획량을 스스로 제한했고, 특정 종의 오리는 사냥하지 않았으며, 봄철 번식기의 물새는 절대로 사냥하지 않았고, 사냥감이 헛되이 소모되지 않도록 일단 총탄에 맞은 사냥물은 회수가 불가능함을 확인할 때까지는 결코 추적을 포기하는 법이 없었다. 또 정기적으로 가족과 함께 숲속 생물들을 관찰하고 조사하고 탐구했다. 그의 이런 스포츠맨십은 레오폴드에게 크나큰 영향을 미쳤는데, 그것은 제2편의 〈빨간 다리를 버둥거리며〉와 제3편의 〈보전의 미학〉, 〈미국 문화와 야생 동식물〉 등에 잘 나타나 있다.

1890년 초 외할아버지인 찰스 스타커는 휴런호 북쪽 어떤 섬에 여름 휴양지를 갖게 되었는데, 그곳 오두막은 매년 여름 레오폴드 가족의 원시적 자연으로의 도피처가 되었으며, 레오폴드에게는 최초의 원생지대 탐험 기지가 되었다. 매년 여름 6주 동안 레오폴드는 이곳에서 미국 북부 삼림지대를 탐사했고, 급류 낚시 등을 통해 야생적 멋과 낭만을 만끽했다. 또한 이곳 생활을 통해 휴런호 너머 북쪽 깊숙이 뻗어 있는 광활한 캐나다 삼림지대에 대한 동경심을 갖게 되었다. 그 뒤 오랫동안 레오폴드는 캐나다 후방의 강을 타고 북쪽으로 내려가 허드슨만으로 빠지는 카누 여행을 꿈꾸게 된다. 이런 추억들과 야생적 강의 카누 타기에 대한 동경 역시 이 책 여기저기에서 엿보인다.

레오폴드는 어린 시절부터 야생 동식물에 관심이 깊었으며, 사냥도 일찍 배웠다. 그는 언제나 빈손으로 아버지 칼을 따라다니며 사냥 기술과 스포츠맨십을 배웠다. 당시 칼은 '론 트리'와 '크리스털 레이크'라는 두 개의 사냥클럽에 속해 있었는데, 레오폴드가 이른 아침 그를 따라 손에 총을 들고 사냥에 나서기 시작한 곳은 바로 이 크리스털 레이크다. 〈빨간 다리를 버둥거리며〉는 크리스털 레이크 사냥 클럽에서의 첫 오리 사냥 추억을 그린 것이다.

레오폴드가 자연 보전에 관심을 갖기 시작한 것도 십대 초다. 이 시기에 그는 자연에 관한 책들을 즐겨 읽었는데, 특히 당시 대통령이었던 시어도어 루스벨트, 동물기로 유명한 시튼 등의 책과 그 시대의 각종 자연 정기간행물들을 탐독했다.

1904년 1월 벌링턴에서 고등학교를 마친 레오폴드는 뉴저지의 대학

진학 예비학교인 로렌스빌 스쿨에 입학했고 다시 예일대 삼림학부에 진학했다. 이 학교는 미국 최초의 육림 전문가 양성 기관으로, 임업은 당시 붐을 타던 직종이었으며, 시어도어 루스벨트의 영도 아래 활발히 전개되고 있던 보전 운동의 최전선이었다.

레오폴드의 첫 직업은 삼림 공무원으로, 1909년 7월 애리조나의 아파치 국유림에 배치되었다. 당시 삼림청 본부는 콜로라도 고원의 남쪽 가장자리 화산지대 위, 거대한 에스쿠딜라 산 아래에 자리잡은 스프링어빌이라는 조그만 도시에 있었다. 이곳은 인적이 드문, 웅장하고도 변화무쌍한 지역이었다. 말 그대로 원생의 고산 초원으로, 늑대와 회색곰들이 출몰하고 거대한 소나무와 메마른 협곡들로 복잡하게 뒤엉킨 지역이었다. 이곳에 도착한 지 한 달 뒤, 레오폴드에게 블루 강 상류의 거친 협곡지대 삼림을 조사하라는 임무가 주어졌다. 2부의 〈산 같은 사고〉에 나오는 늑대 이야기는 바로 그때의 일을 그리고 있다. 레오폴드는 아파치 국유림에서 2년간 일했다. 30년 뒤 집필한 수필로 모두 2부에 실려 있는 〈저 위〉, 〈에스쿠딜라〉, 〈산 같은 사고〉는 이곳에서 겪은 자연의 경이로움에 대한 환희와 그것의 점진적 상실에 대한 슬픔, 그리고 자신을 포함한 삼림 공무원들 역시 이같은 상실에 일조했다는 자책감이 뒤얽힌 글이다. 레오폴드는 이 시절을 이렇게 회고하고 있다.

> 애리조나 화이트산맥에서 나는 목장 지대의 자유분방한 삶을 만끽했다. 나는 말 탄 목동들이 부러웠는데, 그들 중 많은 사람이 내 친구였다. 애숭이 골탕먹이기, 거친 장난 같은 의례적인 과정을 거쳐 나 ―풋내기― 승마가로서 마부로서 그리고 산악인으로서의 기초적인 기술을 습득했다.
> (…)
> 내가 정부의 포식자 통제 정책을 처음 접한 곳은 바로 이 화이트산 지역

이었다. 내 친구들이었던 목동들은 곰과 늑대와 퓨마와 코요테를 보는 대로 사살했다. 그들의 눈에, 포식자는 오직 죽었을 때나 가치가 있었다. 맹수 피해가 극심할 때, 그들은 토벌대를 조직하거나 한두 달간 전문 덫 사냥꾼을 고용하기까지 했다. 그러나 전체적인 결과는 무승부였다. 포식자들은 토벌되었지만 절멸된 것은 아니었다. 어느 누구도 그 지역에서 언젠가는 곰과 늑대가 영원히 사라지게 되리라고는 생각하지 않았다. 모든 사람은 맹수는 적으면 적을수록 좋다고 생각했고, 어느 한계 내에서 이것은 진실이었다.

이때 임금을 받고 정부에 고용된, 자신들의 솜씨에 자부심이 강하고 (늑대와 회색곰의 경우에는) 일정 지역 맹수를 멸종 수준까지 박멸할 수 있는 능력을 지닌 사냥꾼들이 등장했다. 10여 개 지방에서의 박멸이 합쳐지면 주 차원의 멸종이 되었으며, 10여 개 주에서의 멸종이 합쳐지면 전국 차원의 절멸이 되었다. 국립공원에 일부 포식자를 남겨두려는 체면치레 정책이 있었다는 것은 분명하지만, 실상 오늘날의 국립공원에는 늑대가 없으며 단지 극소수 회색곰만이 위태로운 상태로 남아 있을 뿐이다.

〈에스쿠딜라〉에서, 나는 나 자신이 참여했던 화이트산 지역의 회색곰 토벌 과정을 적었다. 당시 나는 그 행위의 윤리성에 대해 단지 어렴풋한 불편함만을 느꼈을 뿐이었다. 그러나 20여 년에 걸친 당국의 '포식자 통제'를 통해 나는 마침내 자신이 남서부의 회색곰 박멸에 일조했고, 그럼으로써 생태학적 살인에 종범(從犯) 역할을 했음을 확신하게 되었다.

뒤에 사우스웨스턴 국유림의 팀장이 되었을 때, 나는 애리조나와 뉴멕시코 지방의 회색이리 박멸에 종범이 되고 말았다. 소년 시절 나는 '로보 울프'에 대한 시튼의 걸작 전기를 읽고 강한 감동을 느꼈지만, 그럼에도 불구하고 사슴 관리라는 명분으로 늑대 박멸을 정당화할 수 있었다. 그러나 나는 사슴의 과도한 증식은 어떤 늑대보다도 사슴 자신에게 훨씬 더 치명적인 적이라는 것을 쓰라린 경험을 통해서 깨달았다. 〈산 같은 사고〉는 포식자가 없어진 사슴 떼에 대하여 내가 지금 알고 있는 것(그리고 대부분의 보전론자들이 깨달아야만 하는 것)을 쓴 것이다.

(1947년 서문*에서)

레오폴드는 삼림청에서 승승장구했다. 1911년에 뉴멕시코 북부 카슨 국유림 부감독이 되었으며, 1913년에는 정감독이 되었다. 그는 이곳에서 당시 21세였던 여선생 에스텔라(Estella)를 만나 1912년 10월 9일 산타페의 한 성당에서 결혼했다.

레오폴드와 부인 에스텔라는 1913년에서 1919년 사이에 네 자녀를 얻었다. 장남 스타커, 차남 루나, 장녀 아델리나, 삼남 칼의 순이다. 레오폴드는 1918년 사냥감 보호 운동에 도움이 될 것이라는 기대에서 앨버커키 상공회의소 서기로 잠시 자리를 옮겼다가 1919년 삼림청으로 복귀한다. 이로부터 5년 동안 그는 일부 삼림을 원생보전지역으로 지정하기 위해 동분서주하는데, 이 노력은 마침내 1924년 6월, 힐라(Gila) 국유림의 일부를 힐라 원생보전지역으로 지정하는 결실을 거둔다.** 이것은 미국 최초의 공식적인 원생보전지역이었다. 제3편의 수필〈원생지대〉는 이때 쓴 몇 편의 글을 모은 것이다. 레오폴드는 이 시절을 이렇게 회고하고 있다.

---

* 이 서문은 원래 1947년 9월 5일에 알프레드 노프(Alfred A.Knopf) 출판사와의 출판 교섭을 위해 집필한 것인데, 노프사는 한 달 뒤 계약을 거부했다. 그 후 위스콘신대학 레오폴드 문서실에 보관되어 있다가 1987년 J. Baird Callicott의 편저 Companion to A Sand County Almanac(Madison: University of WisconsinPress)의 부록 281~288페이지에 처음 실렸다.

** 1980년 힐라 원생보전지역의 일부가 알도 레오폴드 원생보전지역(Aldo Leopold Wilderness)으로 지정되었다.

1909년 내가 처음 남서부에 발을 디뎠을 때, 애리조나와 뉴멕시코의 국유림에는 각기 크기가 20만 헥타 이상인 도로 없는 산악지역이 여섯 곳 있었다. 1920년대까지 신작로가 이들 중 다섯 군데까지 침입했고 오직 한군데, 즉 힐라 강*상류 지역만을 남겨두었다. 나는 전국 규모의 '원생지대보전협회' 설립을 도와, 힐라 강 상류 지역이 도로 신설이 불가능한 배낭 여행지로 '영원히' 보전될 수 있도록 그 지역을 원생보전지역으로 지정하기 위해 노력했다. 그러나 당시 이미 늑대가 멸종되었고 퓨마 또한 거의 멸종에 이르게 된 힐라 강 유역의 사슴 무리는 터무니없이 불어났으며, 1924년에 이르러서는 사슴 피해가 도를 넘어 그 수를 줄이지 않으면 안될 지경에 이르렀다. 나는 여기서 10여 년 전 늑대에게 저지른 나의 죄에 사로잡혔다. 삼림청은 삼림 보전이라는 명분으로 사냥꾼들이 과다한 사슴 떼에 접근할 수 있도록 내 원생지대를 둘로 쪼개는 신작로 개설을 명했다. 나는 어쩔 도리가 없었으며 원생지대보전협회도 그랬다. 나는 자승자박한 꼴이었다.

(1947년 서문에서)

레오폴드는 그동안 원생지대 탐험의 열정으로 힐라 강 일대를 여러 번 방문하였는데, 그 중 하나가 제2편의 〈초록 늪〉을 통해 회상하고 있는, 1922년 동생 칼과 함께 한 콜로라도 강 삼각주 카누 탐사 여행이다. 이곳은 당시 남서부에서 가장 험한 지역이었는데, 그들은 역사상 이곳을 향해한 세번째 팀이었으며, 카누로는 첫번째 팀이었다. 레오폴드는 '1947년 서문'에서 자신의 많은 원생지대 탐험 가운데, 이것이 가

* Gila River: 뉴멕시코와 애리조나에 걸쳐 있는 화이트산맥에서 발원하여 애리조나 남부를 서쪽으로 관통하여 콜로라도 강 하류 삼각주 지역으로 합류되는 강.

장 다채롭고도 가장 유쾌했다고 회고하고 있다.

이와 병행하여 그는 미국 남서부 목장 지대의 생태학적 균형에 대한 탐구를 계속했다. 처음 토양 침식의 원인에서 시작된 그의 의문은 토양 침식과 과잉 방목, 홍수, 식물상 변화, 화재, 삼림 복원, 토사 침전률 그리고 기후 사이의 상호관계 조사를 위한 여러 차례의 애리조나와 뉴멕시코 국유림 답사로 이어졌다.

15년을 이 지역 삼림청 관료로 지낸 레오폴드는 1924년 6월, 매디슨의 위스콘신대학 '미국 임산품 시험소' 부소장으로 자리를 옮긴다. 이 연구소의 다른 점은 괜찮았지만 그 상업적 성격은 너무나 싫었던 그는 일련의 글을 통해 자신의 자연 철학을 피력하게 되는데 제3편의 〈보전의 미학〉 등은 그런 동기에서 쓴 것이다.

레오폴드가 동생 칼과 친구 레이먼드 로아크 그리고 당시 이미 장성한 아들 스타커와 함께 멕시코 치와와의 시에라마드레에 일련의 휴가 여행을 다녀온 것도 이 시기였다. 시에라마드레는 레오폴드가 15년의 세월을 보낸 애리조나와 뉴멕시코의 산들과 거의 완벽하게 하나의 짝을 이루는 지역이었지만, 인디언에 대한 공포 때문에 목장이나 가축이 들어가지 못한 지역이었다. 그는 '1947년 서문'에서 "땅은 유기체이며, 이곳에는 아직도 완벽한 원시적 건강을 유지하고 있는 생물군(群)이 있다. 내가 평생 동안 오직 병든 땅만을 보아왔음을 처음으로 명확히 깨달은 곳이 바로 여기였다"고 말하고 있다.

1924년부터 1926년까지 레오폴드는 꾸준히 원생지대 보전에 관한 글을 쓰면서 특히 삼림청 내에서는 이 분야의 지도적 인물로 명성을 얻게 된다. 같은 기간 동안 사냥감 관리에 대한 글들도 발표했는데, 이는 훗날 그가 이 분야의 교수로 진출하는 발판이 된다. 임산품 시험소에서 근무하던 1927년에 막내딸 에스텔라가 태어나고 이를 전후한 시기에 레오폴드 가족은 궁술에 흥미를 갖게 된다. 레오폴드는 자기 집 지하실에서 손수 활과 화살, 시위 등을 만들었고, 이것을 들고 사냥터로 나갔다.

1928년에서 1931년까지 '스포츠 총포 및 탄약제조업 협회'에서 일하던 중 레오폴드는 사냥감 관리법, 농업 현황, 지질 정보, 사냥꾼 행태 등에 관한, 당시 결코 입수가 쉽지 않던 각종 정보들을 수집하기 위해 9개 주를 여행했다. 그리고 이 여행을 통해서 몇 가지 중요한 사실을 깨달았다. 첫째, 비록 사냥감이 과잉 포획되고 있지만 그보다 더 중요한 문제는 서식지 파괴라는 것이다. 토착 식물을 제거하고 이루어지는 농업 방식은 토양 유실을 초래해 농업 기반을 파괴할 뿐만 아니라 작은 야생 동물들에게 필요한 은신처도 함께 파괴한다는 것이다. 둘째, 포식자가 사냥감 감소에 미치는 영향은 매우 미미하다는 것이다. 포식자에 대한 레오폴드의 시각은 애리조나와 뉴멕시코에서의 포식자 제거 활동 이후 실로 엄청나게 변했다. 1920년대 중엽부터 그는 포식자가 지니는 과학적 가치를 인식하기 시작했다. 그러다가 1930년대, 포식자 박멸과 사슴 폭증에 기인한 애리조나 '카이밥 고원'의 생태학적 재앙에 충격을 받고 포식자가 지니는 생태학적 가치(먹이 개체수 통제 기능 등)를 절실히 깨닫게 된다. 마지막으로 사냥감 보전 활동의 가장 효과적인 일꾼은 토지 소유자, 즉 농부이며 또 그래야만 한다는 것이다. 레오폴드는 정부가 보전을 위해 할 수 있는 역할에는 한계가 있으며, 구체적인 보전의 실천은 땅 소유자의 윤리와 도덕심에 바탕을 두어야만 한다고 생각하게 되었다. 바로 이같은 문제 의식이 제3편의 마지막 수필 〈토지 윤리〉를 집필하는 계기가 되었다.

뉴딜 정책이 집행되던 시기에 레오폴드는 다시 삼림청 고문으로 남서부에 파견된다. 이번 임무는 '민간식림치수단'의 사방 활동 감독이었다. 그 기간 동안인 1933년 5월, 그는 '보전 윤리'라는 제목의 강연을 했는데, 이 강연이 14년 후에 '토지 윤리'로 보다 체계화된다.

1933년 가을, 레오폴드는 위스콘신대 농대 농경제학과 사냥감 관리학 담당 교수로 초빙되었다. 그는 1948년 사망 때까지 약 15년을 이 대학에서 근무했는 데 재직기간 동안 교수로서, 주정부 보전위원회 위원으로서 또한 원생지대 보전협회에서 각종 군소 보전관련 기구에 이르는 수십 개 단체의 회원으로서 왕성하게 활동했다. 그리고 1941년부터 이 책의 집필을 시작했다.

레오폴드는 1935년까지 몇 차례에 걸쳐 사냥, 낚시, 사냥감 조사 등을 위해 위스콘신 중부 위스콘신 강 주변의 거칠고 척박한 몇몇 군을 답사했다. 1933년과 1934년에 이 지역에는 뉴딜 사업단 캠프가 있었는데, 그는 이 사업의 자문위원으로도 자주 초빙되었다. 이 지역은 기나긴 생성 역사를 지닌 평탄한 땅이다. 5억 년 전, 이 땅은 북미 대륙을 덮었던 캄브리아기의 얕은 바다였으며, 장구한 세월 동안 모래 침전이 이어졌다. 뒤이은 고생대 해침(海浸)을 수차례 겪는 동안 모래는 압축되었고, 그 위를 석회석과 백운암이 덮었다. 또 다시 장구한 세월의 침식을 겪은 뒤 7만 년 전부터 1만 년 전까지의 수 차례 빙하기 동안 다시 침전이 반복됐다. 위스콘신 중부를 덮었던 마지막 빙하는 1만 5천 년 전 북쪽에서 밀려 왔는데, 이 빙하가 후퇴하면서 위스콘신주 전역에 크고 작은 빙식호를 남겼고 위스콘신 강 주변에 모래, 자갈, 바위 등 빙퇴석을 남겼다. 이 지역이 바로 레오폴드가 말하는 '모래 군' 지역이다.

1934년은 모래 군 주민들에게 매우 어려운 시기였다. 봄철, 가뭄과 모래 폭풍으로 땅은 더욱 건조해지고 토양은 바람에 휩쓸려갔다. 저지대 초원과 경지 조성을 위해 물을 뺀 늪에서는 화재가 자주 발생해 토탄층까지 타들어갔다. 또한 사회적으로는 대공항의 어두운 그림자가 좀처럼 벗겨질 조짐을 보이지 않았다. 1930년대의 이 지역은 가뭄과 화재와 모래폭풍과 경기침체의 연속이었다.

1934년 어느 여름 날, 레오폴드와 동생 칼은 모래 군 가운데 하나인 워샤라 군에서 낚시를 마치고 매디슨으로 돌아오던 길에, 포티지 근처의 엔데버 늪에 캐나다두루미 한 쌍이 둥지를 틀고 있다는 소식을 듣고 현장을 조사하기로 했다. 당시 레오폴드의 추측으로는 위스콘신 주에 둥지를 트는 캐나다두루미는 20쌍도 채 남지 않았었다. 두루미들의 서식지인 늪이 파괴되었기 때문이다. 그들은 늪을 막아 밭을 조성한 어느 농부로부터 둥지의 위치와 그 농장, 학 그리고 그 늪의 역사에 대한 자세한 정보를 얻었다. 조금 높은 언덕 위를 기어올라가 참나무 뒤에 숨어서 그들은 늪 가장자리에 있는 큰 키의 잿빛 새를 엿볼 수 있었다. 그러나 그것도 잠시뿐, 이들을 알아챈 학들은 부들 숲 위로 솟아올라 먼 인적 없는 늪으로 사라졌다. 이 광경에 사로잡힌 레오폴드는 매디슨으로 돌아오자마자 학에 얽힌 옛이야기들과 학에 대한 생물학적 지식을 탐구하기 시작했다. 친구 조류학자들의 자문을 구한 뒤 그는 좀더 자세한 관찰을 위해 늪으로 되돌아왔다. 3년 뒤인 1937년, 레오폴드는 이 책 제2편의 수필 〈늪지의 비가〉를 통해 그때의 감흥 그리고 이를 통해 본 인간과 토지의 관계를 되새기게 된다.

레오폴드는 보전 운동의 일환으로 활만 허용하는 사슴 사냥철 개설을 위해 활동했는데, 1934년에 비로소 결실을 보았다. 그해 위스콘신 최초의 활 사냥철에 가족과 동료 7명과 함께 참가한 레오폴드는 모래 군 지역 남부의 위스콘신 강 하상에서 5일간 야영하면서 활 사냥을 즐겼다. 사슴은 흔했지만 그들은 단 한 마리도 잡지 못했다. 야영의 불편함 때문에 사냥용 오두막을 갈구하던 그들은 몹시 추웠던 1935년 1월 12일, 매디슨 북서부 약 80킬로미터 지점의 위스콘신 강변에서 버려진 낡은 농가 한 채를 발견했다. 처음 그 농가와 부속 토지 32헥타를 단돈 10달러에 임대한 레오폴드는 같은 해 5월 17일 이 농가와 농장을 헐값으로 매입했고 몇 년 후 주변 토지 16헥타를 더 매입했다.

이 농가—레오폴드의 표현을 빌리면 '누옥'—의 매입을 계기로 레오폴드의 토지와 인간의 관계에 대한 시각은 새로운 전기를 마련하게 된다. 이제 그는 자신의 땅 위에서 살아가는 생명체들의 삶에 직접 동참함으로써 인간과 토지의 생태학적, 윤리적, 심미적 관계를 한층 더 깊이 이해하게 되었다.

농장을 매입하고 그가 한 첫 작업은 야생 동물의 먹이 식물을 심는 일이었다. 이 버려진 농장을 '재건'하는 일에 가족 모두가 동참했다. 원래 사냥용 오두막으로 매입한 이 누옥에서 사슴 사냥은 곧 반쯤은 야생적인 이곳의 환희 가운데 사소한 것에 지나지 않게 되었다. 레오폴드와 그의 아내, 세 아들 그리고 두 딸은 그들 자신의 땅에서 갖가지 야생 동식물들과 함께 각자의 방식으로 즐거움을 만끽했다. 겨울철에는 새들에게 고리를 달아주고 먹이를 주고 땔감을 베며, 봄철에는 소나무를 심고 지나가는 기러기를 관찰하며, 여름철에는 야생화를 심고 돌보며, 가을철에는 꿩과 오리를 사냥하며 모든 계절을 통해 생물상의 모습을 기록으로 남겼다. 이 모든 것이 그들에게는 '가사 활동'이었다. 그 농장은 사냥, 낚시, 수영, 산책 등 자연의 풍미를 만끽하고, 온갖 나무와 풀을 심고 가꾸고 베고 쪼개며, 모닥불가에 둘러앉아 고기를 굽고 기타 반주에 맞추어 합창하고 웃고 담소하고, 지나가는 기러기를 세고 각종 야생화가 피는 시기를 기록하며, 새들에게 먹이를 주고 발에 표지를 달아주고 그리고 무엇보다도 자연 속의 고적함을 만끽할 수 있는 레오폴드 가족의 "지나친 현대 문명으로부터의 주말 도피처"가 되었다. 이 누옥에서 그가 겪은 10여 년의 추억과 경험들이 제1편 《모래 군의 열두 달》에 마치 각각 한 폭의 수채화처럼 펼쳐져 있다.

모래 군 시절인 1938년, 레오폴드는 친구와 함께 캐나다 매니토바의 델타(Delta)에 물새 관찰소 건립을 추진했다. 그때 그는 캐나다 밀밭 지대의 광활한 늪을 접하게 되는데, 그 늪이 급속도로 뭍으로 바뀌는 것을 보고 큰 충격을 받았다. 또한 북미 전역에서 주요 야생 조류 번식지가 점차 사라지고 있음을 눈으로 확인했다. 제2편의 〈클란데보예〉는 당시 그에게 유달리 야생적이고 활기에 넘쳐 보였던 그 델타 늪지의 정경을 그린 것이다.

1940년대, 위스콘신 보전위원회에서 활동하던 시절 레오폴드는 위스콘신의 마지막 야생적 강 가운데 하나인 플람보가 수장될 위기에 처해 있다는 사실을 알게 되었다. 다른 대부분의 카누 타기 강은 이미 수력발전용으로 가두어진 상태였다. 레오폴드는 동료 위원 및 보전국 관리 등과 함께 플람보 주유림 내의 작은 구간을 인공물이 배제된 지역으로 복원하기 위해 노력했다. 이 사업은 거의 반쯤 진행된 뒤 위스콘신 주의회 때문에 좌절되었는데, 제2편의 〈플람보〉는 여기에 관한 글이다.

1941년, 친구의 권유에 따라 이런 경험들을 하나의 책으로 출판하기로 결심하고 출판사를 찾아나선 레오폴드는 마침내 1948년 4월 14일 수요일, 옥스포드 대학 출판사로부터 출판을 수락하는 장거리 전화를 받게 된다. 이틀 뒤 그는 아내와 막내딸과 함께 즐거운 마음으로 그 누옥으로 의례적인 봄철 사냥을 나갔다. 4월 21일 수요일 새벽은 그가 기록을 시작한 이래 가장 많은 기러기가 먹이를 구하기 위해 늪에서 옥수수 낟가리를 향해 누옥 위를 날아간 날이었다. 총 871마리였다고 전해진다. 오전 10시 30분, 아침 식사를 마친 레오폴드 가족은 동쪽으로 반 마일 떨어진 이웃 농가 쪽에서 늪을 건너오는 연기 냄새를 맡는다.

서둘러 화재 진압에 동참했던 레오폴드는 불을 끄던 중 심장마비로 쓰러졌고, 그 위를 불이 가볍게 스치고 지나갔다.

이 책이 처음 출판되었을 때 독자는 자연보전 전문가나 그 분야의 일부 아마추어에 국한되었었다. 대부분의 비평가들은 이 책을 그저 미문(美文)의 자연수필집일 뿐이라고 평가했다. 이 책이 다음 세대에 불러일으킬 반향을 예견했던 사람은 거의 없었다. 이 책은 1960년대, 생태계 파괴에 대한 세인들의 관심과 우려가 비등하기 시작했던 이른바 '생태학의 시대' 이전에는 2만 부도 채 안 팔렸다.

그러다가 1960년대 말 환경 파괴에 대한 자각이 범사회적으로 일게 되면서 이 책은 현대 환경 운동의 철학적 기반으로서 자리를 굳히게 되었고, 마침내 생태학의 시대를 열었던 레이철 카슨(Rachel Carson)의 『침묵의 봄』이나 스튜어트 우달(Stewart Udall)의 『침묵의 위기』 등을 능가하는 판매 부수를 기록하게 되었다.

레오폴드는 일생 동안 100여 개 이상의 보전 관련 조직, 공공기관 혹은 위원회 등에서 지도적인 역할을 수행했고, 3권의 책과 500여 편의 논문, 보고서, 소책자, 뉴스레터, 서평 등을 출간했으며, 출간되지 않은 글도 수필, 강연문, 시 등을 포함해 모두 500여 편에 이른다. **(옮긴이)**

토지윤리 해설

레오폴드는 '근대 환경 윤리의 아버지'이자 전체로서의 토지를 대상으로 하는 새로운 윤리 체계를 제시한 석학으로서, 인간의 윤리가 궁극적으로 토지 윤리를 향해 진화할 것으로 예언한 '예언자'로서 또 '1960년대와 70년대 신보전 운동의 모세'로서 추앙받고 있다. 그가 이같은 평가를 받게 된 까닭은 그의 토지 윤리가 후세에 미친 영향이 그만큼 지대하기 때문이다.

〈토지 윤리〉는 이 책 제3편 《귀결》의 마지막 장을 장식하고 있다. 이런 까닭에 대표적인 레오폴드 전기 작가인 커트 마이네(Curt Meine)는 '토지 윤리'를 '귀결의 귀결'이라고 말한 바 있다. 이 책만 가지고 본다면, 이 장은 책 전체를 통해 명시적 혹은 묵시적으로 여기저기에서 제기해온 각종 보전 문제들의 종합이자 결론일 뿐이다. 그러나 "역사의 기록이 시작된 이래 그 어느 때보다도 더 많은 토지가 파괴되고 손상되어왔음"을 자칭 '현장 보전론자'로서 몸소 겪은 저자 자신의 일생을 가지고 본다면, 사망 약 1년 전부터 마지막 손질이 된 이 수필은 "토지 남용이라는 괴물을 저지하지 못하는 보전 [운동]의 무능력에 대한 슬픔과 분노와 당혹감과 착잡함으로 점철된" 저자의 "인생 여정의 귀결"이라는 고백에서 보듯이(1947년 서문) 현장과 강단, 이론과 실천 양

면에서 보전을 위해 헌신해온 한 인생의 최후 결론이다.

<토지 윤리>는 이 책에서 가장 널리 알려진 수필이다. 관심있는 독자들을 위해 토지 윤리의 논지, 책 출판 이후 지금까지 토지 윤리를 둘러싼 학자들간의 논쟁, 그리고 토지 윤리가 현대 환경 및 생태 철학에 미친 영향 등을 아주 간략히 정리해 소개하면 대체로 다음과 같다.

보편적 토지관과 '생명 공동체'로서의 토지

레오폴드가 『모래 군의 열두 달』과 〈토지 윤리〉에서 문제삼고 있는 당시의 — 오늘날도 마찬가지지만 — 보편적 토지관은 "정복자로서의 인간"이 "경제적 자원"으로 이용하기 위해 "소유한 상품"으로서의 토지다. 그의 생각에 토지가 남용되는 까닭은 바로 우리가 토지를 그렇게 보기 때문이다. 그러나 우리가 토지를 다른 동식물, 토양, 물 등과 함께 살아가는 "생명 공동체"로 바라보고, 우리 인간은 장구한 진화의 과정을 함께 해온 다른 동료 생물들과 평등한, 그 공동체의 "평범한 시민" 혹은 구성원임을 자각한다면, 우리는 토지를 사랑과 존중으로써 대하게 될 것이다.

> 보전이란 인류에게 정복자의 역할이 맡겨지고 토지는 그 노예나 하인의 역할을 담당하는 한 하나의 몽상일 뿐이다. 보전은 인간이 토양과 물, 식물과 동물들과 함께 동료 구성원이 되며, 각 구성원은 서로를 의지하고, 각 구성원에게 자신의 몫을 차지할 자격이 부여되는 하나의 공동체에서 시민의 역할을 담당하게 될 때 비로소 가능해진다.
>
> (1947년 서문)에서

이렇듯, 레오폴드가 〈토지 윤리〉에서 전달하고자 하는 메시지는 "토지는 하나의 공동체"라는 것이다. 그의 생각은 일단 토지가, 생태학에서처럼 일반 대중 사이에서도 "생명 공동체"로서 받아들여진다면 이에 조응하는 토지 윤리가 사회적 의식 속에 저절로 싹트리라는 것이다.

윤리의 진화

레오폴드가 탄생하기 22년 전인 1865년에 노예제도가 폐지되었고 레오폴드 생존 기간 동안 여성 참정권과 인디언, 노동자, 흑인 인권 운동이 이어졌다. 이같은 윤리 확장 과정을 몸소 겪었고 또한 이로부터 깊은 영감을 받은 그는 궁극적으로 윤리는 자연 그 자체를 대상으로 하는 영역까지 확장될 수밖에 없을 것이며, 또 그래야만 한다고 믿게 되었다.

레오폴드는 찰스 다윈의 생명 진화론과 윤리 진화론에 지대한 영향을 받았다. 그는 윤리의 기원을 인간의 공동체적 본능으로, 그 발전을 생태학적 진화로 규정하고 있다. 진화론적 자연사의 견지에서 볼 때, 우리가 흔히 수용하는 '윤리의 기원은 이성'이라는 설명은 사실의 본말을 전도하는 것이다. 이성은 추상적 사유 능력이며, 이것은 복합적 언어를 전제로 한다. 또 의사소통 수단으로서의 언어는 사회를 전제로 한다. 그런데 사회는 레오폴드의 표현을 빌리면, "생존 경쟁에서 행동의 자유를 제한"하지 않고서는, 즉 윤리가 전제되지 않고서는 형성될 수 없다. 따라서 레오폴드의 생각에 윤리는 이성에 앞서는 것이며, 그 진화는 생태학적 진화를 벗어나지 않는다.

"진화론적 가능성"이자 "생태학적 필연성"으로서의 토지 윤리

어떻든 레오폴드의 말대로 지금까지의 윤리 확장 과정이 공동체적 본능의 생태학적 진화 과정이었다면 앞으로의 윤리 발전 혹은 진화 방향은 무엇일까? 그에 따르면, 자연사적 윤리 진화론의 시각에서 볼 때 개인과 개인간의 관계를 규정했던 최초의 윤리가 개인과 사회와의 관계를 규정하는 다음 단계로 발전해왔으며, 앞으로는 "인간과 '토지 및 그 위에서 살아가는 동식물'의 관계를 다루는" 세번째 영역 혹은 단계로 진화될 가능성이 대단히 높다. 따라서 토지 윤리는 진화론적 가능성이다. 그러므로 토지 윤리가 설사 레오폴드에 의해 주창되지 않았다고 하더라도 언젠가는 누군가에 의해서 선도될 것이며, 결국 마치 오늘날의 인권 윤리가 그러하듯, 인류 전체가 토지 윤리를 보편적으로 수용하게 될 날도 올 것이다.

한편 토지 윤리는 레오폴드에게 "생태학적 필연성"이기도 했다. 생태학은 인간과 나머지 자연간의 사회적 통합감 혹은 공동체 의식을 제공한다. 생태학에 따를 때, 인간과 동식물, 토양, 물 등은 "모두 협동과 경쟁으로 흥청거리는 하나의 공동체, 하나의 생물상으로 서로 얽혀 있다." 그러므로 우리는 우리의 사회적 본능과 동정심을 비록 외모나 습성은 우리와 다르더라도 생명 공동체의 나머지 모든 구성원에게까지 확장하여야 한다. 그러나 오늘날 인간은 자연 혹은 생태계의 통합성, 다양성, 안정성 그리고 아름다움을 삽시간에 파괴할 수 있는 가공스러운 힘을 지니게 되었다. 따라서 이의 보전을 위해 토지 윤리는 없어서는 안 되는 것, 즉 생태학적 필연성인 것이다.

전일주의로서의 토지 윤리

토지 윤리의 가장 큰 특징은 생명 공동체의 동료 구성원(인간이 아닌 나머지 존재들)뿐만 아니라 생명 공동체 그 자체가 존중의 대상이 된다는 것이다.

이런 점에서 토지 윤리는 개체주의적 입장, 즉 개별 동료 구성원에 대한 존중과 전일주의적(holistic) 입장, 즉 공동체 그 자체에 대한 존중을 동시에 촉구하고 있다. 그러나 사실 이 두 입장은 서로 화해하기 어려운 대립적 입장이다.

왜냐하면 생명 공동체 전체의 이익을 위해서는 어떤 개별 구성원의 복지 희생이 불가피할 수 있기 때문이며, 또한 개별 구성원의 복지 증진은 전체 공동체의 이익과 충돌할 수 있기 때문이다. 가령 우리나라 하천 생태계 보전을 위해서라면 베스나 블루길 등은 잡아죽여야 할지도 모른다.

이처럼 두 입장이 상반될 때, 레오폴드의 궁극적인 입장은 전일주의적이다. 레오폴드는 <토지 윤리>의 마지막 절 '전망'에서 토지 윤리의 '결론적 도덕률'로서 이렇게 선언하고 있다.

> 생명 공동체의 통합성과 안정성 그리고 아름다움의 보전에 이바지한다면, 그것은 옳다. 그렇지 않다면 그르다.

이 말에서 분명하듯, 토지 윤리는 생명 공동체 자체에 대한 존중을 촉구할 뿐만 아니라 그 공동체의 개별 구성원에 대한 존중을 공동체 전체의 통합성, 안정성 및 아름다움의 보전에 종속시키고 있다. 그러므로 만약 개별 생명체의 존속 및 번영이라는 가치가 공동체 전체의 통합성, 안정성 및 아름다움의 보전과 상충되면 후자가 전자에 앞서는 것이다.

토지 윤리의 역설

우리는 다른 동식물들과 동등한, 생명 공동체의 평범한 구성원이자 시민—즉, 평범한 자연적 존재—이거나, 아니면 다른 동식물보다 우월한 존재이거나 둘 중 하나일 것이다. 만약 생명 공동체의 평범한 구성원이자 시민이라면 우리는 다른 동료 동식물 혹은 공동체 그 자체에 대해 아무런 도덕적 의무도 지니지 않는다. 왜냐하면 자연 및 자연 현상은 도덕과 무관하기 때문이다. 가령 우리는 수달이 물고기를 포식하는 것을 도덕적으로 비난할 수 없다. 그 물고기가 천연기념물이라고 해도 그렇다. 그 행위는 자연적 행위이며 따라서 도덕과는 무관하다. 그러므로 만약 인간이 자연적 존재라면 인간의 행동 역시—비록 그것이 아무리 파괴적인 것일지라도—자연적 행위이며 따라서 도덕적으로 비난할 수 없다.

그러나 만약 우리가 생명 공동체의 평범한 구성원이자 시민이 아니라고 하더라도 우리는 다른 동식물 혹은 자연 그 자체에 대해 아무런 도덕적 의무도 지니지 않는다. 흔히 우리는 인간을 자연적 존재 이상이라고 생각한다. 인간에게는 윤리와 도덕과 문화가 있다는 것이다. 인간은 자신을 자연과 분리하고 있다. 우리는 자신을 '자연을 초월한 존재'라고는 말할 수 없어도 '자연 이상의 존재'라고는 말할 수 있다는 것이다. 그렇다면 우리의 도덕 공동체는 오직 이같은 우월성을 공유한 존재들의 공동체, 즉 인간 사회에만 국한된다. 그러므로 우리는 인간 사회 밖의 존재들에 대해서는 도덕적 의무를 지니지 않는다. 요컨대 어떤 입장을 취하더라도 토지 윤리는 설 자리가 없다는 것이다.

이 역설의 논점은 두 가지다. 첫째는 자연이 도덕적으로 중립적인가 하는 것이고, 둘째는 인간이 '자연 이상의 존재'인가 하는 것이다. 첫 번째 물음에 대해 미국 환경철학자 J. 베어드 켈리콧은 생물사회학적으로 볼 때, 지능적 도덕 행위(intelligent moral behavior)는 자연적 행위(natural behavior)라고 한다. 따라서 도덕적 존재로서의 우리는 자연과 대조되는 존재가 아니고 자연에 부합하는 존재라는 것이다. 다만, 가령 늑대나 코끼리 등 사회적 본능을 지닌 다른 동물들은 원초적 형태의 도덕적 감정을 지니고 있을 뿐이며, 그들의 공동체 인식은 우리처럼 문화나 추상적 정보에 의해 창조되고 수용되는 정도가 매우 약하기 때문에 비록 우리가 그들을 윤리적 존재로 인정한다고 하더라도 그들은 우리처럼 어떤 보편적 생명 공동체 개념을 형성할 수 없으며, 따라서 생태계 전체를 포용하는 전일주의적 토지 윤리를 상정(想定)할 수 없는 것이다.

우리가 우리 자신에게 요구하고 있는 토지 윤리를 그들에게도 똑같이 요구할 수 없는 까닭은 여기에 있다.

두번째 물음은 결국 우리 인간이 스스로를 나머지 자연에 비해 우월하다고 주장할 수 있는 근거가 무엇인가 하는 것이다. 지금껏 대부분의 서양 도덕 철학자들은 인간은 이성이나 복합적 언어 능력을 지니고 있기 때문에 나머지 자연에 비해 우월하다고 주장해왔다. 그러나 근래의 진보적 환경 윤리학자들은 이른바 '인류 중심주의' 혹은 '인류 우월주의'는 인간 중심적 편견에 지나지 않는다는 데 의견을 모으고 있다.

토지 윤리와 생태학적 파시즘

자연 생태계에서 먹이와 포식자의 관계는 일방적이다. 즉, 자연의 먹이사슬은 지극히 불공평하다. 토지 윤리는 전일주의적 입장으로서, 이 같은 자연의 불공평성을 당연한 것으로 수용하며 또 그 보존을 지향한다. '개개' 구성원의 생존권이 생명 공동체의 보전과 충돌할 때, 토지 윤리에서 중요한 것은 공동체의 보전이다.

이런 까닭에 토지 윤리를 검토해본 많은 도덕 철학자들은 이것이 "생태학적 파시즘" 혹은 "환경 파시즘"을 초래할 위험이 다분하다고 경고한다. 특히 지구상에 인구가 과포화 상태라고 이야기될 때 문제가 심각해진다. 생명 공동체의 다른 구성원들이 공동체 전체의 통합성과 안정성 및 아름다움 앞에 종속되어야 한다면 그 구성원의 하나인 우리 인간도 마찬가지다. 그러므로 만약 이 공동체의 일부 구성원이 전체의 선을 위해서 포식되거나 도태되거나 인위적으로라도 제거되어야 하며 ―가령 우리나라 생태계에 침입한 황소개구리처럼 ―이것이 도덕적으로 정당할 뿐만 아니라 도덕적으로 요청되는 일이라고 한다면 어떻게 우리는 자신을 그 대상에서 논리적으로 일관성 있게 제외시킬 수 있는가 하는 문제가 제기된다.

그러나 토지 윤리는 결코 비인간적이지도, 또한 비인간적인 결론을 초래하지도 않는다. 생물사회학적 윤리 진화론의 입장에 서 있는 토지 윤리는 지금까지 사회에 축적되어온 윤리 규범들을 다른 것으로 대체하지도 무시하지도 않으며, 오히려 지금까지의 사회 구조 및 조직 진화에 조응하는 것으로서 수용한다.

어떤 사람이 어떤 나라의 국민이라고 해서 그 사람이 더 이상 다른 더 작은 공동체, 가령 도시나 마을이나 가족 등의 구성원이 아니며, 따라서 더 이상 시민이나 이웃이나 식구로서의 도덕적 의무로부터 해방된다는 것을 의미하지는 않는다. 마찬가지로 우리가 생명 공동체의 구성원이라고 해서 우리가 더 이상 인류 공동체의 구성원이 아니며, 따라서 인류 공동체에 조응하는 인권존중 같은 도덕적 의무로부터 해방되는 것이 아니다. 우리는 마치 나무의 나이테처럼 수많은 공동체에 속해 있다. 가장 중심에 있는 나이테가 가족이다. 이 각각의 나이테들의 이해가 상충할 때, 우리는 일반적으로 안쪽 나이테, 즉 우리가 생물학적으로 또는 정서적으로 보다 깊이 뿌리 박고 있는 공동체에 대한 도덕적 의무를 우선시킨다. 그러므로 대체로 가족 구성원으로서의 의무가 국민으로서의 의무를 앞서며, 국민으로서의 의무가 인간이라는 종으로서의 의무를 앞서며, 인간이라는 종으로서의 의무가 자연에 대한 의무를 앞선다. 그러므로 토지 윤리는 결코 공포의 대상도 생태학적 파시즘을 초래하지도 않으며, 인류에 대한 우리의 보편적 도덕을 무시하는 것도 아니다.

그러나 다른 새로운 윤리와 마찬가지로 토지 윤리는 행동의 취사선택에서 새로운 기준을 요구하며, 이 요구는 다시 보다 안쪽에 있는 나이테의 요망(demands)에 영향을 주게 된다. 즉, 토지 윤리는 '인권' 같은 인간 사회의 인도주의적 요구를 기각하는 것은 아니지만 그렇다고 해서 인간 사회의 도덕에 간섭하지 않는 것도 아니다. 토지 윤리에 따르면 생명 공동체의 나머지 동료 구성원들은 '인권'을 가지고 있지 않다. 그 까닭은 그들은 인류 공동체의 구성원이 아니기 때문이다. 그러나 그들은 생명 공동체의 동료 구성원으로서 존중될 자격이 있다.

토지 윤리는 심려(深慮)적인가 의무적인가?

우리가 토지를 생명 공동체로 바라보고 사랑과 존중으로써 대해야 되는 까닭이, 그래야만 궁극적으로 우리 인간이 보다 풍요롭게 살 수 있게 되거나 적어도 '인류'라는 종이 지구상에 존속할 수 있기 때문인가, 아니면 우리 인간의 이익과 관계없이 우리는 그래야만 하는 의무가 있기 때문인가? 즉, 토지 윤리는 인류의 사려깊은 '집합적 자기 이익'에 바탕을 두고 있는가, 아니면 비인류 자연 실체들과 전체로서의 자연을 '진정한' 도덕적 배려의 대상으로 받아들이는 것인가? 또 달리 표현한다면, 토지 윤리는 현대 환경 및 생태 철학의 대립적 두 입장 중 어느 것, 즉 인류 중심적 입장인가 생태 중심적 입장인가?

토지 윤리는 분명히 의무적이다. 왜냐하면 레오폴드는 〈토지 윤리〉의 여러 곳에서 전적으로 경제적인 동기와 "자기 이익"에 바탕을 둔 토지 보전을 신랄하게 비판하고 있기 때문이다. 또한 그는 여러 차례 토지 윤리는 진정한 애정, 존중, 충성심, 의무와 의식(意識)을 요구한다고 선언하고 있는데, 이런 것들이 주도면밀한 "자기 이익"을 바탕으로 한다면 그것은 위선일 뿐이다.

그러나 어떻든 토지 윤리는 결국 '인류' 문명의 산물이기 때문에 현대에 이르러 토지 윤리가 '궁극적으로' 심려적인가 의무적인가 하는 질문에 대해서는 논란이 많다. 이 논점에 대한 켈리콧의 결론은 토지 윤리는 심려적인 동시에 의무적이라는 것이다. 그에 따르면 공동체 내부적 시각, 즉 공동체 구성원으로서의 우리 인간의 살아 있고 체험되는 관점에서 보는 토지 윤리는 의무적이다. 이때의 토지 윤리는 진정한 애정, 존중, 충성심, 의무, 의식 등을 요구한다. 그러나 공동체 외부적 시각, 즉 객관적이고 분석적인 과학적 시각에서 보는 토지 윤리는 심려적이다. 즉, 생태학의 관점에서 볼 때, 인류가 토지에 미쳐온 각종 해악으로부터 살아남으려면 어쩔 수 없이 토지 윤리가 '필요'하다는 것이다.

토지 윤리가 현대 환경 및 생태 사상에 미친 영향

레오폴드가 이 책을 통해 토지 윤리를 처음 제시했을 때 그의 사상은 거의 세인들의 관심을 끌지 못했다. 그것은 그 급진성 때문이었다. 그의 사상은 미국인들의 전통적인 가치관, 행태, 진보 개념 등을 완전히 해체하고 재구성하도록 요구했다. 오늘날 세계적 강국으로 부상한 미국의 발전은 자연의 정복과 착취의 연속인 지난 300년간의 서부 개척을 바탕으로 하고 있다. 토지 윤리는 바로 이 과정에 대해 전례 없는 비판과 제약을 가했다. 토지 윤리는 당시까지 미국인들이 자연을 다루어 온 방식에 종지부를 찍도록 요구하는 혁명적인 주장이었다.

그러나 그의 주장은 1960년대 말 환경 및 생태계 파괴가 범사회적 관심사로 대두되면서 현대 환경 운동의 철학적 기초로서 재평가되기 시작했다. 레오폴드가 이 책, 『모래 군의 열두 달』과 그 마지막 장 〈토지 윤리〉를 통해 제시하고 정립한 새로운 의미의 자연, 그리고 새로운 관계의 인간과 자연은 현대의 생태 중심적, 전일주의적 환경 철학 및 운동의 사상적 바탕이 되고 있다. **(옮긴이)**